中国城市空间营造个案研究系列　　赵冰　主编

Series of Case Study on the Construstion of Urban Space in China

黄石城市空间营造研究

Reasearch on the Construction of Urban Space in Huangshi City

黄凌江　著

中国建筑工业出版社

图书在版编目（CIP）数据

黄石城市空间营造研究 / 黄凌江著. —北京：中国建筑工业出版社，
2012.2
（中国城市空间营造个案研究系列　赵冰主编）
ISBN 978-7-112-14050-3

Ⅰ.①黄…　Ⅱ.①黄…　Ⅲ.①城市空间–空间规划–研究–黄石市
Ⅳ.①TU984.263.3

中国版本图书馆CIP数据核字（2012）第024199号

责任编辑：唐　旭　张　华
责任设计：董建平
责任校对：张　颖　陈晶晶

中国城市空间营造个案研究系列
赵冰　主编
黄石城市空间营造研究
黄凌江　著

＊

中国建筑工业出版社出版、发行（北京西郊百万庄）
各地新华书店、建筑书店经销
北京嘉泰利德公司制版
北京云浩印刷有限责任公司印刷

＊

开本：787×1092毫米　1/16　印张：11$\frac{1}{2}$　字数：264千字
2012年8月第一版　2012年8月第一次印刷
定价：35.00元
ISBN 978-7-112-14050-3
（21962）

总　序

中国城市空间营造个案研究系列是我主持并推动的一项研究。

首先说明一下为什么要进行个案研究。城市规划对城市的研究目前多是对不同地区或不同时段的笼统研究而未针对具体个案展开全面的解析深究。但目前中国城市化的快速发展及城市规划的现实困境已促使我们必须走向深入的个案研究，若继续停留在笼统阶段，不针对具体的个案展开深入的解析，不对个案城市发展机制加以深究，将会使我们的城市规划流于一般的浮泛套路，从而脱离城市自身真切的发展实际，沦落为纸面上运行的规划，为规划建设管理带来严重的困扰。因此，我们急需做出根本性的调整，急需更进一步全面展开个案的研究，只有在个案的深入研究及对其内在独特的发展机制的把握的基础上，才可能在城市规划的具体个案实践中给出更加准确的判定。

当然也并不是说目前没有个别的城市规划个案研究，比如像北京等城市的研究还是有的。但毕竟如北京，是作为首都来进行研究的，其本身就非常独特，跟一般性的城市不同，并不具有个案研究的指标意义。况且这类研究大多未脱离城市史研究的范畴，而非从城市规划的核心思想来展开的空间营造的研究。

早在 1980 年代我就倡导以空间营造为核心理念来推动城市及城市规划的研究。在我看来，空间营造是城市规划的核心理念，也是城市规划基础性研究即城市研究的主线。

我是基于东西方营造与 Architecture 的结合提出空间营造理念的。东方传统注重营造，而西方传统注重 Architecture。营造显示时间序列，强调融入大化流衍的意动生成。Architecture 则指称空间架构，强调体现宇宙秩序的组织体系。东方传统从意动生成出发，在营造过程中因势利导、因地制宜；面对不同的局势、不同的场域，充满着不断的选择以达成适宜的结果；在不同权利的诸多生活空间的合乎情态的博弈中随时进行不同可能序列的意向导引和选择，以期最终达成多方博弈的和合意境。西方传统的目标是形成体现宇宙秩序的空间组织体系；这一空间组织体系使不同权利的诸多生存空间的博弈能合乎理性地展开。而我提出空间营造就是将东西方两方面加以贯通，我认为空间营造根本上是以自主协同、合和情理的空间博弈为目标的意动叠痕。

对于城市空间营造来说，何为最大的空间博弈？我认为应该是特定族群的人们聚集在一起的生存空间意志和生存环境的互动博弈。当特定族群的人们有意愿去实现梦想中的城市空间时，他们会面对环境的力量来和他们互动博弈，这是城市空间营造中最大的一个互动博弈，人们要么放弃，要么坚持，放弃就要远走异地，坚持就要立足于这个特定的环境，不断去营造适宜的生存及生活空间。这是发生在自然层面的博弈。而在社会层面，人与人之间为了各自的理想空间的实现也在一定的体制内进行着博弈，这其中离不开各种机构和组织的制衡。就个人层面，不同的生存和生活状态意欲也会作为潜在冲动的力量影响其自主的选择。城市规划就是贯通这三个层次并在一定时空范围内给出的一次或多次城市空间营造的选择，其目的是以自主协同的方式促使空间博弈达成和合各方情理的一种平衡。

我提出的自主协同是至关重要的，在博弈中参与博弈的个体的权利都希望最大化，这是自主性的体现，但这需要博弈规则对此加以确保，博弈规则的确立就需要协同，协同是个体为确保自身权利最大化而自愿的一种行为。协同导致合和情理的博弈规则的遵从，这也是城市规划的目的。

和合各方情理就是促使博弈中诸多情态和诸多理念达成和合。这里也包含了我对城市规划的另一个看法：即城市规划应试图在空间博弈中达成阶段性的平衡。假如没有其他不期然的外力作用的话，它就达到并延续这种平衡。但是如果一旦出现不期然的外力，空间博弈就会出现不平衡。规划就需要再次梳理可能的新关系以达成空间博弈的更新的平衡。

多年来的研究与实践使我深感城市空间营造个案研究的迫切性，更感到城市规划变革的必要性。在我历年指导的硕士论文、博士论文中目前已陆续进行了 30 多个个案城市的空间营造的研究，这是我研究的主要方向之一。我希望从我做起，推动这项工作。

所有的这些个案城市空间营造研究的对象统一界定并集中在城市本身的空间营造上。时段划分上，出于我对全球历史所做的深入思考，也为了便于今后的比较研究，统一按一维神话（中国战国以前）、二维宗教（中国宋代以前）、三维科学（中国清末以前）三个阶段作为近代以前的阶段划分，1859 年以后近代开始，经 1889 年到 1919 年，1919 年现代开始，经 1949 年，到 1979 年进入当代，经 2009 年，到未来 2039 年。这是近代、现代、当代的阶段划分，从过去指向未来。

具体落实到每一个城市个案，就要研究它从开始诞生起，随着时间的展开，其空间是如何发生变化的，时空是如何转换的，其空间博弈中所出现的意动叠痕营造是如何展开的，最终我们要深入到其空间博弈的核心机制的探究上，最好能找出其发展的时空函数，并在此基础上对于个案城市 2009 年以后空间的发展给出预测，从而为进一步的规划提供依据。

空间方面切入个案城市的分析主要是从城市空间曾经的意动出发对随之形态化的体、面、线、点的空间构建及其叠痕转换加以疏理。形态化的体指城市空间形态整体，它是由面构成的；面指城市中的各种区域空间形态，面又是由线来分割形成的；线指城市交通道路、视线通廊、绿化带、山脉、江河等线状空间形态，线的转折是由点强化的；城市有一些标志物、广场，都属于点状形态，当我们说空间形态的体、面、线、点的时候，点是最基本的，点也是城市空间形态最集中的形态。这就是我们对于个案城市从空间角度切入所应做的工作。当然最根本的是要从空间形态的叠痕中，体会个案城市的风貌意蕴，感悟个案城市的精神气质。

时间方面切入个案城市的分析包含了从它的兴起，到兴盛，甚至说有些城市的终结，不过目前我们研究的城市尚未涉及已终结或曾终结的城市。总体来说，城市是呈加速度发展的。早期的城市，相对来讲，发展较为缓慢，在我们研究的个案城市中，可能最早的是在战国以前就已经出现，处于一维神话阶段，神话思维引导了城市营造，后世的城市守护神的意念产生于此一阶段。战国至五代十国是二维宗教阶段，目前大量的历史城市出现在这个阶段，宗教思维引导了此阶段城市营造，如佛教对城市意象的影响。从宋代一直到清末，是三维科学阶段，科学思维引导了此阶段城市营造，如园林对城市意境的影响。三个阶段的发展时段越来越短暂，第一阶段在战国以前是很漫长的一个阶段，从战国到五代十国，这又经历了将近一千五百年。从宋到清末年，也经历了九百年的历程。

1859年以后更出现了加速的情况。中国近代列强入侵，口岸被迫开放，租界大量出现，洋务运动兴起。经1889年自强内敛到1919年六十年一个周期。三十年河东，三十年河西，六十年完成发展的一个循环。从1919年五四运动思想引进经1949年内聚，到1979年，我们又可以看到现代六十年发展的循环。1919年到1949年三十年，1949年到1979年三十年，从1979年改革开放兴起，经2009年转折到未来2039年又三十年，是当代六十年发展的循环。从发展层面上来说现当代一百二十年可以说是中华全球化的一百二十年。它本身的发展既有开放与内收交替的历史循环，也有一种层面的提高。我从1980年代以来不断在讲，1919年真正从文化层面上开启了中华全球化的进程，1919年五四新文化运动唤起了中国现代人的全球化的意识，有了一种从新的全球角度来重新看待我们所处的东方的文化。通过东方和西方的比较来获得一种全新的文化观。1919年一直持续到1949年，随着中国共产党以及毛泽东领导的时代的到来，中国进入到一个在文化基础上进行政治革命的时代，这个时代持续到1979年，毛泽东去世后不久。这个阶段可以说是以政治革命来主导中华全球化的进程。这个阶段是建立在上一个阶段新文化运动的基础上所开展的一个政治革命的阶段。这种政治革命是有相应文化依据的，因为它获得了一种新的文化意义上的全球视角，所以它就在这个视角上去推动一个全球的社会主义或者说共产主义运动，希望无产阶级成为世界的主导阶级，成为全球革命的主体，以这个主体来建立起一个新的政治制度。这毫无疑问是全球化的一种政治革命。这种政治革命到1979年宣告结束。1979年以后，随着邓小平推动的以经济为主的变革，中华全球化就从政治革命进入到一个更深入的经济改革的时代。这个改革的时代一直持续到2009年，可以说中华全球化获得了更深入的发展。不仅仅在文化，在政治，也在经济这三个层面获得了中华全球化的突飞猛进。当然2009年到随之而来的2039年，中国将会更深入的在以前的三个基础之上，进一步深入到社会的发展阶段。这个阶段是以公民社会的建构为主，公民社会的建构将成为一个新时代的呼声。未来我们会以这个为主题去推进中华全球化，推进包括空间营造在内城市规划的发展。

实际上在空间营造方面我们也经历了与文化、政治、经济相应的过程。在特定的阶段都有特定的空间营造的特点。我希望在对个案城市的研究中，特别应该注意现当代空间的研究。结合文化、政治、经济的重点展开来具体的分析。比如1919年至1949年三十年中，当时的城市空间营造推进了一种源于西方的逻辑空间意识，这种逻辑空间意识当然是以东西方结合为前提的，与之呼应出现了一种复兴东方的传统风格的意识，所以我们可以看到在这个阶段中，城市的风貌表现出的一种相互间的整合，总体上是文化意识层面的现代城市空间的营造。最典型的例子就是当时南京的规划，就是以理性空间结构与传统的南京历史格局相结合。第二个阶段，1949年到1979年，由于政治是主导，所以在空间引导方面更多的是以人民革命的名义所进行的空间的营造。这代表了大多数人的空间意识，比如说北京城市的空间营造，特别能够体现出这个时代的空间的权力，人民的权力空间。所以包括天安门广场，以及整个围绕天安门广场的空间的布局，它反映出的一种现代中国人民的权力意识的高涨。面对着南北轴线上的紫禁城，如何去和它相对抗，出现了人民英雄纪念碑，竖立在南北轴线上，正面对着紫禁城的空间，表现出人民的一种强大的权力。毛泽东的纪念堂最终也在1978年落到了南北轴线上。更是最终定格了人民的权力。这是关于天安门广场的空间表现出来的政治上的一种象征性，北京在这个时代是非常典型的，一种关于人民政治权力的表现，在空间上进行了非常有意义的探索，当时的各个城市也同样建立了人民广场，同时工人新村成为那个时代的典型空间类型。单位的工作、生活前后空间组织的格局成为最基本的空间单元。1979年至2009年，这三十年在空间上更多的是关于空间利益的。不同的空间代表不同的利益取向。从开发区的划定，到房地产的楼盘泛滥，城市空间的营造离不开空间的利益，离不开不同的个体或集团通过各种手段在城市建设中获得自身最大化的利益。

从2009年以后未来三十年将会如何？这就涉及对未来发展的宏观认识以及未来城市规划应该把重点放在何处的问题。它涉及未来我们以怎样的思想和方法来进行规划，涉及城市规划自身的变革问题，涉及规划师自身的转型问题。我提出用自主协同、和合情理的规划理念和方法来开展个案城市今后的规划，这当然是基于空间营造是以自主协同、和合情理的空间博弈为目标的意动叠痕思想而对个案城市的一种把握。我希望能够整合现当代所获得的空间之理、空间之力、空间之利来达成未来的空间之立，个体的空间自立是阶段性空间博弈平衡的目标。这里的核心是要尊重每一个个体的自主性，同时防止他们侵害到其他的自主性，使得我们的规划能够去适应一个新时代的公民社会的建构。

我们研究这些个案城市，就是为了顺着族群生存空间的梦想及其营造实现这一贯穿始终的主线，梳理个案城市在历史演化过程中空间营造所面对的一次次来自自然、社会、个人的挑战及人们所作出的回应，把握它独特的互动机制，从而进一步推动它在未来的空间营造特别是公民社会的空间建构中来具体实现自主协同、和合情理的空间博弈。这就是我希祈每一个个案研究所要达成的目的。

在体例上，所有这些论文也都是以这样的基本格局来展开的。我希望我指导的硕士生、特别是博士生能够脚踏实地，像考古学家一样调研发掘他所研究的个案城市的营造叠痕，也要深入钻研，像历史学家一样详尽收集相关的文献资料，并且发挥规划师研究和体悟空间的特长以直观且精准的图文方式展现我们的研究成果，特别是图的绘制，这本身就是研究的深化。

最后，我表达一种希望，希望有更多的人参与到这项研究计划中来，以便尽早完成中国 600 多个案城市的研究，同时推动城市规划的变革。

武汉大学城市建设学院创院院长、教授、博士生导师

赵 冰

2009 年 7 月于武汉

分 序

　　西亚是世界文明的发祥地之一，也是人类族群纷争最激烈的地方，文明初期的大多数族群在激烈的纷争中已经随着文明的更迭在西亚本土消失了，这些消失的族群很多流落到西亚以外的区域，特别是向着日出的东方迁徙所经过的南亚、中亚和东亚或更远的美洲。在印度和中国及周边的很多国家和地区都还保留着早期源自西亚的族群，虽然他们的文化和历史记忆经历了数千年的不断在地化，但其核心未变。今天我们依然可以通过族群迁徙的历史还原，辨析这些族群的源流。特别是当今分子人类学的技术在族群个体遗传方面更提供了坚实的佐证，尽管我认为目前分子人类学家们所勾画的族群迁徙的图景缺乏历史叠压意识而只是现状的投影因而是不正确的。我的基本的判断是：中国及周边国家和地区的主体族群其实比较完整地保留了西亚早期族群的特征，也延续了其文化的命脉，特别是以炎黄为先祖的中华民族更成为其文化主脉的传承者。这也是目前中华全球化中重建世界文明史的重要的判断。

　　对于现今流行的世界文明史的主干体系，我基本持扬弃的态度，那是西方中心论意志下的世界文明史。其表述体系基本上以西方为主线，价值指向了西方全球化，其特征在于对其所掌握的史料进行空间分布的疏理，但缺乏通过现存各个族群进入历史本身的全面贯通，连西方各族群自己都无法在其历史表述体系中看到自身的来龙去脉。这当然也和西方文化和文明特质有关，西方人擅长同一性结构的建立，其历史表述体系不会顺着族群自身的演化去追溯，这样的后果是压抑了现存各个族群自身的历史脉动，增加了未来各个族群相互间的内在冲突。这也是西方文化在当今全球化中的缺憾所在。随着中华全球化的规模和强度日趋加大，以中华的视角重构世界文明史迫在眉睫。中华的视角会在兼容西方族群历史视角的同时，以中华族群所擅长的进入历史之中的优势，去和世界现存各个族群一道来梳理他们自己的来龙去脉，及族群精神信仰的源流，以达成全面贯通世界历史、和合全球族群的目的，从而从历史的梳理最终走向建构未来和合的全球文明。

应该说西方族群的历史视角有其族群间在空间上以逻辑的力量相聚拢的很有价值的一面，当今全球化也确有必要切入这种视角，但单纯这一视角无论如何去完善都无法达成族群间的多元和合，而这却是中华族群的历史视角擅长并在未来可以做到的。当然中华族群现代以来一直在提升其历史研究的逻辑，以最终贯通包括西方在内的各个族群的历史。与此同时对于中华自身的历史也在进行重新的梳理，剥离数千年来持续未断的在地化的历史构造，结合考古学、分子人类学、语言学等最新成果，还原三皇五帝以及夏商周等早期真实的世界文明史的脉络，并在全球层面和其他族群的历史进行对接贯通。

其实，族群迁徙的在地化在东亚表现得十分突出。西亚及相关地区的三皇五帝以及夏商周的历史在东亚后代的传承记忆中几乎完全被在地化为东亚的历史了，但这种在地化始终存在着无法圆通的裂隙，通过仔细研究发现这些裂隙最终可以击破在地化的历史幻影。比如炎黄大战总是和黄帝蚩尤大战纠结在一起，始终无法圆通，这其中就有裂隙。其实击破三皇五帝夏商周的东亚在地化的历史幻影，我们会看到，殷商武丁以前的很多历史事件并不真实发生在东亚，中华一直以来早期历史的宏大叙事是以西亚为核心地区发生的具有世界性的文明史。三皇五帝及夏时的西亚连同北非是世界文明的大舞台，殷商时这一主导文明向南亚、中亚及东亚拓展，殷武丁以后才拓展到东亚的沿海地带，而周人将这一主导文明全面带入东亚，并如榕树一样在主干以外落地生根是周平王东迁以后的事了。早期文明史的主根和主干是在西亚及相关地区，其他皆如榕树的气根一样是拓展以后的落地生根。

在这种还原中，更早期东亚的族群及已失忆的历史的找寻就突现在我们面前了。我们只能在少数民族的族群记忆中去找寻，而这也同样要面对少数民族族群在地化的历史幻影。好在这些族群尚在，考古遗迹也不断出现，通过蛛丝马迹我们还可以去追溯还原。万幸的是，我们在台湾和南海及太平洋岛屿甚至可以找到至今尚保留完整的很多早期族群。这得益于海洋的保护，使这些岛屿的族群在遗传和语言文化诸多方面得以像活化石一样留存至今，并在我们面前打开了通往更早期亚洲大陆迁徙历史的大门。

在我所主持的较为微观的城市空间营造的个案研究中，同样贯穿着从历史的梳理最终走向建构未来和合文明的追求，只是它所处理的个案更微观，其实也更能突现历史和未来的贯通，在个案城市的空间营造的历史中去营造城市的未来空间。这里最根本的是个案城市的族群的更迭及不同族群的叠痕营造，也就是我常说的"空间混搭"。

研究族群的更迭是个案城市空间营造研究的基础，在此基础上才会有真正的空间混搭的可能。族群迁徙是绕不过的话题，其实从一定意义上说，从事规划设计的规划师和建筑师更能体会从历史到未来的一以贯之的转换，尽管他们的聚焦点是在族群的生存空间的形态化上。城市是族群迁徙驻足的地方，是族群定居的场所，族群文化和历史记忆的在地化也是由此落地生根。从研究角度剥落在地化的痕迹，还原族群来龙去脉，个案城市族群更迭的研究是重要的切入点，也是个案城市空间营造研究的基础。当然，个案城市中生活的每个人是族群文化和历史记忆在地化及未来空间营造的自主的主体，这是须根本牢记的。还原族群历史真相并不能去除文化和历史记忆的在地化，恰恰它是站在更高层面兼容了曾经的在地化，并使城市源于族群的历史的内在冲动更加顺畅地呈现出来，也使城市的空间形态更有意蕴，并且在更大范围的城市博弈中使城市自己的个性彰显出来。

关于中国城市所涉及的族群是非常广泛的，这些族群会牵涉目前世界上现存的更广泛的族群。这里要先指出我对族群迁徙研究的基本立场：世界现存所有的文明从根本上说是同源异流的，正如现代人在全球独存而其他人种已消亡一样，异源的文明即使有，在全球文明史中也会找到更进一步的同源出处，因为现代人本身就是同源的。这也可以说是一种界定，我们总能找到多元共有的一元出处，只需进一步的追溯。这也和文明的定义有关，多元共有的一元出处最后就是定义！独存的现代人的文明在同源异流中始终保持着相互的关联，从差异的种族到差异的民族，各个族群皆对文明有所贡献。实际上文明就是在族群相互关联激荡中发展壮大的，多元恰恰是同源异流的族群之间的互动，只是有些互动有着时空上的复杂交错。

目前生存于东亚的中华民族的主体自身就源于西亚，之后又不断有自西迁徙而来的族群的加入和层累影响，他们不论是沿着欧亚草原的青铜之路，还是北丝绸或南丝绸之路，甚至海上之路，总体上由西而东形成了文明东渐的大的格局，这与从西亚进入欧洲及地中海的西渐的格局遥相呼应。自1万年前至7000年前之间由于全球气候暖化达到高潮，海平面因而升高15~50米，之后出现了世界范围的大洪水，随后气候开始渐趋寒冷，至今虽有小的波动，但大趋势一直未变，这导致了处于北纬度较高的族群为了寻求更好的生存空间而不断南下。这在中国及周边的很多国家和地区就形成了由西而东和由北至南不断挤压的格局，直到太平洋深处，越向东南地区就越可以看到被挤压后的叠层和更早的族群。与此对照欧洲及地中海的西渐的格局也呈现出越向西越被挤压的情形。而欧亚草原则是东西方族群互动驰骋的辽阔舞台。

中国城市在这种族群迁徙的格局下，成为连接族群迁徙的主要节点，族群统辖范围的变化使城市有兴有衰，但能保持至今的，往往都是处于有助于这种大的格局中族群间不断的自主整合的地方。我们所研究的中国的城市不论其历史长短一定是这种大区域格局中的重要节点，它们皆在一定时期维持了相对稳定的族群生存的区域空间。从这些节点可以有一定路径保持区域空间内外的联系。当然这些区域空间往往是和特定流域和流域间所形成的地理单元相一致的，比如与长江流域、黄河流域、淮河流域、海河流域、珠江流域等相关的各个地理单元及它们之间共同构成的不同层面的地理单元。江河提供了定居和迁徙的便利，流域也自然成为稳定的族群生存的空间。因而从族群的生存空间立场上，按流域切入个案城市空间营造的研究和叙述顺理成章。我们将按照长江流域、黄河流域、淮河流域、海河流域、珠江流域等分系列地出版个案城市空间营造的研究成果。

长江流域的族群的历史变迁更迭异常丰富，基本上不离由西而东、由北至南的挤压更迭的大的格局，虽然局部也有战败族群西逃或兴盛族群北上作为的情形。诸多族群也在长江流域的生存分延中获得了自己在地化的发展。在研究族群来龙去脉的过程中切记要击破文化和历史记忆在地化的历史幻象，还原其真实的迁徙历史。有时历史真相的推理在感觉上甚至很难接受，但还是要实事求是。比如稻作文明是长江流域在世界上最值得骄傲的文明，其发明者为哪个族群？考古证实应是上万年前生活于此的族群，在我还原的早期东亚族群中他们是文明初期时的棕色及黑色人种，这在目前一般的认知上尚难以接受，但正视历史的真实是重建文明史的前提。

文明初期长江流域应是棕色及黑色人种活跃的地方，这些棕色及黑色人种的男性中 C 或 D 标记的基因在今天的长江流域的大多数族群中已荡然无存，说明他们很早就逃离了这里，或者大多已被灭绝，但是他们发明了稻作文明，成为今天长江流域稻作文明的始祖。由于历史的久远，我们很难在中国大陆的族群中追溯还原这段历史，但是在台湾原住民塞夏族的汉名朱姓家族主持的黑人祭中却可找寻到蛛丝马迹。塞夏族其实就是人类最早的族群之一 Seth 塞特族的后裔，汉名朱姓实则姬姓，其先祖也是继棕色及黑色人种之后从丝绸之路和欧亚草原迁徙东亚的族群，它在东亚有很多其他的分支和族称，但经过还原皆可溯源到最早的塞特族。这是今日所有黄种人的先祖。其最早文明源起于阿拉伯半岛地区，后来曾有过苏美尔文明的辉煌，他们最早产生了玉皇即 Jehovah 耶和华的信仰。历史上的黄帝族群是其最辉煌的巴比伦时期留下的族群。塞夏族的黑人祭中讲述了他们是如何从小黑人那里学会了种植稻作，并一直感恩至今，当然祭歌歌词的解读早已在地化为台湾的空间环境，但在地化的历史幻象并不难击破。有些祭歌歌词的地名至今都无法和台湾的空间环境相契合，实际的场景应发生在今天的长江中下游流域。那时小黑人多生活在比今日海岸线和长江中下游的岸线更远或更高的山洞之中。塞特族的到来改变了东亚的族群构成和分布，他们接过了稻作文明并开创了东亚的城市文明。

后来四川和山东的蜀、河南的许、浙江的畲及云南的叟其实皆是塞特族的对音异名，他们和欧亚草原的塞人族群实际是同源异流的族群，但何时同源何时异流我会细细道来。

其实，在塞特族扩张之前曾有过 Abel 亚伯族，即濮族，这一族群最早也是源起于阿拉伯半岛地区，也曾活跃在两河流域，后来被该隐族击败，从此而向东发展，其支系也很早来到黄河和长江等流域。

今日白种人的先祖也是人类最早的族群之一，叫做 Cain 该隐族，姜姓，该隐族的文明源起于西亚北部，在西亚、中亚和南亚该隐族的后裔族群曾经建立过强大的雅利安文明，并在欧洲建立了西方文明，在近现代开启了全球文明。该隐族支系早期在黄河和长江流域也产生过重大影响，戈人和荆蛮作为该隐族炎帝子孙在东亚的真实历史几乎淹没在今日黄帝东亚支系文化主流的历史之中，而切断了和白种人的历史关联，其实戈人就是 Guti 哥特，荆蛮就是 German 日耳曼，而传说中的杜宇就是大月氏，就是 Deutsch 德意志。当然大量炎帝族群的记忆中的支系的后裔主要在欧洲，如赤狄即 Celte 凯尔特，戎即 Roman 罗马人。

该隐族、亚伯族和塞特族皆和亚当族有关，西亚的 Adam 亚当、Adam 阿丹、印度的 Dasa 达萨、中国大陆的狄、氐、邓、滇、傣和台湾地区的泰亚族皆是对音异名，都是一个原始族群的直系族群，其肤色偏棕色及黑色，基因混杂后亦呈浅色。在东亚小黑人就是其一支，它是历史最底层的族群，底字就源于此族群的称谓发音。

和这些族群相关的历史在东亚早已被在地化，最早在西亚发生的炎黄大战，和后来的塞特族直系后人闪族后裔周人和殷人的兄弟族群在中亚并延伸到东亚的战争混在了一起，被在地化为黄河流域发生的故事，其实只有战败殷人乘胜追击纣王直到海边的周人与殷人的这段历史才是真实发生在东亚的事件。当时非常惨烈的情形至今在被追杀的纣王及相关族群的后裔中被追述着。纣其实就是九黎族之君蚩尤，其后裔和归化族群苗族、瑶族和畲族被迫南迁，不仅遍布长江流域，也遍布长江流域以南包括东南亚等各个流域，以及中国台湾、菲律宾、印尼等南海、太平洋地区。中国台湾的西拉雅族和邵族其实就是浙江福建进一步迁徙的畲族，邹族主要是北邹应是纣王的直系后人。而在西亚的周人主体就是Jew犹太族群，在中亚的殷人主体就是Esau以扫或叫Edom以东族群。

在殷人族群到达东亚以前，同是Shem闪族后裔的越人东亚支系活跃在东亚各流域，越人的王族于越就是禹族少康子杼东征中亚南亚后东迁东亚的直系后人，禹族乃伊朗西南部的神州之族Elam埃兰。殷武丁以后炎帝族群后裔戈人在东亚作为先锋，压迫越人南迁，越人到达长江中下游流域后，进一步向南迁徙。此前越人也曾挤压更早期在东亚的濮族支系和塞特族支系使之更向南方发展，甚至走入海洋，寻找适合生存的岛屿。濮族支系的卑南族和布依族此时登陆台湾，此前同是濮族支系的彭祖后人阿美族先期逃到中国台湾，南迁的塞特族支系塞夏族、鲁凯族和亚当族支系泰雅族应是更早时期受挤压而登陆中国台湾的。

总之我们看到，早期在长江流域的族群由于东亚大的族群挤压的格局，不同时期会出现不同的族群分布，同时期的族群为了自己的生存空间相互间也处在博弈状态，自然会有此消彼长的空间领域的变化，也由于长江流域不同的地理单元形成了族群不断叠压或换位的状况。

在族群历史变迁更迭中，长江主干及支流几乎是早期族群大尺度迁徙的首要通道，特别是顺流而下的进攻或逃离，比如楚灭巴以后巴主要的一支巴旦也叫板楯或賨就是顺江而下后在东南沿海一带直至中国台湾、菲律宾等地发展，东南沿海的疍人、中国台湾排湾族、达悟族、菲律宾巴旦都是当时族群散落后的后裔，他们都崇拜蛇龙。秦灭楚以后罗人也是顺江而下入海直至朝鲜半岛，建立了新罗，至今还是朝鲜半岛的主体族群。不过回溯这些历史却还是要击破这些族群散落后的后裔在地化的历史幻影，韩国尤其需要这种自觉，我们自己就更不用说了。

具体就地理单元来说，沿藏彝走廊进入云贵高原，在长江上游流域存在着非常丰富的族群更迭，历史上进入东亚的族群在这里几乎都可以找到走过的痕迹，但留下的记载少，还原难度大，通过考古也许能大体追溯其历史原貌，滇人、昆人、僰人、蜀或叟人等族群的分布状况还有待廓清。其早期聚落或城邑规模不大，但丰富的族群及其冲突和融合，使其营造空间理念呈现多样化的特点，也使高原上的城邑呈现出丰富多彩的面貌。后来滇池流域的昆明应是汉人较为集中的城市，它也同样表现出了族群文化多元性及城市空间形态的斑块面貌。

以岷江流域为主的成都平原，其族群主要沿岷江迁徙而来。三星堆和金沙遗址所揭示的面貌证实了其不同种族的族群的更迭及其和西亚、中亚的关系。蜀王祖先蚕丛、柏灌、鱼凫、杜宇、开明前后相继的传说实际是迁徙族群的历史记忆，在此地真实发生的历史还需仔细分别。其实蚕丛就是羌族、杜宇就是大月氏 Deutsch、开明就是荆蛮German。营造城邑的理念亦同样反映了和西亚、中亚的关联，截止目前成都平原已发现距今 4500 年前左右宝墩遗址、芒城遗址、郫县遗址、鱼凫村遗址、双河遗址、紫竹遗址和盐店遗址 7 座古城遗址，这一古城群是目前为止所知晓的中国早期规模最大的古城群。而成都从 3000 多年前的金沙遗址算起，其城址始终未变，城名未改，已成为现今中国历史最为悠久的特大城市。

嘉陵江流域及长江三峡南北武陵山和大巴山地区是非常重要的地理单元，是以巴人为主的地域。原在长江中游的廪君蛮和板盾蛮受到楚的打击后退居此地，是今天土家族的先族，城邑依托山地，注重防御性。

长江流域中游的荆州地区是中国早期的南北通道上的重要地区，濮人、越人、巴人、瑶人、苗人、楚人、吴人、汉人等族群在这里留下了驻足的叠痕。也是目前东亚最早出现城邑的地区，湖南澧县的城头山城市遗址距今 6000 年，是亚洲最早的城市，天门石家河城市遗址距今 4000 多年，有 120 万平方米，堪称同时期亚洲第一大城市，当是风姓伏羲族群的城市。荆州纪南城是当时长江畔最气度不凡的大都会，也是楚人强大的体现，楚作为荆蛮 German 日耳曼族群一支，充满活力，其在欧洲的同族 Jute 朱特也一样有活力。

汉江流域的汉水曾经被认为是今日长江的主干，汉之名称出于刘汉。由于汉朝 400余年稳定的王朝统治，使汉人从统治者的称呼变成了东亚多民族形成的一个民族，实际上在此前汉就是"Han"含，古埃及人就被西亚人称为含"Han"，汉和"Khan"汗同源，刘氏家族就是"Iyelle"。不过汉水原本称襄水，应是向姓巴人生活的区域，在汉水各支系流域还生活着庸人、麇人、罗人、邓人、楚人等。襄樊和南阳处于汉水经过的南阳盆地，其城市虽经族群多次更迭，但因其处于南北交通要道，城市得以延续发展。

湘江流域是楚人南下扩张的主要流域，此前这里有夷人和巴人，湘江之名是向姓巴人从今汉水原襄水带去的，而长沙完全是楚人建立起来用于控制南方的中心城市，后来成为洞庭湖以南流域的中心城市和湖南省会。

长江流域中游云梦泽东部和云梦泽西部荆州地区遥相呼应的是武汉，武汉后来居上，成为长江流域中游流域的大都会，得益于区域性的重心东移。在云梦泽东部历史上的族群有鄂人、苗人、楚人和吴人等，鄂人经南阳沿随枣走廊来到鄂州，应是云梦泽东部早期的主要族群，吴人也曾以鄂州城作为都城。自大冶至铜陵地带，富含铜矿资源，对其开采自古至现代未断，现代发展起来的黄石等城市也因此成为中国重要的工业城市。

赣江流域是一个袋状的地理单元，大洋洲遗址显示了 3000 多年前这里曾存在的青铜文明，吴城文化就是九黎共同体及盟邦族群中的娄族群和有虞氏后裔徐方、群舒族群及虎方族群先后跨过长江扩张形成的文化。后来的吴人、越人、楚人在赣江流域都留下自己城邑的痕迹，再后来的闽人、客家人也是自北而来经此扩散到闽粤的，并进一步扩散到台湾的。

长江下游流域水系发达，最早应是濮族支系和塞特族支系生活的地区，巢湖流域凌家滩遗址或许就是 5500 年前他们的中心城市。长江下游流域后来有越人和吴人等族群的分布叠压，考古揭示其早期城市的发展和城市内外的水系交通密切相关。两千多年来，这里逐渐由中国边缘地带变成了最发达的地区，南京、镇江、扬州、无锡、苏州城市群已把江南的美称从中游转到了下游，特别是近现代以来，这里成为中西交融的前沿地区，也出现了上海这样的世界级的大都会。

总之，长江流域的族群历史变迁、更迭及相应的城市空间的营造显示了东亚族群发展最强劲的活力。我已主持研究了这一流域的大多数城市的空间营造，我希望个案研究系列之长江流域城市空间营造分系列的出版能推动更多的人参与到我们这项事业中来。

武汉大学城市建设学院创院院长、教授、博士生导师

赵 冰

2009 年 7 月于武汉

前　言

　　城市空间的形成是在社会、经济、政治、人的意志及自然地理条件等多种力量合力作用下而形成的一种人类在大地上的空间痕迹。这种空间痕迹从宏观角度考察可以看作城市的形成、生长、破坏、扩张等不同阶段，是人类空间与自然空间的一种转换甚至是对抗。从微观角度考察可以看作城市中因为人的活动，包括生产生活的需要而营造的一种空间形态，包括广场、街区、街道、建筑、室外环境等。从这个角度，城市空间是一种人根据自己的意志意愿自上而下进行营造的空间，空间的形态分布生长都出自于人的主观能动，但是从宏观角度而言城市空间却更多地表现为一种自组织和他组织相结合的生成方式，其中受到人的意志的影响，也分为代表不同阶级的人或处于不同时代背景下人的影响。这些影响因素互相交织，共同作用使得城市空间与人类理想空间产生着一种博弈，而要理解城市空间的营造则需要充分分析各个因素对城市的影响。

　　一个城市的形成需要漫长的时间积累，在形成过程中，历史的印迹会自觉地体现并印刻在城市的空间中，通过城市的布局，功能要素的营造以及建筑单体的形态等各种载体予以反映。历史的进程对每一座城市都起到了影响，但是每座城市在历史进程中扮演的角色不同，拥有的发展条件不同，在发展中获得的机遇条件也各不相同，各种作用力的大小方向也不相同，因此城市必然有着自身独特的发展轨迹。

　　黄石作为一个资源型城市，其发展轨迹是一个与资源开采开发相伴的由逐渐兴盛，再由兴到衰的波动过程。从二三十万年前黄石地域开始出现人类活动，到先秦时期出现城，到明清时期发展成为繁华的市镇，由于近代工业化的发展促使黄石在近代具备了形成城市的基础，在新中国成立后成为城市。在之后的 30 年期间，由于历史的需要黄石处于城市发展上升期；在 1979 年之后，由于历史发展的转移，黄石开始步入其衰落期；到 2009 年，经过一个甲子 60 年的发展，黄石被确定为资源枯竭型城市，从资源依托的意义上这标志着一个城市发展周期的终结。通过研究黄石在不同阶段的城市空间的形成与营造规律，分析其城市发展的动力机制并分析影响因素的主次关系，进而对未来黄石下一个周期城市发展做出合理的预测是本书研究的主体。

在空间区域纬度上黄石是长江流域中一个具有自身独特性的城市。其产生、形成和发展都受到长江流域的地理环境和经济发展的影响，处于长江流域矿产资源分布带是黄石城市发展的关键点，也是决定其之后成为资源型城市以及资源枯竭型城市的根本；在时间维度上，城市的发展不能脱离时代的背景。黄石的发展与中国历史发展进程紧密相关，因此在时间轴上，以30年为单位将黄石分为不同的城市发展阶段。这个时间坐标轴是以中国历史发展的节点划分的，并根据时代具体情况再加以细分。具体的划分为从1859年近代工业以及开埠的开始到1949年新中国成立；1949~1979年在新中国成立到改革开放30年期间，并根据当时中国的发展背景具体细分为"一五"计划期、大跃进和三年调整期以及三线建设和"文化大革命"期；1979~2009年改革后发展重点由内地转向沿海以及资源逐渐衰退期，这一阶段黄石的城市发展规模已经有一定的积累，同时城市变化及扩张程度和速度加快，因此这一阶段又细分为每10年一个单位进行分析；2009年之后是黄石城市性质转变的一个节点。在人的空间理想维度上，黄石的发展始终受到人的控制，其主要方式是城市规划。从1946年开始总共进行了近10次对城市发展起到影响的规划，通过这样的方式把人的空间理想作用在城市空间上。

从空间区域，时间和人的空间理想的维度去理解城市空间形成和营造的过程，是本书研究的主要出发点。以城市空间历史叠痕作为切入点，对从古代城池的出现，东汉至明清时期市镇的出现，到2009年城市转型的城市空间形态的演变轨迹进行了较完整的历时性研究，着力总结黄石城市形态演变的空间、功能、结构等特征，深入探求空间时间和人空间理想等合力共同作用下城市空间形态演变，总结各个历史时期黄石城市形态演变的规律以及未来城市的发展方向。

本书主要内容分为以下三个部分：

1. 研究黄石城市历史起源、演变、发展过程及其在各个时期政治经济背景下城市空间形态特征，包括古代黄石地域人类活动以及城市出现的背景分析；宋至清代沿江市镇作为黄石城市雏形的出现和发展；1859~1919年近代工业化初期城市空间营造；1919~1949年战争洗礼及战后城市空间的破坏与发展；1949~1979年工业化发展时期城市营造；1979~2009年经济发展时期城市空间营造等，总结各阶段城市空间形态的演变和空间营造特点。

2. 分析黄石城市的形成基础及形态演变的动力机制，包括黄石城市发展和空间营造的影响因素及动力机制，自然资源禀赋、运输条件、工业化发展、商业的促进以及后资源时期城市发展理想等方面。

3. 分析黄石城市空间营造及演化的规律，资源枯竭的现实以及城市转型期的外界机遇，对黄石未来城市空间发展的不同方向进行比较，并提出未来城市空间发展及城市空间结构的预测。

本书是根据博士论文《黄石城市空间营造研究》进行扩充与修改完成，博士论文的框架和研究方法是基于导师赵冰教授提出的"城市空间营造理论体系"，在写作过程中得到了赵老师的悉心指导。在研究过程中，除了多次进行实地调研和文献收集，笔者还参与了"黄石市资源型城市转型规划研究"的前期调研以及"黄石工业遗产保护规划"的前期工作，得以对黄石城市发展有更深刻的认识和理解。在调研过程中得到了黄石市规划局、黄石市发改委规划办张实亮主任、黄石市城建档案馆夏奇星馆长等单位和个人的热心帮助和支持。他们的支持以及对于黄石城市发展的关注为笔者完成该研究提供了重要帮助。在写作期间，我的同窗王毅博士和李瑞博士给予了无私的帮助。在此一并致以深深的感谢。

　　由于个人学识水平有限，以及很多重要历史文献的缺失或无法取得，本书还有很多方面不尽完善甚至未能涉及，对于黄石以及资源型城市空间发展还需要更加深入的研究和探索。本书作为一个初步的成果期望对相关的研究起到一定的参考作用。

黄凌江

武汉大学建筑系

目　录

1 绪 论

城市空间是城市经济和生活的载体，城市空间的形态与城市经济生活存在着密切的互动关系。一方面城市的空间形成是经过长期的自组织和各种外界合力作用下的生成形态，是一种历史发展的空间体现，是城市文明在各个历史时期发展的叠痕，也是一个动态而持续的过程。另一方面当今中国正处于经济快速发展，城市化进程快速上升的时期。除了大城市之外，大量原来的中小城市也在迅速扩张成为大城市，城市人口的快速增加，城市空间扩展，城市产业结构调整导致城市空间结构及形态快速改变。现阶段的城市形态的变化速度是超过人们所能预计的，例如许多城市对城市规划进行修编。城市空间形态是城市建设和规划的重要依据之一，城市规划的决策者需要掌握城市空间形态的变化，变化的规律和变化的结果。因此，当前迫切地需要对城市形态的变化规律进行研究，根据城市发展的轨迹合理地引导和预测城市空间发展的方向。

本书以长江流域资源型城市黄石为研究对象，对其城市的发展与空间营造进行系统分析研究。在空间层面上研究黄石市的主要城市建成区黄石港区、石灰窑区、胜阳港区和下陆、铁山两个独立组团以及黄石沿江环山向外扩张而形成的城市新区。在时间层面上研究的跨度为先秦至 2009 年以及 2009 年之后资源城市转型时期。重点时间段为宋代至清代时期城市雏形的形成阶段；1949~1979 年新中国成立后计划经济时期及1979~2009 年改革开放 30 年时期城市空间营造。

宏观方面，目前国内对于城市空间形态的研究主要针对特定的大城市，而对其他城市研究偏少。但如果孤立地研究某个城市，其研究的价值有一定局限，因此按地理系统对城市进行研究可以更好地发现其空间发展演变的规律。根据当前以流域划分的地方性城市研究较为缺乏的现状，以我国重要的地理系统长江流域的沿江城市为研究集合，将每个城市作为个案进行研究，可以为同类型城市的研究提供参考。通过该研究帮助理解长江流域城市空间形态的发展及特征。使城市发展决策者及规划人员能动地从实际出发，科学地预测城市未来发展方向；探讨长江流域城市的形成发展变化动力机制，使规划者能动地掌握城市形态的特点；分清城市空间发展的影响因素及其主次关系；理解我国长江流域对城市空间发展的影响。

微观方面，黄石于 2009 年成为国家公布第一批资源枯竭型城市，这标志着以资源采掘及配套的重工业加工城市定位已经结束。自黄石建市以来，60 年的发展动力和基础面临转型的压力。因此在资源枯竭型城市转型的背景下，以历史过程作为切入点，对从古代黄石地域城池的出现，明清时期城市雏形的产生，到 2009 年城市空间形态的演变轨迹进行完整的历时性研究，分析黄石的资源依赖型发展的过程和动力，总结黄石城市形态演变的空间、功能、结构等特征。深入探求城市形态演变的动力机制，包括自然意识和人的意志这两种力量的内在关系，总结各个历史时期黄石城市形态演变的规律和发展动力，并对发展模式进行提炼研究。揭示一个资源型工矿城市从产生到衰败再到转型重生的历史过程中城市空间的发展轨迹和规律，以及资源和工业因素对城市发展的影响，在此基础上对其后资源时期的未来城市发展、调控与优化提出有益建议并对未来城市空间形态给出合理的预测。对正确合理的判断引导城市发展有积极的意义，也对其他资源型工矿城市的发展和面临资源枯竭的资源型城市的转型起到启发和借鉴的作用。

以下是关于城市空间理论研究的综述。

国内外关于城市空间的研究涉及多个方面，包括空间营造、城市空间形态、资源型城市发展和城市历史研究，并都形成了一定的理论基础和成果。资源型城市的研究涉及资源城市的转型发展以及具体资源城市的演变；城市空间形态的研究涉及地理学、经济学、社会学等多个学科；城市发展历史的研究涉及明清、近代等阶段性的历史过程。以上几个研究方面都涉及单个城市案例的研究和总结性的城市空间发展规律研究。

1.1 资源型工矿城市研究

我国对资源型工矿城市的研究开始于 1980 年代左右，当时关注的重点是从城市规划的角度探讨工业布局和土地利用。胡序威（1978）研究了工业布局的集中和分散，提出集中和分散是工业地理上的两种趋势，认为工业布局的聚集应该与城市发展相结合。马清裕（1986）从城镇经济结构、人口规模和城镇布局等方面对工矿区的城镇发展和布局做了研究，根据矿产资源的情况、工业布局和交通地形对工矿区城镇的形态进行分类，提出集中式、一城多镇和多中心的三种城市空间形态。并认为工矿城镇具有分散的特点，因此在规划中应注意主城和工人镇之间的空间关系，避免过于分散和过分集中，城镇的发展方向不要与矿产资源出现重叠等，比较系统地对工矿城市的规划布局进行了分析研究。陈汉欣（1986）对以冶金为主的工矿城镇工业布局进行了研究，分析了大型骨干企业选址的影响因素，以及企业选址对于城镇发展的影响。邓念祖（1990）分析了当时资源型工矿城市布局中存在的主要问题，包括城市功能分区混乱、生态环境恶劣、城市内部交通与工业运输线路混杂、工业企业布局不合理等，提出资源型工矿城市发展应当根据对资源开发的不同阶段而采用不同的措施；矿区城镇的布局应充分利用和扩建原有的城镇，工业企业成组布局，建立联合工人镇，建设工农新村，避免城市压矿，加强规划管理等问题。还有一些学者研究了具体城市或地区工业的综合发展，如孙盘寿（1986）针对辽宁中部地区城镇发展的研究、方觉曙（1986）对于淮北市的研究、谢长青（1988）对白银市的研究、王国清（1989）对抚顺市的研究、刘伟科（1990）对铜川市的研究等。

进入 1990 年代之后，对于资源型城市的研究开始侧重于可持续发展并关注资源枯竭的问题。赵宇空（1992）全面地对矿业城市的性质、演化过程、发展的问题以及今后发展的对策进行了系统的研究，总结了矿业城市演化的三种模式：衰亡型、转化—单一型、持续发展型，揭示了经济结构单一、城镇布局分散和原材料价格偏低是制约我国矿业城市发展的主要限制因素，并认为这是社会经济问题，是矿业城市发展落后的主要根源。因此，他根据这个结论提出我国矿业城市应选择"持续发展型"的模式，提出调整地域结构，改善城镇布局，依照不同发展阶段的社会经济发展目标，改善城市布局状况，将城市建设和矿区建设兼顾，生产生活共同发展，打破工人镇和农村镇的人为界限等对策。这个研究最主要的意义在于较早地提出矿业城市的发展问题和资源枯竭的威胁，并提出相应的后资源发展的可持续策略。刘云刚（2002）对资源型城市的概念、范畴进行了界定，对中国资源型城市的形成特点和发展特征以及影响中国资源型城市发展的主要因素进行了分析，他认为是在双重动力下的阶段性发展，并对中国资源型城市的未来发展做出了预测且提出了未来可持续发展的调控对策。李荣（2003）以煤炭工业城市淮南市的城市空间发展为例，分析了煤炭城市空间发展的影响因素、演变过程和动力机制，并提出了城市发展的调控措施，以及多中心、紧凑型和网络化的依托自然山水条件的城市空间格局的理念。

刘吕红（2006）从城市历史的角度研究了清代资源型城市，分析了我国清代资源型城市的空间结构等方面，提出清代是我国资源型城市发展的重要阶段，通过历史的分析对当今资源型城市发展提出借鉴。其他学者也对资源型城市发展的不同方面进行了研究。张以诚（1997）把矿业城市按照其成因分为有依托城市和无依托城市，并提出了区别对待的思想。贺艳（2000）研究了资源型工矿城市的再城市化问题。周海林（2000）对资源型城市可持续发展的指标体系进行了初步探讨。

我国学者的研究都普遍关注了资源型城市的分类、形成过程和影响因素，而资源型城市在资源枯竭后的可持续发展问题以及相应的对策是研究的热点，但各学者的研究思路基本一致。

1.2 城市空间形态研究

1.2.1 西方城市空间形态研究

城市形态学（urban morphology）的研究在西方开始于 19 世纪初。我国学者段进对西方城市形态学的研究做了比较完整的总结。从 19 世纪初，西方不同领域的学者已经开始关注城市形态研究，并从不同的角度提出了城市形态的相关因素，并且成为多个学科交叉的科学门类，包括地理学、政治经济学、建筑学、城市历史学等多门学科。

（1）地理学研究：城市形态研究最早从地理学领域开始，1841 年德国地理科学家科尔（J.G.kohl）发表的"人类交通居住地与地形的关系"，这个研究分析了聚落的形态与外在要素之间的关系，包括地形、地理环境和交通线所产生的影响。之后斯卢特（O.Schluter）提出的"人文地理学的形态学"认为城市形态是人类的活动在大地上留下的痕迹，并在科尔研究的基础上提出城市形态的组成要素是由土地、聚落、交通线和地标建筑物所构成。20 世纪 60 年代，康泽恩（M.R.G.Conzen）根据德国学者研究的基础形成了完善的关于城市地理学研究城市形态的方法，提出城市景观的组成元素为城市规划单元、建筑形态和用地功能。这三个要素组成了不同层级的城市景观单元，并引入了"边缘地带"和"固定界线"两个概念。"固定界线"是城市物质空间发展的障碍，包括自然因素、人工因素和无形因素等。这些"固定界线"会在一定时期内阻碍城市的物质空间发展，但是城市空间最终会突破这些障碍，产生新的边缘地带直至遇到新的"固定界线"，从而改变城市物质空间形态。康泽恩全面地确定了城市形态研究的主要分析要素，包括土地使用、建筑结构、地块模式和城市街道等，并且确立了"城市形态学"作为一门专门的城市研究的科学。

（2）政治经济学研究：政治经济学提出了城市形态的三大经典模式。伯吉斯（E.Burgess）研究了城市社会经济发展和物质空间发展之间的关系，于 1923 年提出了同心圆模式理论，即各种不同类型的居住区由内向外呈环状分布；霍伊特（H.Hoyt）于 1939 年提出了扇形理论，认为城市的发展是由不同功能用地以扇形的方式向外扩张；1945 年，地理学家哈里斯（C.D.Harris）提出了城市结构多核心模式，认为大多数城市的生长并不是围绕单一的中央商务区（CBD）为中心，而是集合了多个生长中心进行发展，较之前两种单核心的城市发展理论有了进一步的深入。以上三种城市的经典模型是以美国的城市为研究背景在 1960 年代被介绍到世界其他国家，成为之后城市空间形态研究的重要基础。这些理论主要关注了城市功能结构，研究了土地利用类型的城市社会经济因素和发展过程，侧重从经济的角度关注城市空间问题。至 1970 年代，从城市社会经济角度研究城市形态最主要关心普通商品生产与城市建成环境的形成之间的关系。美国城市地理学学者哈维（Harvey）就此提出城市地理景观的形成与不断地变化是由资本主义的本质和内在矛盾所决定的，他的关于资本循环的理论研究了资本置换对城市形态变化的影响。波尔（Ball）发展了哈维的理论，提出建筑供应结构（Structure of building provision）的概念，探讨了城市建成环境中所形成了一整套社会关系，包括规划、建设，以及建筑服务的对象等。考克斯（Knox）在 1991 年通过研究美国城市形态的演变发现，社会文化和经济因素对社区以及中产阶级邻里的形态起着影响作用。戈登（Gordon）从政治的角度对城市形态进行了分析，研究了行政政策法规对于城市形态的影响，得出法律法规在一定程度上影响了城镇景观形态的结论。同时，戈登从政治经济学提出了研究城市形态的两个方面：第一，将社会物质生产与再生产中的资本因素与建成环境的形成相结合才能正确理解城市形态；第二，城市发展以及组织形式的形成是由不同的社会经济因素共同作用下进行的。

（3）建筑学研究：建筑学从物质实体的视角分析城市形态，更多地关注物质空间要素对城市形态的影响。其中两个最主要的分支是类型学和文脉研究。类型学的代表建筑理论家罗西（A.Rossi）在其著作《城市建筑》中提出城市中建筑和空间的安排都可以以类型的方式进行组织，因此以城市空间形态的历史分析为基础，可以通过类型学的方法理解认知传统城市的空间形态。根据罗西的理论，城市是由建筑构成的形态，城市由两类要素组成，具有空间整体性的城市区域和主导因素。不同的城市区域之间具有形式的同质性，但是主导因素起到了差异化的作用，赋予不同城市区域的特殊性，因此城市区域之间产生了特殊性与差异性，由不同城市区域构成的城市在延续历史发展脉络的基础上形成了有变化但又有整体的城市形象。罗西理论的核心是将城市空间形态的组成要素进行类型化，并解释其中包含的历史逻辑性，以解释城市空间形态并预测城市未来的发展方向。另一个类型学的代表是克里尔兄弟关于"原型"的城市形态理论，主要包括两方面的内容：第一，城市空间形态的基本组成要素；第二，城市构成要素之间相互作用影响的组合关系。"原型"理论主要运用类型学对城市形态的基本构成要素进行分类，并运用拓扑学分析要素之间的相互作用关系。理论对城市空间由两种不同的划分方法：第一种将城市空间分为街道和广场两大构成要素，其中广场有方形、圆形和三角形三种原型，根据这三种原型可以形成其他不同形式的广场，再与街道结合形成多样的城市空间；第二种将城市空间分为公共性形态要素和个人性形态要素，认为公共性建筑具有统治地位，形态较为灵活数量较少，个人性建筑处于从属地位，形态比较一致数量较多，在这样的组合方式下，城市可以呈现整体而富有变化的形态。凯文·林奇（Kevin lynch）提出心理认知在城市形态的研究也是重要的建筑学方法之一。他提出构成城市形态的五个要素：路径、边缘、区域、节点和目标。通过物质的、可以感知的物体对人所产生的心理效果为依据，分析空间构成要素之间的关系，对观察者的心理印象进行分析，从人的主观感知对城市形态进行研究。

1.2.2 我国城市空间形态研究

我国较早的对城市空间形态专门进行研究始于 20 世纪 80 年代。齐康（1982）指出了研究城市形态的意义并提出系统的研究方法和研究体系。这为我国之后的城市空间形态研究提供了理论的基础和指导，其中的研究方法及研究内容至今仍有一定的指导意义。我国的城市空间形态研究主要涉及城市形态演变过程、空间发展的动力机制、城市空间要素、城市发展轴四个方面。

（1）城市形态演变过程研究：我国学者在研究城市空间形态演变时基本都采取了图示化的方式进行分析，在研究方法上比较一致，力图总结出城市形态演变不同阶段的空间形式和规律，以及内部和外部空间变化的相关性，并且都运用模型的方式进行抽象化。武进（1990）系统地分析了我国城市形态的基本模式以及影响城市形态的主要因素，特别是社会经济变革对于城市形态变化的作用，从历时性的角度探讨了城市形态的演变，将我国城市形态演变分为四个阶段：第一阶段点状阶段，城市形成初期的地理依赖型向心形态；第二阶段城市不断扩大，城市开始沿交通线向外形成伸展轴，形成星状形态；第三阶段伸展轴稳定发展阶段，城市发展进入稳定期，外部形态保持星状；第四阶段城市内部填充阶段，星状之间的空地被填充，形成块状形态；第五阶段城市再次进入外向伸展为主，城市沿新的交通干线开拓，由块状变为星状形态。这五个阶段从主观上揭示了城市形态在漫长的历史时期发生的规律性变化，也是以后关于城市形态演变过程理论的基础。张宇星（1995）提出了城市形态生长的基本过程，包括基于一定伸展轴和扩展面的区域扩展和基于一定圈域和生长点的改造两个层面的模式，认为这两个模式可以衍生出不同形态类型的城市空间。并对城市的生长过程分为十类，从点、轴、圈及多点的结构角度总结城市形态演变的规律。李加林(1997)总结分析了一种特殊类型的城市——"河口港"城市形态的演变规律，提出了这类城市的周期性演变特点，港口城市的形成，沿轴向扩展，进入稳定阶段，向内填充用地饱和后向更复杂的形态发展。并且指出河口港城市在扩张演变过程中，由于港口的水深条件使得新港口处的新城镇与老城可能形成不连续的形态。熊国平（2001）深入研究了1990年代以来，我国城市形态演变的规律，并分别总结了城市内部空间和外部轮廓扩张的特征以及两者之间的互动关系。顾朝林（2003）总结了世界范围内大城市扩展的两种趋势，沿城市对外交通线轴向发展和由单中心转变为多中心发展的模式，并得出任何类型的城市，其空间增长都可以用集聚和扩散之间的矛盾互动予以描述的结论。段进（2003）研究认为城市空间形态的位移与扩张本质上是一种空间的演替，由农村用地演替为城市用地，从而在整体上体现为城市外部空间形态的演变。并归纳了形态演变的四种方式，同心圆扩张、星状扩张、带状扩张和跳跃式扩张。刘炜（2006）对一类特殊的城市——古镇的形态做了专门的研究。并以湖北古镇为例，总结出湖北古镇形态演变所经历的"点状生成，条形连接，骨架生长，块状填充和新区扩展"等阶段，所形成的鱼骨形、块状、条形等不同的古镇形态。

（2）空间发展的动力机制研究：动力机制或者城市空间发展的作用力是外在城市形态变化的内在动因，对于动力机制的研究是理解城市形态变化的原因的基础，这一点在最早的城市空间形态研究中就被关注。齐康（1982）提出城市形态是在自然力和人为力的合力作用下进行发展，指出各种"力"对于城市形态的作用，以及城市在合力作用下从稳定到不稳定的变化趋势，这里的"力"即是指影响城市形态发展的动力。武进（1990）对城市形态演变的内在机制进行了研究，认为内部发展压力作用与外部所产生的被动扩张力和外部自发的吸引力是城市形态演变的主要动力。并将动力的组成做了概括，提出经济、政治、文化和社会心理是城市形态演变的深层机制。张宇星（1995）从时间、空间和人的角度对城市生长的动力进行研究，认为这三类因素互相制约对城市空间形态演变进行复杂而动态的控制。李加林（1997）总结了河口港城市的发展动力主要由河道和水系对港口经济产生的促进，以及经济对城市形态的作用，认为港口位置和规模的发展是影响这类城市空间形态变化的主要动力。陈前虎（2000）通过对小城镇工业用地形态结构演化的研究，认为小城镇工业用地形态演变的动力主要是产业结构的转换，技术的进步和经济发展的带动，同时包括政府政策的作用力，小城镇与周边的大城市和乡村之间的作用力也起到一定的影响。张庭伟（2001）研究了经济、社会、文化和政策对城市空间结构变化所产生的动力机制，认为城市内部空间的重组和外部空间的扩张是相互关联的一对矛盾，而造成城市内部和外部空间变化的动力机制本质上是经济、政策和社会三者的合力作用。郭广东（2007）对市场作用力对于城市空间形态的演变做了专门研究，认为在众多"力"中，社会力的力量较弱，市场力和政府力是中国城市空间形态发展的主导，特别是土地市场力的力量逐步加强并持续成为主要动力。王建华（2008）研究了在城市快速发展和产业转型背景下的城市形态轴向发展的动力，认为早期城市受到自然条件的限制呈现被动式的沿江河的轴向发展，1900 年后随着交通技术的进步，工业化的发展和政府干预的强化在经济、空间、技术和制度性等多因素的共同作用下，城市轴向发展的动力呈现多元化的状态。我国学者基本都认为城市内部和外部空间形态演变的动力机制包括多个方面，但是社会经济和政策的影响是最深层次的动力，而在我国经济高速发展的背景下，社会经济包括产业结构的变化是最根本的动力，引起城市内部空间的调整和外部空间的扩展。

（3）城市空间要素研究：城市空间由各种不同的要素通过一定的方式进行组合。针对要素以及其组合关系是构成城市空间形态的基础。武进（1990）认为城市形态的构成要素是完成某种城市功能的最小单元，具体包括道路网、街区、节点、城市用地和发展轴。同时除了实体要素外，还包括非物质要素如社会组织结构、城市意象、居民生活方式和行为心理等。李加林（1997）对于城市空间要素的分类与武进（1990）提出的观点基本一致，认为这些要素相互影响，相互联系共同构成具有特定功能的地域，外化表现为特定的空间形态。陈勇（1997）认为城市空间不单纯表现为物质空间形态，还涉及社会生活方式、人类心理生理、经济技术条件、历史文化及管理制度等诸多非物质要素。刘炜（2006）研究了古镇街巷的构成要素，包括街道、支巷、河流、门楼、桥以及埠口，认为这些要素的有机组织构建了完整的古镇开敞空间形态。我国学者基本一致认为城市空间要素由物质要素和非物质要素组成，但是城市空间形态并不是要素的累加，而是各要素通过一定的方式进行组合形成结构的体系和特定的城市空间形态。

（4）城市发展轴研究：轴向城市形态是城市形态演变中重要的一个阶段，许多学者都对轴向城市形态做了专门的研究。武进（1990）认为伸展轴是城市外部空间形态形成的基础，并认为沿轴向定向扩展是城市形态扩张的一般方式，并对陆上交通线、水系和绿地等不同的轴线进行了分类。周丽（1993）从地理形态的角度对城市发展轴进行了研究，并对城市具有的发展轴的数量和发展轴之间的夹角进行分类分析，认为城市交通线是发展轴的依托，随着城市的发展，轴线的数目也增多，城市的空间形态也更加复杂。王建华（2008）认为城市形态的轴向发展是城市传统的发展形势之一，也是早期城市的形态特征，在新的经济发展背景之下，受到区域和城市两个层面的推动，城市又开始进入了一个新的轴向发展时期。研究普遍认为城市轴向发展是城市外部空间形态的一种主要的方式，而轴向一般都是以交通线为依托，随着交通方式的改变而出现不同的轴线发展方向，而城市的形态也在点状轴向之间循环发展。

1.3 城镇发展史研究

通过对城市历史的研究，可以了解某一个历史阶段城市的发展以及城市发展的过去、现在和未来的序列关系。胡俊（1994）分析总结了中国不同历史时期城市空间结构发展的社会经济背景以及影响因素和作用机制，提出了不同历史时期中国城市空间结构的一般模式以及不同条件组合下的分异类型。任放（2005）从经济的角度对明清时期长江中下游市镇的发展进行研究，探讨明清时期长江中下游的市镇网络、市镇的地域分布及发展周期，市镇的类型划分、市镇与市场层级、市镇墟场及集期、市镇的功能分析、市镇与仓储等功能。四川大学学者（1997）对中国近代城市的发展阶段和发展动力进行了全面系统的分析，并对重点的城市进行了个案研究。提出市镇化是近代中国城市化的特殊途径的结论，近代工业对城市的兴起和发展产生了重大影响，新式工业是近代城市发展的动力之一，推动了近代城市化和城市现代化，同时近代交通发展也是近代城市发展的重要推动力。刘炜（2006）以湖北古镇为案例，研究了古镇的发生、发展、成熟和衰退的历史。不管是阶段的还是整体的历史研究，学者都关注了每个历史阶段的城市发展情况、动力机制和影响因素，但是侧重点各不相同，经济、商业和工业的促进都是研究的重点。

本书的研究框架见图1-1。

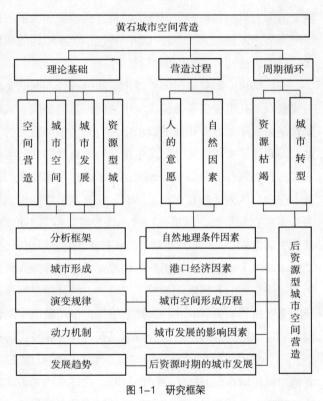

图1-1 研究框架

2 黄石城市地理及历史情况

2.1 自然地理概况

黄石位于湖北省东南部，长江南岸。东经 114° 32'~115° 16'，北纬 29° 51'~30° 20'。西北与鄂州武昌相邻，东南与咸宁接壤，东北与浠水、蕲春隔江相邻，沿长江上溯距武汉市 143 公里，沿长江下行距九江市 126 公里，是湖北省第二大城市（图 2-1）。

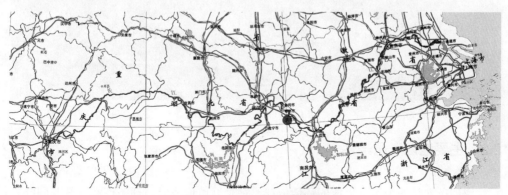

图 2-1　黄石在长江流域区位图

黄石市属于北亚热带大陆性气候，四季分明，光能充足，热量丰富，降水充沛。平均日照时数为 1810.9 小时，日照率为 41%，年平均降水量 1382.6 毫米，年平均降雨日 132 天左右。年平均气温 17℃，属于湖北省高温区。极端最高气温 40.3℃（1961 年 7 月 23 日），最低气温 –11℃（1961 年 1 月 23 日），无霜期年平均 264 天。常年主导风为东南风，平均风速为 2.17 米 / 秒。[①]

黄石市地处鄂东南低山丘陵北缘，幕阜山余脉自南向入境，由大同山、金竹尖等

---

①　林耀鹏主编 . 黄石市地名志 . 黄石市地名委员会，1989：4.

山组成的一脉，绵延于市境南部。市区东北滨长江，北缘为大别山脉，南屏为大同山脉。整个市区地形呈现南部高，北部低，东西部平，临江环湖依山的地貌态势。海拔最高为860 米，最低为 8.7 米。黄石市地貌形态多样，包括平原、低山、丘陵、岗地和湖盘等，其中丘陵占 50.66%，平原占 33.31%，低山占 8.47%。市区内有磁湖、大冶湖、保安湖、青山湖及花马湖，其中大冶湖和保安湖属于大型湖泊。黄石市的地质结构，山地由石灰岩构成，平地为第四纪冲积层，土层厚实肥沃；水系由大冶湖、梁子湖、富水三个水系的部分和 18 条河流及若干小湖泊组成，地貌组成为山地水系和平原。①

黄石市至 2009 年辖黄石港、石灰窑、下陆、铁山四区和大冶市及阳新县，27 个建制镇，16 个乡集镇。全市国土总面积 4630 平方公里，其中市区面积约 242 平方公里。黄石城区现状实际居住人口超过 60 万人，建成区面积 43.82 平方公里（图 2-2）。

图 2-2　黄石卫星影像图

2.2　主要地理资源条件

地理条件是一个城市形成的环境依托，每个城市形成的地理条件都有其共同的方面，但是每个城市也有其自身较为独特具有优势的地理条件，是影响城市形成和发展的主要因素之一。从城市发展角度而言，黄石地理条件中最为主要的是矿产资源和交通两个条件。

矿产资源方面，长江流域的矿产资源主要分布于上游的攀枝花地区，中游的鄂东南地区以及下游的南京地区。中游地区资源以黄石最为集中，并且资源分布合理，资源组合有利，矿产主要有铁、铜、铝锌、钨铜及贵重金属等。由于黄石地处铜铁等多金属成矿区，历史上是我国重要的冶炼基地。黄石的矿产开采历史可以追溯到西周时期，黄

---

① 黄石地方志编撰委员会编纂 . 黄石市志 . 北京：中华书局，1990：3.

石之前的大冶即取意"大兴炉冶"。矿产资源是黄石地域有人口集聚以及之后发展的主要原因之一。黄石位于长江中游铁铜等多金属成矿带的西段，矿源丰富。已发现的矿产有煤炭、黑色金属、有色金属以及非金属矿四大类53种，包括煤矿、铁、锰、钼、金、银、铅、锌等金属矿，以及硫、磷、砷、大理石、石灰石等非金属矿，其中铜、铁、煤的蕴藏量最丰富。黄石地区是中国矿产开采较早的地区，根据古矿遗址的矿渣推算和有历史记载的矿产量统计，新中国成立前黄石地区开采冶炼粗铜8~12万吨，铁矿石近2000万吨[1]，新中国成立后矿产的开发成为地区经济支撑产业与主体（图2-3）。

图2-3 黄石矿产资源分布图[2]

在交通条件方面，黄石是鄂东地区重要的水陆交通枢纽，地理交通位置优越，区位适中，在鄂东沿江的二十多个城镇群中居于中间，交通通达性和便利度较高。水路方面，中心城区位于长江中游南岸，自然岸线19.97公里，前沿水深3~18米，具有良好的建港条件。黄石港是长江黄金水道上的十大良港之一，沿长江拥有各类码头48座，有两个5000万吨级泊位的外贸码头。黄石以下江道终年可通航5000吨级船舶和三万吨级以上大型船队，借助长江水道可上游连通巴蜀，下游连通宁沪，水运一直是黄石的重要地理条件，是黄石地区的资源物资内运和外运的重要依托。陆路方面武九铁路与京广线、京九线相连接，进入全国铁路网，公路北向衔接沪渝高速公路，西部衔接106国道和316国道，大广高速公路、杭瑞高速公路贯穿黄石南北和东西两个方向，宜黄高速公路可以直达武汉。[3]

2.3 地区历史沿革

本书所讨论的黄石城市，在地理维度位于现黄石城区空间范围内，在时间维度上，黄石建市于1950年，根据当时中央人民政府命令，由"湖北大冶特区办事处"、"湖北

---

① 黄石市计划委员会. 黄石地域国土资源综合评价报告.1988.
② 黄石市计划委员会. 黄石地域国土资源综合评价报告.1988.
③ 截至2006年数据。资料来源：黄石市国土局. 黄石国土资源规划.2006.

大冶工矿特区人民政府"过渡为黄石市。1959 年大冶县从黄冈地区划归黄石市。在隶属关系上研究范围所在的黄石市区及铁山曾是大冶县管辖的镇，后又作为高一级别的行政单位管辖大冶县。黄石市与大冶的隶属及地理关系直接影响着黄石市的形成与发展，所以黄石市的地区历史沿革仍旧从大冶开始。

大冶县始建于宋乾德五年（967 年），境内矿产丰富，冶炼业发达。《庄子·大宗师》曾记载"大地为大炉，造化为大冶"之语。967 年，李煜为南唐国主时，升青山场院，并析武昌三乡与之合并，新设一县，取"大兴炉冶"之意，定名为大冶县。黄石自夏商至建市时期的历史沿革见表 2-1。

黄石历史沿革表[①]　　　　　　　　　　　　　表 2-1

朝 代	隶 属	名 称	说 明
夏，商	荆州		《尚书·禹贡》把全国分为九州。荆州为今湖北湖南一带。
春秋战国（公元前 770~ 前 221 年）	南郡		公元前 224 年，秦始皇分楚地为四郡，市地为南郡属地。
汉（公元前 206~公元 220 年）	江夏郡	鄂县下雉县	公元前 9 年改名闰光县，公元 208 年复名下雉，东汉曾设黄石城于武昌县东
三国（公元 220~280 年）	吴地荆州刺史部江夏郡	武昌阳新	公元 221 年（魏黄初二年），孙权改鄂为武昌，并割鄂之南部建阳新县。市地属武昌郡之武昌，阳新二县。公元 223 年（吴黄武二年），属江夏郡之武昌，阳新二县。
西晋（公元 318~420 年）	江州	武昌阳新	东晋（公元 405~418 年）下雉县并入阳新县
南北朝（公元 420~589 年）	蕲州	武昌阳新	公元 526 年，阳新分设安昌县
隋（公元 589~618 年）	江夏郡	武昌永兴	公元 589 年置鄂州，废阳新为富川，并安昌县，598 年改富川为永兴县。
唐（公元 618~896 年）	江南西道之鄂州	武昌永兴	
五代十国（公元 907~960 年）	先后属吴，南唐		
宋（公元 960~1279 年）	江南西路兴国军	永兴大冶	公元 905 年（唐天祐二年）吴武昌节度使在永兴县境内设置青山场院，967 年升青山场院，并划武昌（今鄂城）三乡与之合并新置"大冶县"。977 年以永兴县置永兴军，978 年改兴国军，下辖永兴、大冶、铜山等县。
元（公元 1279~1368 年）	湖广行省兴国路	永兴大冶	公元 1277 年升兴国路总管府隶属江西，1293 年自江西划归湖广。
明（公元 1368~1644 年）	湖广布政使司武昌府	兴国州大冶	公元 1376 年 4 月，以兴国州治永兴县。

---

① 根据黄石地方志编撰委员会编纂. 黄石市志. 北京：中华书局，1990：214-218 改编.

续表

朝　代	隶　属	名　称	说　明
清（公元 1644~ 1911 年）	湖北省武昌府	兴国州大冶	清初为湖广省，公元 1664 年以湖广北部改称湖北省。1735 年，大冶、通山直属武昌。
民国元年（1912 年）	属湖北江汉道	大冶县兴国县	
民国 21 年（1932 年）	属湖北第二行政督察区专员公署	大冶县阳新县	
民国 24 年（1935 年）	属湖北第一行政督察区	大冶县阳新县	
1949 年	属湖北大冶专区	大冶县阳新县	
1949 年 5~10 月	属武汉军管会	石灰窑工业特区人民政府	
1949 年 10 月~ 1950 年 8 月	属湖北省人民政府和大冶专署	大冶工矿特区人民政府	
1950 年 8 月 21 日	属湖北省人民政府直辖	黄石市	

2.4　古代黄石地区人类活动的起源

黄石地区在古生代二叠纪为"古地中海"的一部分。在中生代末期，地质历史上发生了剧烈的地壳运动，以燕山运动为主的造山运动。海水全部退出，自三叠纪后，区域内已没有海水。经过一系列造山运动，黄石地区周围的山脉逐渐形成，中部形成几个断陷的小盆地，奠定了区域的地理基础。随着长江的形成，黄石地区逐渐形成具有山、湖、江等自然要素相结合的稳定地貌。[1]进入人类社会以后，由于境内雨水充沛，气候宜人，具有植被茂盛的山体和良好的湖泊水源，这样的地貌条件为人类的活动与聚集提供了合适的生存发展条件。[2]

早在 20 万 ~30 万年以前，黄石地区出现了早期的人类活动和对土地资源的开发利用。在大冶县四顾闸镇章山地带[3]，出现了"石龙头旧石器文化"遗址。石龙头遗址距黄石市约 20 公里，西距大冶县约 30 公里，东北距长江 4 公里。呈半岛状伸入大冶湖汊中。在石龙头遗址出土哺乳动物化石和石核、石片、砍砸器、刮削器等石质品，其制作水平和文化发展阶段比丁村石器原始，与北京周口店第十五地点基本相当，属旧石器初期。[4]石龙头遗址说明黄石地区在旧石器时期已经出现了人类的活动和人类原始的聚落形态，主要集中在长江边和大冶湖边等水系发达的地段（图 2-4）。

---

① 湖北省大冶市地方志编纂委员会编纂.大冶县志.武汉：湖北科学技术出版社，1990：4.

② 詹世忠.黄石港史.北京：中国文史出版社，1992：7.

③ 注：现石灰窑区河口镇石龙头村，距西塞山 11 公里.

④ 《湖北黄石石龙头旧石器时代遗址发掘报告》政协黄石市委员会石灰窑区委员会文史资料委员会编.石灰窑文史资料第三辑.黄石：政协黄石市委员会石灰窑区委员会文史资料委员会，1996：164-166.

此外，黄石长乐山北坡发现古鱼化石，大冶、阳新、鄂州等县市发现陶网坠、陶纺轮、兽骨、鱼刺、稻粒等文物，显示黄石地区在新石器时期至西周初年古人类的活动已经与水形成了密切的关系，并掌握了一定的打渔耕种、制陶和纺织等生产技术②。根据人类社会发展的规律，随着剩余产品的增多，交换活动随之开始，而交换活动需要远距离的交通，因此黄石地域临江近湖的水系能够满足从生产生活发展至长距离交通运输的需要，这样的地理条件也成为黄石地区有人类活动的必要条件。

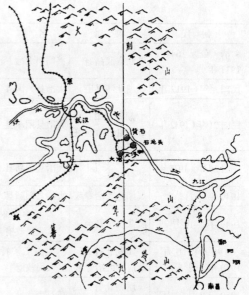

图2-4　石龙头遗址区位图①

① 《湖北黄石石龙头旧石器时代遗址发掘报告》政协黄石市委员会石灰窑区委员会文史资料委员会编．石灰窑文史资料第三辑．黄石：政协黄石市委员会石灰窑区委员会文史资料委员会．1996：164-166.
② 詹世忠．黄石港史．北京：中国文史出版社，1992：8.

3 战国至五代黄石地区城的出现

3.1 先秦时期黄石地区城的出现

城市的产生是由于生产力的发展，引起社会大分工，导致剩余产品的增加和私有制的出现，同时包括社会成员大分化、文化发展和掠夺性战争的发生等因素。从石器时代到青铜器时代的转变，使青铜业的产生和青铜工具在农业生产及工业生产上起到了巨大的作用，[①]因而铜的开采也成为这个时期重要的标志。黄石地区，早在公元前13世纪（殷小乙时期），地处沸源口北岸的铜绿山地区就有铜矿的采掘活动。在这段时期先后出现了三座具有单一功能的城池，城池的形成在地理位置与规模上与铜矿资源的采掘和运输活动有着直接的关系。

3.1.1 三座城的形成

在春秋至西汉时期，黄石地区按时间顺序出现了三座城池，分别为春秋时期的五里界城，西汉时期的鄂王城和战国时期的草王嘴城。三座城在同一个地区，但是地点相互偏离，其形成和选址与相对稳定的聚落选址不同，都反映了早期人类对黄石地区开发的过程。根据湖北省文物考古研究所的考古发掘及研究材料，三座城池的基本情况和地理环境如下：

（1）五里界城位于黄石市东南部大箕铺镇五里界村，西北距离大冶市城区约10公里。五里界城地理上处于一个盆地之中，形成年代为春秋时期。

城池为一座南北长方形土筑城垣，城址面积约一平方公里，规模较小，城门设在东垣北端，为一大一小两座城门，西垣南端也有一个进出的通道；城址的使用年代相对较短；城外的城壕多利用城外较低的洼地，而城垣外较高的岗地仅挖窄沟，作为城的排水通道。[②]

---

① 庄林德.中国城市发展与建设史.南京：东南大学出版社，2002：5.

② 朱俊英，黎泽高.大冶五里界春秋城址及周围遗址考古的主要收获［J］.江汉考古，2005（01）：45-49.

五里界城的选址与形成都与当地的矿产开采、管理与运输有着直接的关系。五里界城所处的盆地周围矿产资源十分丰富，已探明的金属、非金属矿和能源 20 多种；非金属矿产、大理石和煤炭等矿产也十分丰富。①同时历史上，该地曾以铜矿的开采冶炼最为盛名。根据考古发现，五里界城周围西周时期的遗址共有 13 处，其中具有冶铜功能的为 11 处，有 6 处早于西周时期，为商末周初。由于五里界城属于春秋时期，所以说明在五里界城建造之前，该地区就已经开始了铜矿的开采冶炼。与五里界城同时期有 10 处遗址，其中具有冶铜功能的 4 处，有冶铜功能无生活用具的遗址 6 处，说明在五里界城使用阶段当地铜矿的开采冶炼规模较大。在青铜时代，铜是一种重要的战略资源，大规模的铜矿开采活动需要一定的行政管理措施和机构。在铜矿冶炼密集地区，派驻常设机构进行管理需要城池作为依托。而且冶炼出的铜矿产品需要一个储存和转运的场所。②

五里界城仅东垣的北端设置有城门，城北临大冶湖，有宽广的水域直接与长江相通；南部有天然河道，有良好水运的交通条件。城垣外壕宽窄不同，深浅不一，城壕距离城垣不等，与传统军事城池不同，不具备军事防御的功能。而另一方面，城壕能起到排水和交通运输的功能，城址旁有 3 条天然河道和北边大冶湖相连，从大冶湖进入长江可直达长江下游，江汉平原，交通十分便利。以前黄连港水量很大，河道比现在宽 2 至 3 倍以上，近几十年水量逐渐变小，河道变窄。说明该地区历史上有过丰富的水量和较大的天然河流，也说明曾经具有良好水运条件。③

五里界城规模比较大，城垣城壕等设施完备，但当时城内生活及人口较少。城内发掘出的建筑遗址在结构上与生活居住的房屋区别较大，且没有发现生活用品。因此五里界城没有体现政治、经济和居住的功能要素，与一般意义上的古代都市和市镇有很大的区别。④根据周边的冶炼遗址，以及五里界城的运输条件，城的主要性质是与铜矿开采冶炼直接相关，是对当地铜矿的开采冶炼进行管理的中心，也是铜矿产品的生产、储藏和运输的场所，同时是当地铜矿和冶炼产品的初加工的集散地。

（2）鄂王城处于黄石西南部金牛镇，东北距离大冶市区约 40 公里；东距五里界城 42.5 公里。鄂王城坐西朝东，西南、西北和西部为山丘土岗。东北、东南和东面为宽阔的平畈。虹川河和高河港由南向北经东城垣外流入梁子湖，再从樊口流入长江，是天然水道，有利于通过水运进行物资产品的运输。平畈东侧，整个地形形态为东、南、西三面围合，北部为水路出口。地望条件为城的形成提供了有利的条件。

根据考古发现，鄂王城城址平面呈不规则长方形，城池面积为 5 万平方米。城壕在东南与高河港相连，通向梁子湖。通过对城垣及出土文物的考证，鄂王城为战国时期城。

① 朱俊英主编；湖北省文物考古研究所编著.大冶五里界：春秋城址与周围遗址考古报告.北京：科学出版社，2006：1–5.

② 詹世忠.黄石港史.北京：中国文史出版社，1992：8.

③ 朱俊英，黎泽高.大冶五里界春秋城址及周围遗址考古的主要收获［J］.江汉考古，2005（01）：45–49.

④ 朱俊英，黎泽高.大冶五里界春秋城址及周围遗址考古的主要收获［J］.江汉考古，2005（01）：45–49.

出土文物中的"陈爰"（楚国金质货币的一种）说明了春秋时期黄石地区物物交换具有一定规模，并已经运用黄金作为商品交换媒介物。[①]

鄂王城形成的时代背景是在楚国为春秋"五霸"，战国"七雄"之一时期。当时，鄂是杨越的经济中心，铜绿山已经是著名的采铜生产基地，军事经济地位十分重要。铜是当时重要的战略物资，也成为战争产生的重要原因。周夷王八年（公元前878年），建立鄂王城。另外在矿产资源及地理条件方面，城西侧的山丘地带，可以提供木材等资源；南侧广袤的农田和湖泊塘堰塞，可以提供农副产品；东侧的铜绿山矿冶基地，可以提供矿产资源。护城河东南端与高桥河连接，直接通樊口（今梁子湖），出樊口进入长江具有良好的水运条件。因此可以推断鄂王城的建立背景与楚和杨越为采铜业的战争有直接关系，战争对铜矿的需求直接推动了城池的形成。[②]

（3）草王嘴城位于大冶市区西郊，东距大冶市区约6.5公里，东南距铜绿山古矿遗址2.7公里。城址周围为低山、丘陵和沉积盆地。城址平面呈不规则长方形，南北长约280米，面积约55000平方米。有东西两个城门，西城门为陆地城门，东城门为水上城门。建成年代为西汉时期。

城池外部矿产资源丰富。根据考古发现，在草王嘴城南发现一批古矿冶遗址，在城址东面铜绿山发现多处冶炼遗址。城池选址具有良好的水运条件，西南、西、北、东面均临湖水，湖水经沣源口流入长江。历史上草王嘴城周围除东南部外全部为水域，[③]这也说明了当时水运条件的便利。

3.1.2　三座城的对比

根据考古资料，三座城都是黄石地域内西周至春秋时期出现的城，在形成年代上呈历时性关系。三座城在地理位置、性质、选址和规模等方面都具有共同点，在空间、时间和大小上也存在不同点。

三座城的城池规模，使用时间，功能复杂程度都比较相似。五里界城最大约1平方公里，鄂王城和草王嘴城规模基本相当，但是都远远小于同一时期的其他都城，说明城市的功能相对比较单一，而不是大规模居住和商业的功能。由于城池内文化堆积很薄，说明每座城池的使用时间较短。三座城最明显的共同点是护城河的运输功能和周边的冶炼遗址。其一，古代城池的护城河具有很重要的防御功能，三座城池的护城河都利用城外较低的洼地，而且城壕的宽度和距离都不均匀，因此可以推断城壕的防御功能较弱。三座城址距离水系都较近，城址都有便利的水道。五里界城东北近大冶湖，鄂王城北近梁子湖，草王嘴城东近大冶湖。而且梁子湖和大冶湖水城很宽，都与长江直接相连。城池通过城壕能够与河湖相连通，因此城壕除了排水功能之外，更承担了城内外的主要运输功能。这一

---

①　朱俊英主编．湖北省文物考古研究所编著．大冶五里界：春秋城址与周围遗址考古报告．北京：科学出版社，2006：260.

②　朱继平．"鄂王城"考［J］．中国历史文物，2006（05）：33-37.

③　朱俊英主编．湖北省文物考古研究所编著．大冶五里界：春秋城址与周围遗址考古报告．北京：科学出版社，2006：271-273.

点是其他常规城池所不具备的特点，说明三座城池并不是内向式的防御城池，而是与外界有大量的货物运输的活动。其二，三座城址周围都有密集的铜矿或冶炼遗址，形成了以城址为中心的分布形态。五里界城北部有叶花香铜矿，东部有东角山铜矿，城周围有 20 余处居住和冶炼遗址；草王嘴城东南部有铜绿山古矿遗址，周围分布有多处冶炼遗址；鄂王城东部也分布有冶炼遗址。[①]这说明城池与周边的采冶活动有着密切的关系，城池在不同时期承担着管理周边采冶点的作用。根据上述三座城的相同点，说明三座城都与铜矿的冶炼开采相关，而且都具有良好的水运条件，城的功能性质相似但是使用年代都不长。

除了形成年代不同之外，三座城池的空间位置随时间发生着迁移，并没有在原址进行叠加。从空间分布上看，三座城址在黄石境内的西南到东南呈三角形分布。五里界位于大冶市东南部，鄂王城位于大冶市西南角，草王嘴位于大冶市中心部位。三个城之间没有特殊的方位关系，但是从境内考古发现的冶炼遗址和铜矿井分析，基本都是围绕三座城址分布的，这又证实了三座城的主要功能都是与铜矿的采冶有关（图 3-1）。

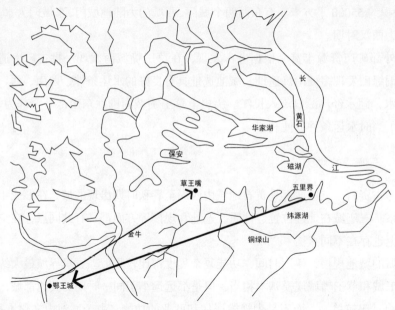

图 3-1　三座城的空间位置[②]

3.1.3　三座城的形成原因

五里界城周围共有 21 处遗址，包括居住类、生产类以及居住和生产的复合类型。这些遗址大部分分布在五里界城的东南部，位于城址和铜矿区之间。遗址的形成年代西周时期最多，春秋时期较少。而西周时期的遗址形成早于五里界城的形成年代，说明在城市建成之前，已经出现了大规模的采矿和冶炼活动。[③]而由西周至春秋时期，为了对

①　朱继平 . "鄂王城"考［J］. 中国历史文物，2006（05）：33-37.
②　朱俊英主编 . 湖北省文物考古研究所编著 . 大冶五里界：春秋城址与周围遗址考古报告 . 北京：科学出版社，2006：235-236.
③　朱俊英主编 . 湖北省文物考古研究所编著 . 大冶五里界：春秋城址与周围遗址考古报告 . 北京：科学出版社，2006：237.

该地区铜矿的开采和冶炼进行管理，同时为矿产品的储存和运输需要有一定的管理机构，因此在五里界建立城池作为管理和储运中心。

由于古代开采技术有限，不能对深层的矿藏进行发掘，因此对地表的矿藏开采完后，就需要转移采矿点。随着资源点的变化，采矿和冶炼点也不断向矿产资源丰富和采掘更加容易的地方转移，管理机构也需要进行转移。转移地点的选择遵循两个原则，其一要铜矿资源丰富，其二水陆交通便利，[①]特别是水路交通在当时具有重要意义。五里界城主要在春秋时期使用，到战国时期，五里界城所在区域不能满足矿冶开采的需要而遭废弃，废弃的原因与黄石地区采矿冶炼的重心转移有关。而鄂王城所处的地理位置与资源环境恰好符合转移的两项原则，成为新的开发重心，所以采掘冶炼活动转移到鄂王城地区，而管理机构也发生了转移，即形成鄂王城。根据考古发现，鄂王城周边分布的周代晚期遗址基本都是生产类型遗址。根据鄂王城规模较小以及周边冶炼遗址分布较多的情况，有研究证实鄂王城应该为五里界之后专门修建的负责管理铜矿开采和冶炼的城。[②]

随着社会生产力的发展，采掘冶炼技术不断进步，人们对于铜矿资源的富矿区的认定水平提高。至汉代，黄石地区的铜矿冶炼中心转向了铜矿资源丰富的铜绿山，管理开采冶炼的机构也由鄂王城转移至铜绿山附近的草王嘴城。大冶地区汉代遗址有8处，草王嘴城周边发现的汉代遗址有7处。草王嘴城形成年代为西汉时期，而城址周围分布了较多的汉代遗址，说明草王嘴城是西汉时期大冶地区铜矿开采和冶炼的管理中心。

三座城具有共同的性质都是为铜矿的开采冶炼进行管理和储运的机构。三座城的出现不是在同时期，而且具有历时性。城的形成时代与地点的变迁原因在于采矿冶炼中心的转移。由于铜矿采掘冶炼重心的变迁，而造成管理运输储存机构场所的变迁。所以三座城的形成和变迁也是大冶地区铜矿开采冶炼活动变迁的反映。

铜矿冶炼和水运对三座城的发展起到了直接的产生和促进作用。铜绿山矿区是大冶地区铜矿资源的主要矿藏区，具有雨量充足，常年气温偏高的气候条件，而且森林茂密，为采矿和冶炼提供了充足的木材和燃料。水路出沣源口与长江相连，逆水西上可以达楚都，船运十分方便。铜绿山铜矿的采冶活动促进了黄石各地采冶活动的开展，发展了地方经济和当地社会生产力。同一时期，区域内其他地区的铜矿也形成了一定的规模，采冶的技术水平也与铜绿山相当。境内如此大规模的采冶活动产生了大量的产品也需要大量的生活及生产物资，这些货运大多数通过沣源口等水道运输。黄石地区具有丰富的水系，水系促进了船运的发展，船运的路线逐渐固定形成了航道。由于铜绿山频繁的铜产品运输，对于航道的开辟，水运的兴起和区域经济的交流产生了直接的推动作用。

---

① 朱俊英主编.湖北省文物考古研究所编著.大冶五里界：春秋城址与周围遗址考古报告.北京：科学出版社，2006：235-236.

② 也有学者认为鄂王城是楚人进入鄂东南地区，从越人手中夺取了铜矿资源的控制权，废弃了越人时期的五里界城，而利用越人的先进技术，新建鄂王城作为生产和管理中心。见朱继平."鄂王城"考［J］.中国历史文物，2006（05）.

3.2 东汉时期黄石城的形成

黄石城形成于东汉末年，各诸侯国纷争造成连年战乱的时期。根据《资治通鉴》记载：建安四年（199年），孙策（豫州刺史孙坚长子）发兵攻打黄祖（荆州刺史刘表的部属，江夏太守），在西塞山展开激战。根据《江表传》记载："贲，辅又于彭泽破勋。勋走入楚江，从浔阳（今湖北黄梅县）步上到置马亭（驿站）。闻策等已克皖，乃投西塞。至沂，筑垒自守。" 此处"至沂"，《资治通鉴》记载为走保流沂，流沂为地名，近西塞。"筑垒"即指修筑城池，建立黄石城。

3.2.1 黄石城的地理位置

根据《清统一志》中载："黄石城在县东二十里，一名流沂垒"①，《方舆纪要》载："西塞山在武昌县东百三十里。近山有流沂城。""沂"即指崖。②据《清统一志》，黄石城一名流沂垒，垒有积土石为墙的意思，流沂垒意为流水的崖下所筑的墙壁，即城墙，所以黄石城又名流沂城。根据《太平寰宇记》："黄石城在州西北二百九十里"，《江表传》："……乃投西塞，将兵救皖，为孙权所破，遂奔曹公，即此城也。"③说明刘勋所投的西塞即黄石城。④而《资治通鉴》记载的"勋走保流沂"意思指刘勋兵败退到西塞山的黄石城以保存自己的实力。以上文献都说明黄石城也位于西塞山下，西边紧邻黄石港，军事上进可以守卫区域东部门户，退可以盘踞西塞山阻隔敌军，同时还有大量的水域和土地作为腹地，所以黄石城的选址具有天然的军事防守的优势。

3.2.2 黄石城的形成动力与变迁

黄石城的建立是出于军事防御目的，属于因战争而形成的城，在东汉末年形成，根据城的定义："在人口聚居的地方建筑围墙用以防护或抵御入侵"，在战争的作用下，当时的黄石城形成了一个有一定人口规模，以军事防御为主要性质的城。随着历史朝代的更替，黄石城也历经变迁，由黄石城到西陵县，到土洑镇，到道士洑镇。⑤《太平寰宇记》记载"六朝时西塞山尝设西陵县"，《水经注》记载梁武帝大通元年（公元527年）设西陵县；西陵县到隋初，即隋"开皇九年（公元589年）平陈"，调整郡县建制，"省西陵（江南黄石矶），鄂并入武昌。"⑥西塞山地区并入武昌县（今鄂州）管辖，城镇名称改为土洑镇；到宋时土洑镇名称改为道士矶；到元代道士矶又更名为道士洑 3。

---

① 潘新藻著 . 湖北省建制沿革 . 武汉：湖北人民出版社，1987：39.
② 潘新藻著 . 湖北省建制沿革 . 武汉：湖北人民出版社，1987：821.
③ 三国志 . 吴书 . 孙策注 .
④ 太平寰宇记112卷 .p1–p8
⑤ 政协黄石市委员会石灰窑区委员会文史资料委员会编 . 石灰窑文史资料第三辑 .1996.
⑥ 水经注 . 江水三 .

3.3 东汉时期黄石港的形成

3.3.1 形成背景

东汉时期，黄石地区的铜矿开采与冶炼发展程度较好，多处铜矿藏地点的开采活动得以迅速发展。在所有铜矿藏地中，铜绿山矿冶基地成为了地区矿冶经济的主体，矿冶经济推动了地域内其他行业的发展。根据《武昌县志·物产》记载："邑内，山有铜金，土植五谷，牲具六畜。桑麻，茶，樊鲂，葛纤，夏布贵为上贡。"①可见黄石地区内的农业、畜牧业、渔业、纺织业和冶炼业都有一定的发展。由于农业的发展，从事农业劳动的人口数量增多，铁制农具和耕牛等生产工具的使用使得生产力得到进一步提升，因此田地面积得以扩大，农作物品种也增多。根据史料记载，黄石境内的谷类有4种，豆类有6种，蔬菜近10余种。②这些都说明由于生产力的进步和制度的改进，黄石地区的农业产品十分丰富。伴随着境内各行业产品数量的增加，在满足本地区的之外，也产生了大量的剩余产品可以用于对外交换。从黄石地区发掘的大量"陈爱"及"五铢钱"等货币可以看出当时以货币为交易方式的商业已经比较兴旺，说明由于对外交换的产品的数量巨大，以物易物的原始交易方式已经无法满足这种交易的需求。而商业的发展意味着商品的交换和流通，在陆路交通不发达的古代，水运是商品流通主要和有效的方式，而黄石地区具有天然的适合于运输的内湖外江的水道系统，另一方面黄石陆路的相对闭塞，使航道得以发展并保持相对稳定。

由于水运航道的发达，境内大量的商品物资都通过水上交通方式完成，另一方面也导致了黄石地区陆路交通发展的缓慢。水运航道的相对稳定为水运的发展和水运技术的改进提供了有利的条件。周代境内完成水上交通工具的改革，③大大提高了水运的规模和速度。进入汉代，造船、驾驶船只的技术也得以提高，利用风帆载物载人的水运技术已十分成熟。《武昌县志》记载汉代黄石地区繁忙的水运情景："后汉之季，邑内既有船户不舍昼夜，荡楫，扬帆鼓篷，继首接艄，送往迎来，川流不息。"由于商业和水运业的逐渐发展，客货运输和商品的交易规模及频率不断提高，同时为方便船只进出和停泊促进了在黄石地区沿江的合适地段港口的形成，如水深及避风条件较好的固定地点出现一定规模的码头和港口的雏形，以满足大规模运输的需求。在这样的背景下，黄石地区主要的港口——黄石港得以形成。

3.3.2 黄石港位置的确定

黄石港是自下而上自然形成的港口，地理条件是黄石港形成的主要条件，包括良好的区位条件和港口条件。首先，地段位于临江水陆交汇处，交通发达，北边与兴国州（今阳新县）、鄂县（今鄂州，当时是著名的商业都会，与黄石港相距十里）腹地相连，

---

① 武昌县志编纂委员会主编. 武昌县志物产卷. 武汉：武汉大学出版社，1989.

② 詹世忠. 黄石港史. 北京：中国文史出版社，1992：15-16.

③ 同①

货源充足，是理想的物资交流疏散的场所。其次，这一地段江流平缓，岸势稳定，有利于舟船进出停泊。西边有一条天然河连接长江与华家湖，是优良的避风港，具有形成港埠的地理条件。第三，黄石港所处的黄石矶地质坚硬，矶下水位深，且流速较缓，有利于大型码头的设立（图3-2）。

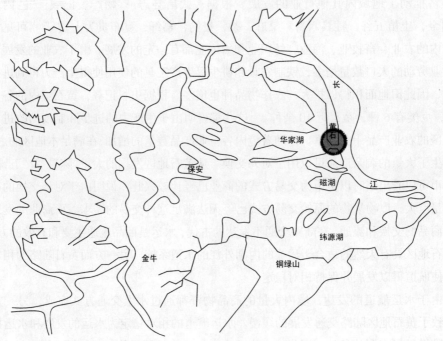

图 3-2　黄石港位置示意图[①]

---

① 詹世忠. 黄石港史. 北京：中国文史出版社，1992：15.

4 宋至清代黄石城市雏形——沿江市镇的出现

4.1 历史发展背景

宋代是我国经济快速发展的时期之一。由于农业的发展，相应的商业、水运贸易以及手工业都随之迅速发展。新农田的开辟，农业耕地面积也逐步扩大，特别是长江流域的圩田。煤炭等矿冶的大规模开采也出现在宋代，矿冶的开采促进了农业生产力的提高。在商业空间上，商铺突破了"市"的限制，商业可以沿街布置，也不再受时间的限制。由于商业限制的取消和商品经济的发展，宋代开始兴起了大量商业性市镇和集市。镇由早先的军事防御功能转变为商业经济功能。根据宋朝的法制，人口数量未达到县城的规模，但是有课税，便成为镇。同时宋代的镇均为"建制镇"，是基层行政单位，具有城市的属性。因此，可以被看作是城市的雏形。镇的种类分为继承原来节度使治所而保留经济功能的旧镇以及因手工业、商业和交通等经济因素产生和发展的新镇。这些新镇多形成于交通要道，水陆码头以及大城市周边。在长江下游，运河沿岸等分布许多城镇。宋代还出现了另一种商业形式——集镇，多数为定期形成，在规模上小于镇，主要为农村的商品交换性质，不具备城市性质，多出现在人口集中、水陆交通便利的地方，但是当规模发展到一定阶段便成为镇或者县。镇的形成由于主要受经济因素的主导，空间形态和道路系统已经不受方正的形制约束，而具有自发生长的特征。[①]

明清时期是中国封建社会晚期，是我国封建经济高度发达同时也是逐渐走向衰落的时期。在这一阶段，传统的农业、手工业、商业和商品流通都达到了封建社会的最高水平，并出现了资本主义萌芽。商业的发展促进了市场的繁荣以及城市和市镇的兴起与发展[②]。明代采取了一系列恢复和发展农业的措施，取消制约工商业发展的课税，大兴屯田，大力提倡经济作物的种植，并且兴修水利改进农业生产的技术和工具。通过以上措

---

① 庄林德.中国城市发展与建设史.南京：东南大学出版社，2002；79-80.
② 庄林德.中国城市发展与建设史.南京：东南大学出版社，2002：117.

施，从明代中期，手工业、农业和工商业开始全面发展，耕地面积进一步扩大，农业经济作物的种植规模也开始加大，使得很多荒废的土地得以利用，进而直接为手工业生产提供了原料。在手工业方面，冶炼、铸铁也都有进一步发展，由于生产工具的改善，棉纺业和丝织业也得以发展。商业方面，白银成为广泛使用的通货，商业资本交通更加活跃，地方性和行业性会馆纷纷设立，都进一步促进了地方城镇的发展。清朝时期，采取了一系列发展封建经济的措施，如"招民垦荒"、"地丁合一、摊丁入亩"等，使得农业及经济作物的种植得到极大的发展。

随着这一时期农业商品化和城乡商品经济的进一步发展，经济型作物的种植面积扩大，促进了商品手工业和商业的发达。清代继续采用这样的政策，手工业及纺织业得以发展的同时，也促进了以此为贸易的商业发展，而商业贸易的发展也促进了相关商业和运输性质的城镇的形成与发展。由于农产品和手工业产品的商品化，形成了城市与乡村之间的密切联系。大量剩余农产品的产生，促使其作为商品进行交易，而利于交易和利润更多的经济作物也因此得以发展，农民以交易农产品所得的利润又购回自己所需要的生产资料及生活资料，形成了商品经济链，促进了城市与乡村的结合，也促进了结合的链接点——市镇的形成与发展。

由于全国范围内城乡商品经济的发展，货运流通量增多而且主要依靠水运作为物流交通的方式，位于沿湖、沿江城镇得以迅速发展，特别是港口城市。长江流域得到全面的开发，成为我国商品粮食的生产基地和经济作物的主要产区，而且手工业、纺织业极为发达，促进了沿线商业、手工业和交通城市的进一步发展。[①]

4.2　沿江市镇的初步形成

在黄石城建立之后，在沿江地带开始逐步有了市镇形成。在黄石城的基础上形成了沿江第一个市镇——道士洑镇，之后又形成了磁湖镇、黄石港镇和石灰窑镇。

4.2.1　道士洑镇

道士洑镇原名为土洑镇，是沿江第一个市镇，并且是具有较为全面的功能，经济相对比较发达的市镇，主要体现在军事功能、商业功能等方面。道士洑镇早在唐代初年已发展成为拥有居民 1.3 万户的大型市镇。道士洑镇位于西塞山北麓（现大冶钢厂），在长江最后一道峡谷带上，《土复镇保宁记》记载："夏口至西南（实为东南）四百里，其山曰西塞，其镇曰土洑，相距可百丈许。"西塞山为吴楚分界处，道士洑位于楚界。其地理条件的特殊性是市镇首先形成与发展的重要基础。道士洑的名称反映其地形的特点。洑含义为回流的水，即水中的漩涡，洑的形成是西塞山与江的关系。西塞山又名道士洑矶，矶意为水边突出的岩石，山体突入江中，山势突兀，江水"漩涡如沸"。由于

---

①　詹世忠 . 黄石港史 . 北京：中国文史出版社，1992：122.

岩石突入江心，形成回流水，所以市镇以洑为名。《读史方舆纪要》记载："西塞山，县东百三十里。志云：在大冶县东北九十里，盖地界两县间，状如关塞。图经云：山高百六十丈，周三十七里，吴楚分界处也。既险也峻，横鄂枕江，危峰对岸，长江东注，高浪翻飞。"道士洑所在地既是横贯东西的水道港口，也是平原到山地丘陵的水陆交叉点，交通的地利条件十分优越；道士洑至风波港一带的内湖外江水域对水运极为便利，风波港是天然的舟船避风港，与长江直接连通。西塞山突出江面，急速流来的江水遇到山体阻碍，水流返汇形成回水，使得水流稳定因而水运快捷并且省力。镇沿江坡岸不陡不滩利于停船停泊，方便沿江上下的人们选择该地点定居。[①]另一方面由于其位于长江最后一道峡谷之中，唐代初期长江通过散花洲的左侧和右侧通过，汇流于西塞山前，与道士洑的盆塘湖汇成一体，西塞山和山下的道士洑也因此具有了险要的地利条件。其后水系地理条件发生变化，回风矶一带泥沙增多，左汊河道逐渐淤塞，两宋时期散花洲左汊已经淤积成为夹江。以上说明在两宋时期，西塞山位于水陆和陆路两条交通线的交汇处，交通的方便和险要的地理环境是道士洑镇形成和繁荣的基础，在此条件下，道士洑镇也具有了军事、商业、政治等较为复杂的市镇功能。

道士洑镇的前身为具有军事性质的黄石城，而西塞山作为重要关塞的性质依然未变，仍然是兵家必争之地，因此道士洑开始具有较强的军事性质。从公元280~公元1853年，在西塞山地区持续发生多次大的战役。[②]因此道士洑镇延续之前的性质，首先成为驻军设防之地。明洪武元年（1368年）道士洑即设有巡检司，而且具有正式的官署。据同治版《大冶县志》记载：巡检司署有正厅、耳房、官房、司房、鼓楼批引所等房屋，共计五十九间。[③]巡检司多设置在距离府州县城较远之市镇或关隘要地，是官方进驻市镇，管理基层的最普遍的机构。最初是作为军事机构设置，"巡检司起于宋，为边徼典军之要职，故其役谓之弓兵。元明以后属于县，其秩遂卑"。[④]清顺治四年设道士洑营，营至守备。康熙时改为都，归属黄州营，"领兵百名，防御江洋"。雍正九年（1731年）设置都司、把总，驻扎有守兵数百人，巡江船三只，管辖范围由土脑嘴，武穴等二十九处；同治三年（1864年）裁道士洑营，仍设置巡检司，归属兴国州营。这个时期，巡检司的军事作用减弱，更多的是承担市镇管理的职责。这个时期的道士洑，设置有操练兵马的演武厅，储存粮食的国库粮仓以及火药局和水司营等机构。根据文献记载，西塞山自1598~1956年多次发现大型钱窖等遗迹，其中宋代淳祐年间的钱币占绝大多数。作为一个镇拥有如此大量的钱币储存，也反映出道士洑镇当时是一个配备有军费国库的重要军事地点，只有兵家必争的军事重镇才设有国库军库以作养兵和战备之用。根据以上分析，道士洑镇产生的原因是军事防御的需要，城镇初期主要性质是军事重镇。

---

① 詹世忠.黄石港史.北京：中国文史出版社，1992：25.

② 政协黄石市委员会石灰窑区委员会文史资料委员会编.石灰窑文史资料第三辑.黄石：政协黄石市委员会石灰窑区委员会文史资料委员会，1996：152.

③ 政协黄石市委员会文史资料委员会编.黄石文史资料第1期.黄石：政协黄石市委员会文史资料委员会，1982：62.

④ 任放.明清长江中游市镇经济［D］.武汉大学，2003：82-84.

宋代以后至明清时期是道士洑镇最繁华的时期，也是比较重要的政治、经济重镇。经过长期的发展，至清乾隆年间，道士洑镇外江一带水域已发展成为"士、民、军、商，连樯如云"，"蔽江塞川，力篙挺筏，尽荆益大商，吴粤贩人"的繁盛港口。《黄石粮食志》记载："清乾隆时，道士洑甚为繁华，商行店铺比连，官府设有兑换仓。"明清时期设置的巡检司也说明当时市镇的人口流动性大并且人口构成频繁。所谓"人杂事繁，奸匪易藏，颇称难治"，越是商业繁盛的地方其治安就越薄弱。至清代，道士洑镇的性质由较单一的军事重镇和军用金库逐渐发展为商业经济活动繁荣的市镇。

根据《鄂东漫行》记载，明清时期，镇已有居民七千余户，有"七仓、八典、九庙、一观"，即盐仓、当铺、庙宇和道观。"崇祯十六年（1643年）春，左兵东下，至道士洑，焚盐艖数十艘。自是盐贵，每两价三分。"由于生产技术的限制，盐在古代不容易取得，相当昂贵，所以道士洑镇设有七家盐仓，可以反映出当时市镇的繁荣和盐运规模的巨大。食盐是黄石进口商品之大宗，主要是由当地或者外埠商船运进大冶县城或道士洑镇，黄石港等镇码头卸运。[①]另一方面，考古发现的大量钱币也说明市镇具有金融交易频繁的特点。根据道士洑镇当时多盐仓、当铺的记载，可以表明道士洑镇自宋代起已经成为具有古泉汇机构的市镇。

除上述军事和商业功能，道士洑镇还具有一定的社会功能。《明志》记载"道士洑粮仓，预备仓以储帐济谷，便民仓以屯南兑之米，又重建义丰仓以备积蓄；建大有仓储南兑二粮，窃意仓只储谷屯粮两用。直至乾隆初年，童侯祖谦造粮仓于道士洑，以便兑运。其时署左奚为设仓收米，愚拟义丰仓已移至在此。则是谷可以久储，粮不必久屯；将义丰仓用以暂屯，大有仓以常储谷。"[②]通过设置粮仓构建粮食保障体系，起到稳定社会，保障民生的作用，说明除了具有相当的商业影响力之外，道士洑镇还具有一定的社会影响力。

道士洑镇，也是周边乡村市镇的文化娱乐的中心。以其"会"最为著名。正月龙灯会，谷雨牡丹会，五月端阳神舟会，七月南江会，绅士会，观音会和圣帝会等。逢"会"期，周边各乡镇的游客都集聚道士洑镇，因此道士洑镇也具备了一定的文化娱乐功能。

4.2.2 磁湖镇

北宋开宝元年（968年），宋太祖设置磁湖镇（今黄石电厂），[③]并建有邮驿站。北宋《元丰九域志》记载："大冶，军西八十八里，四乡，磁湖、淮源两镇，富民一钱监，磁湖一铁务。有白雉山、磁湖。"南宋高宗建炎年间（公元1127~1130年）在此设磁湖兵寨。

唐末五代时期，为征收粮饷及防御等需要，开始镇的设置。到宋代初年，为了加强中央集权，中央政府开始废除镇的设置，"罢镇使镇将"，将其管制权收归于知县，除

---

① 任放.明清长江中游市镇经济［D］.武汉大学，2003：33.

② 政协黄石市委员会文史资料委员会编.黄石文史资料第1期.黄石：政协黄石市委员会文史资料委员会，1982：62.

③ 注：一说为黄石港区戴司巷，参见黄石日报/2006年/11月/10日/第005版.

人口众多、商业繁荣的镇以外，镇的设置被取消。宋代以后的镇为县以下的小商品交易集市。北宋开宝元年（968年），磁湖镇的设置正是在宋代缩减镇设置的历史背景下，说明当时在此设置磁湖镇具有非常强的必要性，也说明磁湖镇当时在黄石地区所具有的重要政治经济地位。根据《黄石志》记载："磁湖镇属县一级建置。此镇设于江防要冲，集一方军事、政治、经济之大权。"也说明了磁湖镇在当时的重要性。戴司湾的洗脚港与磁湖相通的有一个湾口，地点位于狮子山南麓，磁湖北岸，地形平坦，地域较阔，东有洗脚港，南临磁湖，水运便利，是建立市镇的良好选址。

磁湖一直是黄石地域连接长江水道与内湖经济腹地的重要水上通道之一。磁湖得名取自"岸边皆类磁石"。磁湖渡（今戴司湾）与戴司巷、醉吟窝（俗名猫儿矶）、阳花山（今海观山）等地理位置相连，是昔日磁湖镇贯通外江内湖的水上通道。

根据《黄石港史》记载，南宋高宗建炎年之前，宋神宗元丰三年（公元1080年），在铁山设置磁湖铁务。铁山等地所产的铁矿，都是经由磁湖通过胜阳港运输进入长江水道。磁湖渡是黄石境内最为繁华的渡口，通过磁湖渡上游可以到达武昌府慈姑港（今鄂州市池湖港），下游可以到达道士洑镇码头，向东到达江北，向西到达铁山下陆。另有宽60米，长5000米的西溪（后名洗脚港，1958年黄石电厂扩建炸狮子山之山石40万立方米填平）环绕磁湖镇汇入磁湖渡，虹川河（今金牛港），河泾湖（今大冶保安湖、三山湖），花家湖（今花湖）以及下陆、铁山一带水运的船舶可直接抵达，是天然的内湖外江运输港口。磁湖渡（今戴司湾）岸长一里，具有内江外湖的地理条件，江边有瑶山（今名狮子山，1958年黄石电厂扩建时炸平）可以对水面风浪起到阻挡作用，江之下游有阳花山（今名海观山）断截回流，降低江水风浪的作用。渡口呈围合形，适合舟船停泊避风。《湖北通志》和《大冶县志》记载磁湖镇设有"安流亭"、"全真亭"、"清风阁"、"木樨亭"等园林建筑，这些建筑物基本都是为名胜地游览设置，并且磁湖镇边有"醉吟窝"、"苏公石"等游览胜地，时设有邮政驿站。由此可说明磁湖镇当时的性质是军事防御，名胜地游览，商业水运和船只避风港。

4.2.3 黄石港镇的形成

在东汉黄石港初步形成之后，随着贸易、矿冶和农业的持续发展，黄石港得以不断地扩大发展。地理条件和水运的优势是黄石港产生的基础。但港口的兴起需要有大量物资贩运的需求作为支持，没有货运量港口则缺乏发展的动力。黄石境内物产丰富，矿业和农副业经济的发展，使得各种商品的规模迅速增加，具有向境外辐射的要求，形成了对长距离贩运和商品集散的需求，也进一步促进了黄石港口的形成。黄石境内主要的经济支柱有矿冶开发、手工业产品和农副产品。

明代，黄石地区的矿产资源得到进一步的开采，除了铜、铁矿继续开采和冶炼外，又出现了石灰业和煤炭业，矿冶经济成为黄石地区的主要经济支柱。根据嘉靖年间《大冶县志》记载，道士洑、铁山和保安都出产石灰，而且黄石地区的石灰产出量大，质量上乘。明建都南京时筑城所用的青砖和石灰很大一部分都是由"大冶水路解送来京"。到明清之间，保安黄土坡一带，烧石灰围窑 36 座，"日运石灰装船者近百人，多则五六百人"，黄石地区出产的石灰可以作为建筑材料，土青定的原料，还可用于杀虫，多元化的功用也使得对黄石地区石灰的需求量增加。每年夏历二、三月间和七月底、八月初，是石灰出口最繁忙的季节，每天需要百余人进行搬运，水运至江夏（今武昌）用于农田。明嘉靖年间（1522~1566 年），在章山道士洑二里处发现煤矿，区域居民遂组织开采，这是黄石地区煤矿开采的起始。之后，黄石境内多处进行开采，以石灰窑一带为多。矿冶产品的运输是境内水运的主要部分。铜铁矿石、铸件、煤炭和石灰属于大宗货物，一般都由大冶港、河口港、保安港作为内湖运输，经黄石港、沣源港运往沿江各埠。铁山开采的铁矿石，经过木栏畈中转装船，过碧石渡、龙转头港、华家湖进入黄石港入江。

由于矿产品的发展，对矿产品的加工也逐渐兴盛，促进了手工业的发展。清代，黄石地区的手工业得到充分发展。雍正时期，手工业形成了专门的工场作坊和个体手工业两种类型。工场作坊主要生产工具等手工业品，个体手工业的产品种类较多涉及农业生产和日常生活等类别，分别为金属制造业、木材加工业、竹制品、陶器、造纸等。手工业产品主要通过行商贩运，销售的辐射范围包括省内通山、咸宁、广济等县，沿江各埠及全国，在手工业商品集散的同时，烘炉铸铁冶炼的技术也传至武汉、十堰、上海及港澳等地。

这段时期，农业也得以更大的发展。由于黄石区域地处长江中下游南岸，气候温和，光照充足，雨量充沛，适合于各种粮食作物和经济作物的生长。同时由于地形种类较多，山地、丘陵、平原和湖泊，能够适合多种农作物的栽培。黄石地区的粮食作物包括稻谷类、豆类以及油菜芝麻等。明初，黄石地区共有土地 24 万亩，入册户口 4215 户，共计 3.51 万人。明洪武年间境内设置有各种规格的粮仓，明万历至清道光年间，在大冶县城设有便民仓、义丰仓、时丰仓、大有仓、曹仓等，在四会、宣化、安昌、永丰四乡建有社仓 82 座，储谷 2.79 万石。[①]经济作物主要有苎麻、棉花。苎麻是黄石地区的特产，经济价值高。《元和郡县图志》称苎麻为"鄂州特产"。清代中叶，黄石境内出现专门的苎麻种植户，有的农户一季产麻 1000 斤以上。种植棉花的土地达 1000 多亩（约 67 公顷），并形成了专门从事贩运棉花至下江的贸易。苎麻的种植业成为黄石之后纺织业发达的基础。

明永乐二年（1404 年），河泾湖、华家湖、磁湖均设置了河泊所，负责渔税征收和河泊管理。根据康熙年间《大冶县志·湖课》记载："明洪武年，张家湖（现磁湖）、河泾湖、华家湖等湖泊所鱼课钱钞一万二千二百六十二贯五百三十五文，鱼油六千九百二十七角，鱼鳔一百四十七角九两"。由此说明渔业已有了大幅度的增长。清代，鲜鱼及其他水产品成为贩运较多的商品。农业副产品，如茶叶、蚕丝的生产也得到发展。根据《兴国州志》记载："兴国州（当时黄石属兴国州管辖）向清廷岁贡茶芽 60 斤。兴国贡茶自宋代开始，正式列为全国十二个贡品茶区之一。"明清时期，黄石境内设有专门收茶税的机构。区域内蚕丝，在汉代被列为贡赋之一。清末，黄石地区年产蚕丝近千斤，产量巨大。由于区域经济的发展，促进了港口水运的繁荣，为了适应大规模频繁水运的

---

① 湖北省大冶市地方志编纂委员会编纂．大冶县志．武汉：湖北科学技术出版社，1990：230．

需要，明末清初，在内湖外江的港口共出现了15座码头，其中黄石港码头6座，而且这些码头的位置趋于固定。码头的固定也表示着港口的成熟，运输业的发展。由于黄石地区陆路交通不发达，因此区域内各类经济活动的发展与便利的水上运输紧密联系，互相促进。区域经济的发展提供了充足的货源，促进港口运输量的扩大，港口的发展也刺激区域经济的活跃。而黄石港的发展也成为市镇形成的基本动力。

黄石港的形成是黄石港市镇形成和发展的基础。港口码头的出现是货物的进出集散口，随着商业与手工业的发展以及往来商人的住宿需要，在港口码头周围逐渐聚集了大量的商贩、手工业者等，港口的用地规模也不断向外逐步扩大。由于商品集散和长距离贩运带来的人流对各种服务的需求，在市镇中逐渐形成了旅店、餐馆、茶馆等商业服务要素，为市镇的运转提供必需的生活条件。第三产业渐兴，逐渐形成了具有商埠性质的地区，这也是黄石港镇的雏形。到明清时期，黄石港成为市镇，在当时大冶县所辖的七个市镇中，属于规模较大的。由于黄石港为长江轮船的要埠，上起武汉，下至九江，只有黄石港可以停泊大型轮船，同时黄石港镇也成为鄂东南的阳新、大冶、鄂城、黄州、蕲春、浠水、广济和黄梅等八县大量农产品的集散市场。由于市镇的规模扩大，清同治年间，道士洑的巡检司移驻黄石港市镇。

4.2.4　石灰窑镇的形成

石灰窑镇形成较晚，古时属道士洑里。石灰窑的发展与当地矿产资源直接相关。明嘉靖《大冶县志》记载："石灰窑出县道士洑、铁山、保安等地亦有。"又"煤炭出县章山，道士洑二里。"根据以上文献，说明当时石灰窑出产石灰和煤炭。根据记载，元末曾有柏姓居民在此定居，"结茅为屋，掘煤为窿，开山采石，燔炼石灰。"明代初年，有几户人家在"黄石九矶"（今石灰窑区石岩山包一带）。随着窑户数量的增加，至清康熙年间，形成集市，并由官方设市，并扩展至青龙山、狮子山和沿江一带，形成上窑、中窑和下窑。上窑在石灰厂山上，中窑在今中窑湾山上，下窑在今大冶钢厂一门右边的山上。由于封建社会的自给自足的经济环境，石灰的生产促使当地的经济较之农村发达，至清道光年间，发展成为具有上百户的市镇。为了矿产的运输，石灰窑镇也在沿江建有简易码头，所产的石灰以及柯家湾附近的德和、四维、裕鄂等厂矿的煤炭都是由中窑江边码头运输到各地。[①]但是这个码头主要是为石灰等矿产运输服务，农产品的运输相对较少，因此商业发展相比黄石港镇较为单一，所形成的市镇规模也相对较小。

4.3　市镇的形成条件及衰落

4.3.1　市镇的形成条件

市镇的形成和发展有其相应的自然地理和社会经济条件。自然地理条件在空间上

---

① 政协黄石市委员会文史资料委员会编.黄石文史资料第1期.黄石：政协黄石市委员会文史资料委员会，1982：71.

构成了市镇形成的基础，但是社会经济条件是推动市镇发展的直接原因，也直接影响着市镇的发展速度和规模。黄石地域产生的市镇属性从经济类型上属于商业集散型市镇。黄石港镇、石灰窑两镇包括之前衰亡的磁湖镇和道士洑镇都是在江、河及内湖交汇地带形成，具有良好的水运条件及船只避风港，而其功能都是作为物资的长距离贩运，很大一部分是将区域内的矿产资源向外运输，而由于临近长江水路，贩运的辐射范围也较大，属于"地当水陆之冲，南北货物辐辏，巨商建筑会馆与此"的交通要枢。由于商品集散，长距离贩运带来的人流对各种服务的需求，在港口区逐渐形成了旅店、餐馆、茶馆等商业服务要素，为市镇的运转提供必需的生活条件，第三产业的兴起也是市镇发展的标志。

这些市镇的共同特点是位于交通便利的节点，包括水路、陆路、省际边界等，由于交通的方便起到境内外物资的集散和长途贩运功能。由于内湖密布，河流纵横沟通内湖与外江的联系，在江、湖与河流的交汇地带就会形成具有大量人流、物流的集散中转的场所，形成市镇发展的基础。市镇的形成需要特定的时间、空间的背景、形成的动力和条件。市镇的形成比起城市的建立更加具有自下而上，自然形成的属性。[①]

由于要发展封建商品经济就必须使商品交换和流通活动十分活跃，使之成为一种可以持续的、大规模的日常活动，而且贸易量要达到一定程度以支持居民基本生活资料的需求。而粮食、经济作物和矿冶产品的运输必须依托于发达的交通和通信条件，同时由于封建经济的限制，难以有足够的人力、物力和资金来修建商品贸易发展所必须的大量陆路交通工程，所以商品经济的发展多限于江、湖港口等具有便利的自然水运交通条件的地区，而很少出现在水运交通不发达的腹地。同时由于生产力及交通条件的限制，湖泊水系和长江是地区生产生活的基础。除了生活水源的供给，更是进行长距离贩运的水上运输航线。在火车和机动交通工具出现以前，陆路交通的方式主要是采用牲口车具及人力的搬运，相对于水运而言，这样的运输工具和方式效率很低，不适合大规模长距离的运输。因此靠近水系的地区，一方面适宜农业种植灌溉，农业经济发达，农业商品化程度高；另一方面由于运输带来的过往商贾，各种劳动力人群形成的对商业服务的需求，成为聚落得以形成的条件，进而形成市镇。

4.3.2 市镇的衰落

黄石地域在不同时期出现了不同的市镇，最早形成的沿江市镇是道士洑镇（又名土洑镇），依次是磁湖镇、沣源口镇、黄石港镇，最后形成的是石灰窑镇。其中有的只有昙花一现，如沣源口镇。而磁湖镇和道士洑镇曾经是比较繁华的市镇，但是在一定时期后都逐渐衰败消亡，没有成为之后黄石城市发展的起源。这些市镇衰退的原因也从另一个角度反映了现在黄石城市最终形成所在地理位置条件内在合理性。首先衰亡的是磁湖镇，其次是道士洑镇。

磁湖镇存在时限约 300 年，在明初期彻底衰亡。清康熙二十三年（1684 年）修

---

① 何建清，胡德瑞等．城市生长的分析研究．天津：天津大学出版社，1990：62.

的《大冶县志》记载："磁湖昔有市今无市。"磁湖镇衰落的原因有战争、自然灾害和资源等几个方面的因素：（1）战争的破坏：据史料记载，元至明初，磁湖镇一带的沿江区域，是红巾军与元朝军队以及朱元璋厮杀拉锯的主战场，史料记载的战争有数百次。《大冶县志》记载的"相传红巾之乱，土著屠戮几尽，田园无主，房舍皆空"战乱例，就使得磁湖镇人口锐减。（2）洪水：南宋绍熙四年（公元 1193 年），洪水淹没磁湖镇，"水漂民庐，灾民淹死者甚多"。由于频繁战争的破坏直接影响磁湖镇的发展，降低人口规模，另一方面由于地理上紧邻江湖水域，而限于当时的生产力水平，未能修建堤岸，使得地望受到洪水破坏。这是磁湖镇衰败的主要原因之一。（3）铁矿的枯竭：磁湖镇因磁铁资源而兴。但在市场需求量大的农业社会，特别是宋代，农业发展迅速，铁资源开采速度加大，由于磁湖周边铁矿的储量有限导致资源枯竭，因而铁市衰落。（4）河道的变化：磁湖镇产生之初交通便利，但随着水道改变，河道下切，湖底泥沙淤积，码头水域条件衰退，其交通优势逐渐丧失。（5）腹地经济限制：磁湖周边农田较少，在铁矿资源枯竭之后，腹地经济发展有限。（6）道士洑镇和石灰窑镇的兴起：道士洑镇在明代起设巡检司，政治、军事、经济功能进一步加强，石灰窑镇也在明初兴起。而磁湖周边农田较少，腹地经济发展有限，所以缺乏与这两镇的竞争力而逐渐衰落。[①]

道士洑镇在两宋时期，处于西塞山水陆交通的交汇点上，凭借交通优势和地理的险峻得以繁荣，后随河道的变迁，古河道水位降低，低洼之处形成湖面（策湖），水路逐渐消失。清朝中期，1890 年以后汉冶萍公司创办，石灰窑、铁山、下陆开办矿冶铁厂，修筑铁路和沿江码头，黄石地区交通枢纽由东向西转移，原来以道士洑为枢纽的交通线完全废弃导致道士洑镇的衰落。这两个重要古镇的衰落为黄石港镇和石灰窑镇之后的发展创造了条件，也说明在同一个区域不同市镇的产生和发展也存在着"适者生存"和"优胜劣汰"的选择。

综上，黄石地区的市镇多出现在沿江和沿湖地区。而其他没有水运条件并且陆路交通不发达的地区在这个阶段还未能形成市镇。同时黄石地区还具有矿产等自然资源，因此在当矿产资源和水运交通便利双重条件的地区，就更具有市镇形成的动力优势。道士洑镇、磁湖镇和石灰窑镇都是兼具有煤炭、铁矿和石灰等矿冶资源。而当矿冶资源区域耗尽的时候，市镇也失去了发展的动力，可以总结为因资源而兴，因资源而落。黄石港和石灰窑两镇的形成奠定了之后黄石城市的基础。

---

① 千年磁湖古镇能否复活 . 黄石日报 .2006/11/24.

5 1859~1919年近代工业化初期黄石城市空间营造[①]

5.1 历史发展背景

5.1.1 政治经济背景

伴随着帝国主义的战争侵略，以及两次鸦片战争的失利，使得国内统治阶层的部分高层开始思考失败的原因，认为中国落后的根本原因在于科学技术和工业的落后，主张向西方学习技术并发展本国工业，在1859年兴起"洋务运动"。"洋务运动"也是我国近代工业的开始。洋务运动从兴办军事工业作为开始，共兴办了近20多个大小军工厂，其中包含采矿、冶铁、纺织等工矿业以及航运、铁路、电讯等。由于洋务运动对军事工业发展的促进，因而对于煤、铁、铜等金属矿和非金属矿的需求迅速增加。甲午中日战争之后，西方帝国主义国家利用可以在中国直接投资以及向清政府进行政治贷款的机会，胁迫清政府签订一系列出卖矿山开采权的条约和"矿务"合同。[②]由于帝国主义的掠夺，使得一批拥有矿产资源的城市和地区得到了畸形的发展。煤矿是得到大量开采的资源，唐山开平、河南焦作、江西萍乡等地的煤矿先后得到开采，也同时促进了这些矿业城市的发展。与军事工业、交通运输和通讯等直接相关的金属矿产也得到了开采。汉阳铁厂、大冶铁矿以及湖南新化、常宁水口、江西大禹、云南个旧等地的金属矿也得到了大规模的开采和掠夺，这些城镇也因为矿业的开采得以迅速发展成为工矿业城镇。在开采技术方面，由于西方技术的引进也使得新的开采方法逐步进入中国矿产开采领域。这段时期以湖北而言，也是工业由手工业向机器大工业过渡的转折时期。1861年汉口开埠至20世纪初，湖北省工业除了受到外资入侵和扩张影响外，也受到了全国性的"办

① 注：本文按照黄石近代工业化发展的时间节点进行划分，以30年为一个时间单位，即从1859近代工业化开始。也有学者根据中国近代工业化的背景和黄石地区现代化的进程，按照1889张之洞督鄂至1938日本占领大冶作为时间段划分。见李建刚，谭道勇.湖北早期现代化的一面旗帜——对黄石早期现代化的个案分析［J］.湖北师范学院（哲学社会科学版），2006（02）.

② 庄林德.中国城市发展与建设史.南京：东南大学出版社，2002：180.

洋务"、"倡军工"、"挽利权"等潮流的影响，使得军事工业和民族工业得到快速发展。1889~1911 年间，湖北省的大中型官办、官商合办、商办工矿企业约 100 余个，涉及类别共 40 多个行业。其中采掘、机械、冶炼属于规模较大的行业。工矿企业的分布由原来的武汉三镇向全省扩展，包括大冶的铁矿和阳新煤矿也逐渐发展起来。[①]

5.1.2 近代工业发展的影响

在近代工业发展时期，城市中的传统商业贸易开始被现代工业所替代，现代化的生产方式也逐渐开始影响城市的发展。虽然我国近代工业化水平与欧美相比落后相当长的时间，而且至 1949 年也未能完成工业化的过程。但是由于近代工业集中在城市，所以成为一些具有工业发展潜力的城市进一步发展的主要动力。[②] 而对于具有矿产资源优势的城市，采矿业和冶炼业成为促进城市发展的动力。一些具有矿产资源优势而之前没有被充分开发的城市逐渐形成了以重工业为主导的工矿业城市，但城市的发展以厂矿企业和矿区为中心，但因此城市经济也过分单一经济结构不合理。

5.1.3 开埠的影响

在第一次鸦片战争之后，由于一系列不平等条约的签订，我国内河航道权逐渐被帝国列强所攫取。长江作为黄金水道，其航运日益增加，黄石位于长江的黄金水道，地理位置优越，而且矿产资源丰富，也自然成为帝国主义列强争夺的区域。1861 年，英国强迫清政府签订《长江通航章程》，规定"英船可直达长江各口"，1895 年，中日《马关条约》规定"日本轮船可溯长江……揽物载人"。开埠使得黄石的矿产资源被不断地掠夺通过水运向外运输，同时也将西方国家的工业产品引入黄石地区，同时内外物资的不断交流进一步促进了黄石港以及市镇的发展。

5.2 黄石城市性质的转变

煤铁业是黄石近代工业发展的主要推动力，也促使黄石由传统的商业性集镇向工业城市转变。19 世纪 60~70 年代，清政府在沿海一带开办了一批近代军事工业。随着洋务运动扩展到船舶、铁路、建筑等民用工业后，钢材的需求量增大，原材料的匮乏成为主要问题。1867 年进口铁料 8250 吨；1888 年，进口洋铁约 280 余万两，造成大量白银外流。[③] 在这种背景下，引进西方先进的煤矿冶炼及开采技术显得十分紧迫。为获得本国矿产原材料，清政府开始勘察大冶地区煤炭资源。时任政府高层的张之洞从宏观上着眼于"开辟利源，杜绝外耗"的策略，认为这是"自强"的首要问题，也是筹办民

① 湖北省地方志编纂委员会编.湖北省志 工业.武汉：湖北人民出版社，1995：1-9.
② 隗瀛涛.中国近代不同类型城市综合研究.成都：四川大学出版社，1998：31.
③ 政协黄石市委员会文史资料委员会编.黄石文史资料第 9 期.黄石：政协黄石市委员会文史资料委员会，1986：1-2.

族工业的宗旨。李鸿章要求"查复中国地面产煤铁之区"。张之洞认为洋铁"向用机器，锻炼精良，工省价廉"，所以畅销，而洋铁的畅销导致了"土铁之行销日少"，"近两年竟无出口之铁"的情况。针对这种局面提出的对策则是"必须自行设厂，购置机器，用洋法精炼，足杜外铁之来。"并且强调，"臣愚以为华民所需外洋之物，必须悉心仿造。"雄心勃勃地要推行进口替代战略。[①]在中国近代史上，张之洞高度认识创办近代钢铁工业对于振兴经济，富国强兵的重要性和紧迫性，而张之洞1889年就任湖广总督的机遇和黄石地区的矿产资源的优势也共同促成了黄石在近代进行工业化发展的内在条件。

5.3 城市空间的工业化转变——五大厂矿的空间形成

黄石城市发展的开始与传统的其他城市不同之处在于，是以自上而下的方式，从工矿企业开始逐步形成城市空间。由于产业链的关系，在最初即形成了资源、加工、能源及燃料等工矿企业，分别为大冶铁矿、大冶铁厂、黄石电厂、黄石水泥厂及煤炭厂。这些工业空间的营造是黄石城市空间的开始。

5.3.1 大冶铁矿——矿产开采

铁矿是发展钢铁工业的基础。光绪元年（1875年），张之洞勘察广济阳山煤矿，并随后在阳城山南的盘塘设立广济官煤厂。后在盘塘设置"湖北开采煤铁总局"。1867年开始开采鄂省煤铁，用于兵商轮船及各制造局。在清末民初这段时期，为确定准确的矿产资源数量，对大冶铁矿进行了数次勘察。

1889年，张之洞聘请欧美矿师再次对大冶铁矿进行勘察，对铁矿质量及储量评价极高，称"大冶铁矿铁质可得六十四分有奇，实为中西最上至矿，其铁矿露出山面者约二千七百万吨，在地中者尚不计。"1905年，汉冶萍公司对所属矿区进行勘探，得到露天矿量为1791万吨，以狮子山、铁门坎和大石门居多。1910年，汉冶萍公司总矿师赖伦氏对大冶铁矿进行勘测，得出结果为3500万吨。赖伦氏对于大冶铁矿矿量的结论遭到了民国政府农商部技师丁格兰的否定，评价其结论言过其实，矿床面积过大，铁矿比例过高，并在1915年进行勘探，减去已采矿和劣矿数量，结论为矿量在2000万吨左右。[②]

对大冶铁矿的勘探，确定了矿区的地理位置及各矿区的矿产产量，是大冶铁矿有根据有计划地开采的基础。虽然各阶段的矿产产量结论不一，但是基本确定了在千万吨的数量级，说明大冶铁矿的储量十分巨大。丰富的铁矿资源也为今后的城市和工业发展起到积极的推动作用。

在第一次勘探基本确定大冶铁矿的矿石品质，储量都具有明显的优势后，兴建大冶铁矿正式开始。1890年6月，张之洞委派德国籍矿师在铁山铺设立大冶矿务局，并

① 湖北省冶金志编撰委员会编.汉冶萍公司志.武汉：华中理工大学出版社，1990：1-2.
② 1936年《湖北大冶铁矿》一文得出结论大冶铁矿矿量为2600万吨.

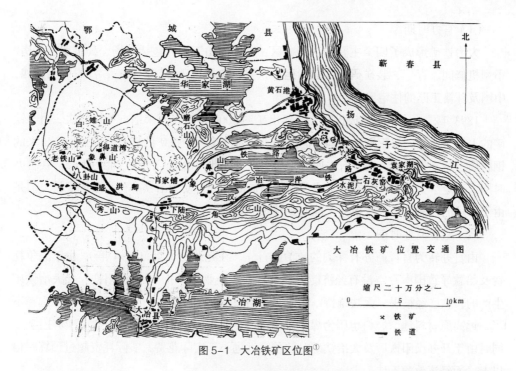

图 5-1　大冶铁矿区位图[1]

开始圈购矿山山地和工厂工
程用地。购买的矿区范围覆
盖铁门坎、铁山寺、纱帽翅、
大冶庙、老虎铛、白杨林等
矿区。并在铁山建造公事房、
营房、电报房及宿舍等基建
工作并勘察铁山运道。[2]1891
年修建了铁山至石灰窑的运
矿铁路，并于 1892 年建成，
铁路全长 35 公里，沿途设有
6 条支路，有铁山、盛洪卿、
下陆、石堡四个车站，其中
下陆车站供给煤、水，提供

图 5-2　大冶铁矿矿坑

火车修理等业务，是这条铁路的中心站。这条铁路的形成也是黄石城市骨架由沿江向纵
深发展的标志。在兴建运道的同时，也修建了下陆机车修理厂、下陆车站和机车修理厂，
为下陆城市空间的形成奠定了基础。大冶铁矿建成后至 1938 年大冶沦陷停产，经过了
三个发展阶段，即官办时期、官督商办时期和商办时期。

---

①　湖北省冶金志编撰委员会编.汉冶萍公司志.武汉：华中理工大学出版社，1990：39.
②　李建刚，谭道勇.湖北早期现代化的一面旗帜——对黄石早期现代化的个案分析［J］.湖北师范学
院（哲学社会科学版），2006（02）.

（1）官办时期

大冶铁矿形成了四个主要的功能分区：一，矿山工厂，包括矿场、公事房、住房、小型机修间、存厂、装矿码头；二，运矿铁路，包括车辆修理厂；三，江岸码头；四，中国及外籍工匠的住宅区。

1893年，大冶铁矿建成投产，当年出矿约3000多吨，开采地点为铁门坎。由于铁矿的上级产业链，汉阳铁厂所购置的炼炉不适合冶炼大冶铁矿的矿石，以致生产出来的钢材质量达不到要求，而仅有一座马丁炉生产，因此大冶钢厂的生产能力下降。在官办时期，奠定了大冶铁矿的空间形成及功能布局的基础，使大冶铁矿初步形成规模，但是由于市场的供需关系，铁矿并未能起到预想的效益。

（2）官督商办时期

由官办转为官督商办有深刻的政治。首先，在光绪二十年（1894年），由于战争耗费及赔款导致国库亏空没有经济能力顾及官办"企业"，用于维持汉阳铁厂和大冶铁矿生产的官款已经枯竭，无法维持，因此必须招商承办。其次，由于汉阳铁厂厂址选择不当，远离原材料地，燃料也因为煤矿开采的问题不能解决；设备购置不当，影响生产；同时由于开办汉阳铁厂及大冶铁矿时的预算远远小于实际花费，实际耗资超过预算一倍以上，而经济效益不佳。

光绪二十二年（1896年），张之洞委任盛宣怀督办大冶铁矿和汉阳铁厂。但只圈购的铁门坎、铁山寺、纱帽翅、大冶庙、白杨林，尖山（一部分）等八处矿区交由商办，将象鼻山等矿区仍作为省属。这一划分导致之后的官办和商办同时存在的情况。在商办期间，由于优质矿石外销至日本，铁山一个矿区的产量已不能满足需要。因此大冶铁矿得以扩建。增购了狮子山等山域，增辟了得道湾采区。并且矿局又在运矿铁路两侧购得田地，扩大厂区的规模。在这个时期，大冶铁矿的产量由前一时期的10000吨猛增到170000~180000吨。[①]

（3）商办发展时期

1907年萍乡煤矿、大冶铁矿、汉阳铁厂合并成立"汉冶萍煤铁厂矿有限公司"，集资商办并得到清政府批准注册，大冶铁矿正式进入"商办时期"。在商办时期大冶铁矿经历了发展、没落、代日铁开采阶段。

1907~1919年是大冶铁矿的发展阶段。1908~1911年汉冶萍公司共招商股743万银元，大冶铁矿的生产能力由171934吨增加至309399吨。[②]1909年，根据盛宣怀的意见，决定在大冶铁矿附近兴建铁厂，专供炼铁之用，以弥补汉阳铁厂生产不足的问题，并计划在大冶添建生铁炉数座。1913年，盛宣怀计划扩汉冶萍的钢铁产量，以满足国内和国际的需要，扩充工程包括在大冶石灰窑新建铁厂，设450吨高炉两座；扩充大冶铁矿，以满足汉阳铁厂、大冶新厂及偿还日债的需要。第一次世界大战爆发后，由于战争推动了国际市场对钢材需求，从1913年起大冶铁矿的矿石产量逐年增长，至1919年达到824490吨，成为整个汉冶萍公司时代的最高产量。

---

① 湖北省冶金志编撰委员会编．汉冶萍公司志．武汉：华中理工大学出版社，1990：23-60.
② 湖北省冶金志编撰委员会编．汉冶萍公司志．武汉：华中理工大学出版社，1990：23-60.

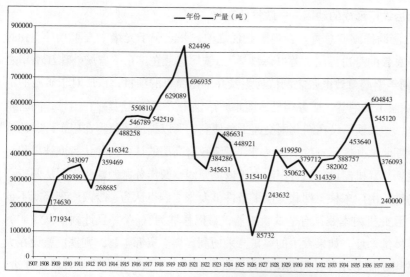

图 5-3　大冶铁矿铁矿石产量 1889~1938 年

图 5-4　大冶铁厂 高炉栈道遗址

图 5-5　大冶铁厂 高炉水塔遗址

图 5-6　大冶铁厂办公区全景
（资料来源：大冶铁厂博物馆）

图 5-7　大冶铁厂高炉全景
（资料来源：大冶铁厂博物馆）

5.3.2　大冶铁厂——矿产加工

大冶铁厂位于石灰窑以东袁家湖地区，厂区以两座高炉为中心点，东起西塞山，西至石灰窑镇，长 7.5 公里；南抵黄荆山北麓，北至长江江心，宽 1 公里，占地面积 279 公顷。交通便利，厂区临长江而建，在江边建有专用货运码头，水运可以到达汉口、上海，有铁路与铁山相连，有公路连接当时的汉口和大冶县城。

5.3.2.1 大冶铁厂形成的动因——政策的变化

1889 年张之洞调任湖广总督。在尚未赴任之前，张之洞于光绪十五年八月（1889 年 9 月）以两广总督的身份提出"筹办炼铁厂"，铁厂选址在广东"省城外珠江南岸之凤凰岗地方"。同年李鸿章致电张之洞认为炼铁并不是简单的项目，铁厂对于矿石的消耗量很大，"大炉倾销铁巨甚，矿务稍延，即难源源供用。"而且经费存在困难，同时湖北正在创办铁路，如果铁厂设在湖北则交通十分便利，所以提出建议将在广东订购的炼炉机器设备运至湖北试办铁厂。这个建议得到了清政府高层的认可，并认为炼铁厂移至湖北可以节省重新购置机器设备的费用。由于以上原因，及洋务派领袖张之洞从两广调任湖广总督都为铁厂由广东移至湖北提供了条件。而张之洞也认为"今两广李督既不欲在粤置机采炼，且此机内本兼订有造铁轨机器，自以移鄂为宜。"并且计划根据煤矿的资源设置铁厂具体的选址。如果大冶的煤矿开采便利，煤炭资源丰富，则铁厂就设在大冶；如果大冶的煤矿储备不佳，而湖南的煤铁资源划算，则铁厂设在武昌省城外江边，便于转运。后经过清政府批准，铁厂移至湖北就此确定。这个决策是大冶铁厂创建的直接动因，也为湖北和大冶的近代工业发展提供了有力的机遇条件，宏观上看也是中国近代工业由沿海转向内地的一个案例。

5.3.2.2 建厂选址的比较——移铁就煤和移煤就铁的博弈

大冶钢厂是汉冶萍公司的一个组成部分。1913 年兴建，1922 年建成。大冶钢厂对黄石城市，特别是沿江城市空间的形成起到了重要的塑造作用。其选址和建设过程也经历了当时政府高层的反复比较与博弈，其过程本身也反映出历史政治背景的必然性与个人决策的偶然性因素对于城市重要空间要素的影响作用。

1877 年（光绪三年）轮船招商局督办盛宣怀计划创办铁厂，聘请英国矿业专家到大冶勘查，并选址黄石港东吴王庙作为建厂用地，但是因为"风气未开，无力筹办"而搁置。1889 年（光绪十五年）盛宣怀又聘请比利时矿师到大冶再次勘察，并得出结论"矿苗甚旺，铁质亦佳"，根据勘查结论盛宣怀向张之洞提出在黄石港附近灰石山处的较高的地方建设铁厂的建议，并认为"大冶江边煤铁锰矿与白石均在一处，天生美丽，如在江边设厂，百世之功。惜大别山下，转运费力，屡谏不从，将来迁徙不易。"[①] 但是张之洞的选址意见不同，认为黄石港的平地地势低洼，高处用地狭窄，不适合建厂，而在武昌对面的汉阳设厂便于管理监督。[②] 在铁厂的具体选址上清高层针对汉阳和黄石港的区位条件和地形地理条件进行了多次比较分析。

主张移铁就煤观点以李鸿章认为炼铁消耗煤较多，将煤矿由各处运至铁矿所在地成本过大，而且钢铁厂的煤耗量是铁厂的数倍。而西方的方法都是把铁矿石运到煤产地冶炼，而不是把煤运到铁产地。"炉厂似宜择煤矿近处安设。"这一观点提出的时候，还未在大冶勘察出煤矿。所以，这种观点主张将铁厂设在煤矿储量较多的地方。

① 政协黄石市委员会文史资料委员会编．黄石文史资料第 9 期．黄石：政协黄石市委员会文史资料委员会，1986：6.

② 张之洞．张之洞全集第二册．石家庄：河北人民出版社，1998：772–775.

主张移煤就铁的观点认为铁矿集中，而煤产地分散，铁矿的距离较之煤矿的距离近；同时根据当时的运输条件，主要采用水运，而当时煤矿的产地主要在上游，所以运铁是进行上水运输，运煤是下水运输，运煤较之运铁更加方便；煤产地在湖北的上游和湖南的内河，如果移铁就煤则需要把铁矿运输到煤产地冶炼，然后将炼好的成品运回武汉。这样会造成铁的两次运输，而移煤就铁的方案则只需要运输一次煤；根据湖北的实际情况，将铁厂设置在铁矿处，距离省城较近，经营管理比较方便。

在主张移铁就煤的观点中，也存在两种不同的观点。主张移铁就煤的盛宣怀在光绪三年曾聘请西方矿师在黄石港勘定了厂基，并选定黄石港东边半英里的吴王庙作为铁厂厂址，提出"周历大冶县属上自黄石港下至石灰窑，寻觅安炉基地，或狭小，或卑湿，再三相度，仅有黄石港东吴王庙尚敷安置"[①]。认为在黄石港建厂较之在武昌建厂可以避免将大冶铁矿石及石灰石逆水上运至武昌，降低运费。而在黄石港建厂的设想没有得到当时决策者张之洞的同意。张之洞在其《勘定炼铁厂基暨开采煤铁事宜》的奏折中认为黄石港地处长江沿岸，在其平地建厂容易被洪水淹没，而沿岸的高地数量较少，且高地的尺寸较小"仅宽数十丈"不适合建设大型厂房。根据当时提交的勘察报告也支持张之洞的决策，报告称"须将山头开低数丈，仍留山根，高于平地三丈，再将平地填高，始可适用，劳费无算，山麓兼有坟数十，碍难施工。"[②]同时张之洞从黄石港的地形限制到工厂建成后的运营管理以及相关产业链的配置等七个方面提出铁厂应设置在汉阳。[③]铁厂虽然最终没有选择在黄石港，但是这一次选址的决策过程体现出当时黄石的工业地位，为其以后大冶钢铁厂的再一次选址奠定了基础。

5.3.2.3 大冶铁厂的兴建

由于汉阳铁厂的投资经费比预期要高，而且选址对于原材料供应及产品的运输有一定的问题，至1896年汉阳铁厂的经营情况难以为继。在张之洞招商承办的议定章程奏折中明确提出："铁厂目前支持局面艰难，必须将化铁炉两座齐开……必须另开大煤矿一处，并就大冶添造生铁炉数座，方能大举保本获利……从前所费数百万不至虚糜"[④]。

1908年（光绪三十四年）正值第一次世界大战的前夕，由于战争对钢铁的大量需

---

① 张之洞.张之洞全集第二册.石家庄：河北人民出版社，1998：772-775.
② 张之洞.张之洞全集第二册.石家庄：河北人民出版社，1998：772-775.
③ 注：汉阳设厂的7条理由：铁厂宜设武昌省城外。黄石港地平者注，高者窄，不能设厂，一也。荆、襄煤皆在上游，若运大冶，虽止多三百余里，回头无生意，价必贵，不比省城。钢铁炼成，亦须上运至汉口发售，并运至省城枪炮。多运如煤下行，铁矿上行，皆就省城，无重运之费，二也。大冶距省远，运煤至彼，运员收员短数掺假，厂中所用以少报多，以劣充优，繁琐难稽，三也。厂内司离工游荡，匠役虚冒懒惰，百人得八十人之用，一日作半日之工，出铁既少，成本即赔，四也。无人料理，即使无弊，制作必粗率，不如法炼成；制成料物，稍不合用，何从销售？五也。铁厂、炮厂、布局三厂并设，矿物、化学各学堂并附其中，安得许多得力在行大小委员分投经理？即匠头、翻译、绘、算各生亦不敷用。三厂若设一处，洋师、华匠皆可通融协济，煤厂亦可公用，六也。官本二三百万，常年经费货价出入亦二百余万。厂在省外，实缺大员，无一能到厂者。岁糜巨款，谁其信之？若设在省，则督、抚、司、道皆可常往阅视，局务皆可与闻。既可信心，亦易报销，七也。此则中法，非西法。中法者，中国向有此类习弊端，不能不防也。即使运费多二三万金。
④ 政协黄石市委员会文史资料委员会编.黄石文史资料第9期.黄石：政协黄石市委员会文史资料委员会，1986：1116.

求导致国际市场上钢铁价格猛涨。在此背景下承接商办的盛宣怀将汉阳铁厂、大冶铁矿、萍乡煤矿合并组建汉冶萍煤铁厂矿有限公司，由于市场对钢铁的需求促使汉冶萍公司扩大生产规模，因此决定在大冶铁矿附近建设新厂。

在铁厂投资方面，由于对于工厂的建设已经由官办改为商办，并且张之洞提出"现在公款难筹，如一时商股不及，应请准由商局不拘华商、洋商，随时息借"。汉冶萍公司于1913年通过向日本借款的议案和扩建计划，并向日本政府提出借款1500万日元事宜，日本政府于当年10月通过了贷款决定。这次贷款的主要条件是将汉冶萍公司以全部财产作抵押，在40年时间内，公司向日本提供800万吨生铁（每年20万吨），1500万吨铁矿石，并同时聘用日本技术及管理人员。这次贷款的扩建计划中有900百万日元用于建设大冶铁厂，并对大冶钢矿进行改造扩建。[①]

5.3.2.4 大冶铁厂的选址与用地——黄石近代工矿业城市空间的起步

从原料所在地及燃料运输便利的角度考量，汉冶萍公司的决策者认为石灰窑附近是合适的建厂地点。第一选址临近大冶铁矿，不需要水运进行再次转运；第二萍乡的焦炭运输至大冶江边比汉阳只多半天的里程，在运送完焦炭后可以继续装船运送矿石至汉阳。所以从区位条件上石灰窑是建厂的最优选择。在石灰窑具体建设地点上曾有三个比较方案。一是石灰窑车间（今上窑天桥处），但是其可建设用地面积过小；二是石灰窑以东，但是已建成有卸铁矿石码头和卸矿机；三是石灰窑以东一公里处的袁家湖（现大冶钢厂厂区），这一地点地形狭长，由一门到西塞山长度约4公里，从江岸到黄荆山最宽约1公里，地貌多为水塘荒地，沿黄荆山有近20个自然村落。从建设用地上适合进行大型厂房的建设。由于汉阳钢铁厂的建设用地过小，大冶钢铁厂的一次性圈购建设用地200公顷，作为近期和远期开发用地。从1915~1916年，在袁家湖地区购买土地240余公顷，1917~1918年再次购买袁家湖至石灰窑沿长江一带土地20余公顷，至1918年底共计购买土地279余公顷。大冶钢铁厂的厂基范围西起石灰窑，东至西塞山，南至黄荆山麓，北到长江江心的地域。[②]

由于在黄石历史上形成了一条由石灰窑至沣源口的长约90公里，宽约1.5米的人行道路，该道路经过下窑、黄思湾、道士洑、西塞乡等地。而大冶钢厂占用了石灰窑至西塞山的土地，造成黄石城市形态的断裂，这种断裂直接导致了石灰窑至沣源口的分离。由于黄石是沿江发展的城市，沿江交通系统非常单一，所以大冶钢厂的圈购引起了当地的争议，并促使一条城市公共道路穿过钢铁厂，分隔厂区和家属区。

大冶钢铁厂的选址和建设用地的确定形成了黄石市工业用地，也是以后城市工业空间形态的基础，是黄石形成近代工业城市空间的起步。而大冶钢铁厂的空间起点为汉阳铁厂兴建时在长江沿岸修建的大冶铁矿运道处石灰窑修理厂。大冶钢铁厂的选址较之汉阳钢铁厂的选址，更加注重以现代工业布局的原理为指导，例如厂房要交通便利，在

① 中国政协湖北省文史资料委员会编.湖北省文史集萃.武汉：湖北人民出版社，1999：38.
② 中国人民政治协商会议湖北省委员会文史资料研究委员会.湖北文史资料第39辑.湖北：湖北人民出版社，1992：40.

沿江布置以及厂房选址临近原材料产地大冶铁矿，也临近燃料产地萍乡煤矿。

5.3.3　湖北水泥厂——矿产加工

在大冶开办水泥厂有四方面的原因。第一，是资源条件。石灰窑出产的石灰是生产水泥的良好原材料，在石灰窑烧制石灰已有悠久的历史，而且质量较高、蕴藏量较大。张之洞曾将原材料寄至德国鉴定，被认定为"上等合用之材"，"于制造水泥极为相宜"。第二，是市场需求。张之洞意识到水泥是修建铁路造桥建厂的必需建材，而且需求量巨大。在其给朝廷的奏折中说明："现在各省奏办铁路所用材料以钢轨、枕木、水泥为大宗，钢轨可取之于汉阳铁厂，枕木水泥尚需购自外洋……水泥一项，外国谓之塞门德土，凡筑路、修桥、建厂等事，均所必需，以中国之银易外国之土，受亏孰甚。"[①]第三，是国内产量不足。当时中国的水泥工业只有启新洋灰公司一家生产石灰，年产水泥五万余吨，产量不能满足国内的需求。第四，自办工业大背景推动了我国当时民族资本主义的发展，振兴中国实业，而抵制洋货，汉冶萍公司的创办也需要相配套的水泥工业。

根据以上几方面的因素，张之洞在黄石石灰窑开设国内第二家水泥厂，并发出开办"湖北水泥厂"的招商通告。张之洞考虑到建厂的投资费用较大，而为了与洋货竞争产品的成本需要降低，否则无法打开市场，所以给予三项优惠政策：（1）准许工厂专利十五年；（2）准许工厂保利五年；（3）凡铁路所用水泥暂行免税，非铁路所用者，完正税一道，沿途概免重征。[②]

1907年湖北差委程祖福遂筹款办厂。厂址位于太子湾明家嘴。这个地点考虑到了资源和交通运输的问题，第一具有丰富的石灰石矿源，第二面临长江，上游可达武汉，下游可达南京上海。后由于经营不善，被唐山启新洋灰厂收购，成为其分公司并改名为华记水泥厂。至1935年，华记水泥厂拥有职工600余人，年产水泥2万桶。[③]水泥厂的建设又对石灰窑地区的城市空间形成进行了完善，进一步强化了石灰窑的工业空间构成。

图5-8　湖北（华记）水泥厂旧址
（资料来源：黄石第三次全国文物普查调查）

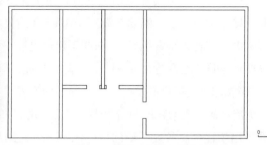

图5-9　湖北（华记）水泥厂平面
（资料来源：黄石第三次全国文物普查调查）

---

① 张之洞.张之洞全集第二册.石家庄：河北人民出版社，1998：772-776.

② 中国人民政治协商会议湖北省委员会文史资料研究委员会.湖北文史资料第39辑.湖北：湖北人民出版社，1992：40.

③ 李建刚，谭道勇.湖北早期现代化的一面旗帜——对黄石早期现代化的个案分析［J］.湖北师范学院学报（哲学社会科学版）2006（02）.

5.3.4 煤矿企业——矿产开采

黄石地区的煤炭在古代已经有了一定的发展，但是由于观念及技术等原因，遭到当地乡绅的反对和官府的封禁。近代由于官方的支持，煤炭开采进入官府自办阶段。1890年张之洞颁布《晓谕鄂湘各属并川省民间多采煤斤示》，鼓励民间采煤运煤。在官方的推动下，以王三石煤矿和李士墩煤矿的开办为标志，同时民间的煤炭开采也得以发展。1909年，周晋阶接办石灰窑多处小煤窑，成立了大冶富源煤炭有限公司。1916年，大冶富华煤矿成立。1924年，大冶人柯润时，在黄荆山南麓的柯家湾创办利华煤矿。随即，黄石煤炭行业处于三足鼎立局面，富源、富华、利华三家公司展开了持续两年的市场竞争，至1931年共有43座煤矿注册。1936年7月，富源、富华合并成立大冶源华煤炭公司。

图5-10　源华煤矿老坑井口
（资料来源：黄石第三次全国文物普查调查）

图5-11　源华煤矿办公楼
（资料来源：黄石第三次全国文物普查调查）

5.3.5 黄石电厂——能源供应

各大厂矿的生产需要能源动力支持，为了保障各厂矿的生产，近代工业的能源电力工业开始在黄石发展。湖北水泥厂于1905年自办电厂是最早的电力工业开始，1907年装配发电机三台，于宣统元年1909年建成电厂并开始发电，电力主要用于工厂的生产、修理和照明。之后是大冶铁厂，为满足钢铁生产位于袁家湖的兴建火力发电厂，从1913年筹建，1921年建成发电。电站安装两台发电机组，发电厂房面积2300平方米。之后是大冶铁矿、大冶铁厂和富源煤矿等厂矿的自办电厂，这个阶段的电力主要用于生产，并未用于社会。各大厂矿的自办用电一方面满足了厂矿的工业生产，另一方面电力作为新的工业产品，也推动了黄石地区早期的城市电力发展。1945年抗战胜利之后，国民政府资源委员会为发展鄂东南电力，认为大冶地区工矿业十分重要，决定在石灰窑筹建大冶电厂，并成立大冶电厂筹备处。大冶电厂的选址定于黄石港亭子矶和石灰窑猫儿矶之间的长江沿岸，占地约33.3公顷，基地大部分为不能生产的小山地，耕地很少。基地临近大冶铁厂和水泥厂，上下游一小部分多为大冶铁厂的蓄矿槽和水泥厂的空地。平均地面高出最大洪水水位以上，不会受到洪水威胁。基地沿长江水线1300米，能满足建厂进水设备，煤炭装运码头和起重重大机械及建厂和以后的发展空间。[①]由于临近铁厂和水泥厂，大冶电厂的建设进一步加强了石灰窑地区的工业空间的形成。

5.4　近代工业对黄石城市空间发展的影响

5.4.1　近代工业对黄石地方建筑形式的影响

由于近代工业的厂房及配套建筑物与传统商业及民居的差别很大，而且工业空间的营造方式理念多为国外输入，因此对黄石传统的建筑营造带来了强烈的冲击与改变。

在建筑形式方面，清末以前黄石的建筑工艺十分精湛，清末尚存孔庙、武备学堂、青龙阁、青龙墙、观音堂、天花宫、城隍庙及数以百计的祠堂、寺庙、戏台等，都系砖木结构。民居多为青砖屋瓦。厂矿开办之后，西式建筑被引入黄石，并同时开始采用钢筋混凝土结构。民国初年，出现"菊庄"，形式为一户一个套院，房屋分为客厅、餐厅、书房和宿舍等功能分区，门窗宽大，开始出现了二层楼房并配有走廊和亭阁。[②]

在建筑施工方面，清末以前黄石地区没有专门的建筑工人与机构，由掌墨师临时召集人员组成施工队，队伍多有半工半农的泥、木、石、漆等工匠。1890年厂矿开始建设以后，出现了现代的工业区，对建筑施工的质量、速度、规模提出了更高的要求，于是黄石港和石灰窑开始出现了专门进行建筑施工的营造厂，至民国期间已发展到10余家。

在建筑材料方面传统民居多采用土砖布瓦，砖是利用稻田的植被晒干，碾压平整后再用切砖刀进行切割成块，后受到矿局建筑的影响即采用水泥和红砖，结构稳固美观，当地便开始采用土窑烧制青砖或线砖作为新的建筑材料。[③]

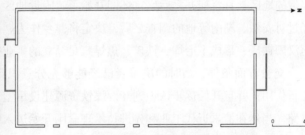

图5-12　华新水泥厂高级职员宿舍3栋　　　　图5-13　华新水泥厂高级职员宿舍3栋平面
（资料来源：黄石第三次全国文物普查调查）　　（资料来源：黄石第三次全国文物普查调查）

5.4.2　近代工业规划理念对黄石城市发展的推动

在黄石的铁矿开采、厂矿建设的近代工业发展中，近代先进的工业规划理念已经被用来指导具体的选厂定点和建设中。主要体现在对原料及燃料条件、交通运输条件的

①　李建刚，谭道勇．湖北早期现代化的一面旗帜——对黄石早期现代化的个案分析［J］．湖北师范学院学报（哲学社会科学版），2006（02）．

②　中国人民政治协商会议湖北省委员会文史资料研究委员会．湖北文史资料第39辑．湖北：湖北人民出版社，1992：227.

③　同上．

考虑和经济政策调控以及引进西方先进技术和设备等。

在原料燃料方面，由于钢铁冶炼需要消耗大量的原材料和燃料。根据现代工业的计算，"每冶炼一吨钢铁需要消耗铁矿石 2~4 吨，石灰石 0.5 吨，炼焦煤 1~2 吨，动力煤 0.5 吨。"[1]考虑到当时生产技术不发达，因此原材料和燃料的消耗会更大。

大冶铁矿作为汉阳铁厂和大冶铁厂的原材料基地，在开办之前和过程中进行了多次的资源勘查与分析，得到相对确切的储量和矿产资源分布的结论之后再进行开采。说明对铁矿的开采已经从之前原始的采挖浅表层发展到科学系统地进行开采。对于燃料则有数量和质量的双重要求，燃料的保障是冶炼工业能否正常生产的关键。所以燃料供应地也是影响近代工业发展的关键因素，燃料产地关系着选厂定点的问题。李鸿章曾主张钢铁厂应选在产煤的地方，盛宣怀也主张将钢铁厂设在石灰窑，因为大冶出产煤、铁、锰、矿等原材料和燃料，都是从原材料和燃料角度出发考虑选点的问题。

原料资源和燃料资源都在同一个地点是最好的情况。大冶曾有开采煤矿的历史，但是都是小型的原始化采掘后停止，官办汉阳铁厂时期，张之洞鼓励开采煤矿，并开采王三石等煤矿，但不久后即因水淹而停止，并且大冶的煤质不符合冶炼的要求同时马鞍山煤矿也因煤质不符冶炼要求而无法提供燃料。在缺乏燃料的情况下，汉阳钢铁厂只能先开一座高炉炼铁，并向英国、比利时、德国购买焦炭，但是由于成本高，不能及时运到，不得不停炉。[2]燃料问题一直是约束汉阳钢铁厂发展的根本问题，为了解决燃料问题，张之洞提出"必须派矿师在长江一带另寻上等煤矿，与铁厂想为配合……如果湖北本省无相宜之煤矿，准在湖南、江西、安徽、江苏四省沿江沿河之处。随时禀明派员勘寻开采。"[3]这说明张之洞已经认识到不能仅仅着眼于大冶区域内的煤炭资源，而应该考虑临近的地区。官督商办之后盛宣怀即开始了解附近地区是否有可供选择的煤炭基地。在经过对安徽、湖南等地的调查之后，决定将萍乡作为燃煤基地，萍乡的煤矿有陆路运送至汉阳铁厂，形成了冶炼、铁矿、焦煤三足鼎立的工业空间布局。

交通方面条件，当时的决策者已经能够充分意识到交通运输在钢铁冶炼产业中的先行作用，并且开始逐步认识到开发煤铁资源建设重型工业必须先建设运输能力较大的铁路。当然在清末近代工业和先进技术理念刚开始进入中国之时，对于这一点的认识仍有一个过程。

大冶是汉阳钢铁厂的原料基地，是国内第一座采用机器开采的大型露天铁矿。如何将铁矿石运输到汉阳铁厂是关键问题。当时的条件是水运在运输量和成本上最为经济，但是由于大冶铁矿位于腹地，没有直接临近水路，所以建立水陆联运是解决运输问题的策略。建设矿山时曾提出两种方案：第一个方案，从还地桥经梁子湖到武昌（今鄂州）樊口出江运往汉阳。具体为从铁山修建道路至还地桥，道路长 12 公里；由于在还地桥

①　中国地理学会经济地理专业委员会主编.工业布局与城市规划：中国地理学会一九七八年经济地理专业学术会议文集.北京：科学出版社，1981：215.

②　湖北省冶金志编撰委员会编.汉冶萍公司志.武汉：华中理工大学出版社，1990：2.

③　中国人民政治协商会议湖北省委员会文史资料研究委员会.湖北文史资料第 39 辑.湖北：湖北人民出版社，1992：1170-1171.

所处的梁子湖水运条件有限，只能将矿石装入木船运至樊口，在樊口再转装钢驳，再用拖船拖至汉阳。这个方案的投资成本较小，仅修一条公路，但是中间要转运两次，运输周期长、效率低，经过盛宣怀实地勘测没有被采用。第二个方案，修建一条道路连接铁山和石灰窑，用马车将矿石运至石灰窑江边，然后再装船运至汉阳。这一方案得到了张之洞认可"以便马车驰骋，来往无碍"，并准备按此方案进行。可见至此发展现代化的先进生产力的观念还没有进入决策者视野。由于每天运输的矿石达到数百吨之多，铁山至石灰窑距离 30 多公里，采用马车作为运输工具无法满足运输规模的要求。同时这种原始运输工具无法符合近代工业的生产要求，张之洞的观念发生了改变提出"必须建设铁路，方能运速而费省"，于是改为修筑铁路作为运道。这个决策的改变也是近代生产力和规划理念的黄石工业发展中起到作用的标志和体现。

　　在经济政策调控方面，张之洞认识到中国开办铁路，需要用到大量钢材，其中存在巨大的利润，为了与西方进口的钢铁等工业产品竞争，发展民族产业，张之洞实施了一系列的经济政策来支持本土工业的发展。首先是降低生产成本，"中国费巨款开铁厂，专为保守自有利权起见。然欲与外洋钢铁争衡，非轻成本不能抵制。"[1]张之洞看到欧美自产的钢铁都在本国进行免税，以避免其他国家进口的钢铁获取利润。所以制定了湖北铁厂生产的钢铁产品可以享受免税十年的政策，以保证其获利与进口钢铁相抗衡。其次是发展市场。张之洞意识到当时中国民间用铁量不大，而且土铁即可满足需求，而国家尚不能制造轮船，所以铁厂必须拓宽市场销路。并制定政策，各省制造铁路的钢材产品无论是官办还是商办必须向湖北铁厂订购，同时任命盛宣怀督办铁路总公司，从人事上保障铁厂的产品可以直

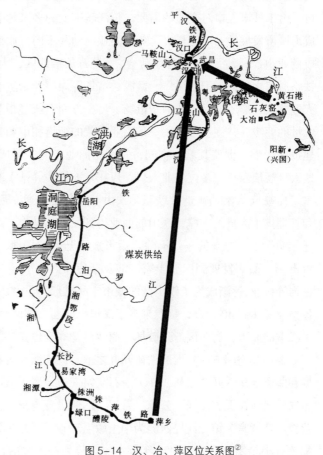

图 5-14　汉、冶、萍区位关系图[2]

　　① 张之洞 . 张之洞全集第二册 . 石家庄：河北人民出版社，1998：1170-1171.
　　② 根据资料改绘资料来源：中国人民政治协商会议湖北省委员会文史资料研究委员会 . 湖北文史资料第 39 辑 . 湖北：人民出版社，1992：6.

接与铁路建设对口。这些经济政策的调控对于支持和发展本土近代工业起到了重要的推动作用。

5.5 工业厂矿对城市功能空间发展的促进

以五大厂矿的建设为起点，黄石建设了大量的厂房等工业建筑，并且将当时世界先进的机器设备和技术引入黄石，同时先进的交通及通讯工具如轮船、火车、电话、电报等也被引入。这些先进的工具使得黄石地区的人流及货运交通更为便利，各地的商品物资可以进入黄石港、石灰窑和铁山进行交易，极大地推动了当地商业经济的发展；同时各种行政管理机构的设置也成为空间的增长极，促使了公共、商业及工业空间的逐步形成。

在商业空间方面，传统商业地区黄石港区，铁矿开设之前仅有几户做生意的棚户，没有成规模的商业门店。土地分属于几家大户人家的花园，后由大户人家在盖房开店形成一条狭窄的街道，但是商业活动并不繁盛。大冶铁矿的开办引入了大批外地及外国人口。由于外来人口对交通的需要，长江航道上的多家轮船公司开始停靠黄石港。黄石港成为城市发展的一个增长极。各种商业活动和不同行业都开始向黄石港聚集发展，并形成商业组织，涉及 18 个行业帮会。[①] 在石灰窑地区，大冶铁矿开办及铁山至石灰窑的铁路通车之后，华记水泥厂、富源、富华等煤矿开始生产铁、煤和水泥产品，有产业工人近万人，形成了巨大的消费市场。另一方面石灰窑相对临近矿区，因此石灰窑聚集了大量的商户，并逐步形成了一条商业繁荣的街道和市场。铁山区同样受到大冶铁矿工业建设的影响，促使其城市空间，特别是商业空间的形成与发展。1892 年以前，铁山当地人口规模较小，多位农业人口，仅在东方铺（驿站）有铁匠铺、豆腐店、杂货店各一家。1892 年大冶铁矿运矿铁路（铁山至石灰窑）通车后，加之聚集了大量的矿产工人和管理技术人员的支撑，铁山的商业得到发展的动力。运矿铁路原设站于盛洪卿，后改迁往铜鼓地。原来的车站拆除之后形成了开阔的场地，场地之后转变为商贩聚集的集贸市场，商店发展到四五十家。涉及杂货布匹、屠宰、餐饮、住宿、木材、铁器及金首饰等行业,逐渐成为了铁山区的城市空间雏形。至 1931 年都是商业区发展的峰值时期，各类商铺达到 40 余户，货源来自于汉口、江西、湖南、安徽及河南等地。至 1938 年由于战争的原因，商业区遭到破坏，商业活动完全停止。[②]

在工业空间方面，大冶铁矿开办之前，铁矿所在的石灰窑地区仅有几家烧石灰的窑场和两家土房。开办之初，在大冶石灰窑江边设置了大冶矿务运道总局，房屋坐南向北布局。西侧设置收支局、公馆、营房，南侧设置电报房。江堤东侧为堆机器厂，后改为营教厂及营官公馆，江堤西侧为李士墩煤局碳厂。总局建筑前铺设有铁路回车支路，并配置有小轮船停泊处。1900 年日本侵略势力进入大冶，日本制铁所和近海邮船会社都

---

① 政协黄石市委员会文史资料委员会编.黄石文史资料第 9 期.黄石：政协黄石市委员会文史资料委员会，1986：155.

② 詹世忠.黄石港史.北京：中国文史出版社，1992：66.

在石灰窑设置办事处。矿区管理经营机构在石灰窑的设立，成为一个空间吸引点。

铁山地区，采矿分局设置在铁门坎，房屋坐南向北布局，东北侧设有洋房、营房、机房、机匠房各一座，东南侧设有电报房，并设有上机房两座，开矿机房一座。而老下陆属于较为纯粹的工业引发形成的城市空间。下陆设置车站房，沿着铁路线展开布置。北前有电报房，专门负责铁山、石灰窑的公文来往，后有洋房两座，营房一座，南侧设有机匠房两座，东侧设有整车机器铁房两座。王三石设置煤矿管理局，兴建房屋数十栋，四周围有栅栏。由于铁山至石灰窑运矿铁路的修建，铁路的中心站设置在老下陆。由于这条铁路是湖北省境内第一条铁路，有火车头、运矿车、物料车和客车等机车设备，为解决这些机车的修理问题，在下陆中心车站附近又修建了下陆机器厂。随着汉冶萍公司的成立，大冶铁矿的生产有较大的发展，各种运输的机车设备增加，下陆机厂的规模也相应扩大。至1919年下陆机厂工人数量约到200余人，并建有厂房3栋，其他车间车库等一定规模的厂区。下陆中心站和机厂成为老下陆城市空间的雏形。

在居住空间方面，1890年以后，大冶铁矿陆续在老铁山、得道湾、下陆、石灰窑等处修建了一批住宅，但仅供职员、工程技术人员和少数技术工人居住，形成了初步的居住空间。但这一阶段采矿工人没有住宅。

由于工业带来的人口聚集，促进城市其他服务性功能的出现和发展，也促进了更丰富的城市空间的形成与城市规模的扩张，城市建成区的规模快速扩张，使得黄石港和石灰窑两镇开始不断扩展，相互集聚，为形成黄石城市进一步奠定了基础。

5.6　近代工业的交通节点——码头

码头是反映黄石近代工业化城市发展时期最具有代表性的空间要素。作为连接运矿道路和长江水运之间的节点，码头既体现了近代工业的发展又体现了水运的特点。黄石在这段时期共出现的重要码头有3座，同时沿江出现大规模的码头用地，主要集中在石灰窑地区，成为城市功能空间的要素之一。三座码头分别为：（1）老汉矿码头。铁山至石灰窑运矿铁路修建之后，在1893年在石灰窑江岸兴建。这座码头是黄石市近代工业史上的第一座码头。（2）日矿码头。由于大冶铁矿销往日本，而日本只要富矿不要贫矿。为避免两种矿石混淆，1899年矿局在石灰窑江岸修建第二座码头专门运送到日本的矿石。（3）新汉矿码头。1908年，在老汉矿码头上游兴建了第三座码头，码头前沿水深为3~4米，陆域有储矿货场、简易房屋等设施，同时有铁路修至码头货场。[①]

在以上三个码头中，日矿码头的吞吐能力最大，占地面积最大。相应的码头用地也是石灰窑城市空间的重要组成。汉冶萍官办时期，码头用地范围从菜园头至矿局共计667米。1896年，官督商办期间，码头用地又向上由菜园头扩展至胜阳港共915米长。矿局向下至段家山，黄家山江岸共183米长。以上两段江岸作为码头用地。石灰窑沿江

———————————

①　黄石公路史编委会.黄石公路史.上海：上海社会科学院出版社，1993.

共有 1765 米厂长的码头用地。码头成为黄石近代依托长江水道资源，对外进行物资人员乃至文化的交流的重要节点，对之后黄石城市空间的发展起到了重要的推动作用。

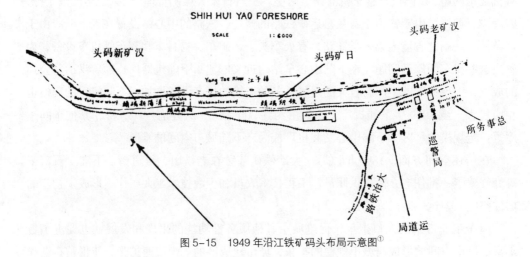

图 5-15　1949 年沿江铁矿码头布局示意图[①]

图 5-16　汉冶萍铁厂卸矿机
（资料来源：黄石第三次全国文物普查调查）

① 詹世忠.黄石港史.北京：中国文史出版社，1992：56.

6 1919~1949年战争影响下的黄石城市空间营造

6.1 历史发展背景

在 1919 年五四运动至 1949 年新中国成立以前这个时期，中国是半殖民地半封建社会，社会的主要矛盾来自帝国主义。在第一次世界大战之后，日本作为世界大国兴起。当欧洲国家忙于战争暂时放松对中国的经济侵略时，美国尤其是日本的对华资本输出和资源掠夺迅速增加，成为对中国的主要威胁。1938 年，在日本帝国主义的侵略下黄石沦陷。由于战争的影响，对城市经济产生了巨大的破坏，黄石的城市空间也产生了巨大的变化，表现在工业空间的破坏和畸形发展以及城市中心的迁移。

6.2 沦陷期间黄石城市发展受到的破坏与影响

6.2.1 战争对第一、第三产业产生的破坏

在沦陷之后，黄石地区农业产量锐减。在 1941 年，侵占第三年，农田面积和产量大幅度减少和下降，根据《本县（民国）统计年度农作物产量调查报告》中记载："较之往岁，不计十之三四五"。以经济作物苎麻为例，1934 年，苎麻面积为 4000 公顷，全县有麻行 17 家，战争爆发后苎麻没有销路，种植面积减少至万亩。[1]由于农业受到破坏，对外贸易也受到影响。根据《大冶县志商业》记载，长期往返于大冶金牛镇的商家来源地较多，包括保安、还地桥、刘仁八以及较远的阳新等地。往返的商家从金牛镇贩进货物也将其本地的货物带入金牛镇销售。根据 1933~1937 年统计，金牛镇输出泡料纸 1900 吨，山羊纸 1600 吨，苎麻 1200 吨，粮食 2000 吨，这些货物大部分由梁子湖转运长江直达南京、镇江等地，少部分由 2 台旧汽车运往贺胜桥再由火车转运。沦陷之后，

---

① 詹世忠.黄石港史.北京：中国文史出版社，1992：80.

金牛镇商户由 554 户锐减至 98 户，大冶对外贸易基本陷于停顿。在商业方面，民国初年，金牛镇的主要商户"乾元号"拥有资本 23 万银元。1933 年，黄石港、石灰窑镇及大冶县城、保安等地的商户有 550 多家，1935 年达到近 700 余家。根据《大冶县文史资料》记载：至 1937 年止，大冶县城内有各类私营商店 347 家，其中百货业近 80 家如布行、粮食行、鱼行、山货行；印刷业 3 家；服务行业 50 多家，如客栈、茶馆、酒楼、照相馆、饮食店等；码头业 2 家；药材业 5 家；金银首饰业 3 家。[①] 至 1938 年，日军攻陷大冶，县城内商铺关门，商人逃亡，城内居民锐减，大冶县城商铺数量仅剩十数家。"乾元号"倒闭，各镇的商户剧减至 300 余家，商业受到极大影响。[②]

6.2.2 战争对工业空间的破坏

在日军侵占期间，黄石区域内的所有厂矿或者选择西迁或者停产，工业受到极大重创。1938 年，国民政府根据蒋介石的命令："汉阳钢铁厂应择地迁移，并限三月底迁移完毕为要"，决定对大冶铁厂进行迁移。[③]

1938 年 5 月，钢铁厂委员会运输股开始主持对大冶厂矿的拆迁，并开始拆卸发电设备，拆卸铁厂 1500 千瓦汽轮发电机 2 座，得道湾 420 千瓦柴油发电机 3 座及 150 千瓦柴油发电机 1 座；6 月拆卸了各种车床、锅炉及矿车等；7 月拆除了大冶铁矿山至石灰窑运矿铁路的钢轨，共拆卸 33.97 公里。之后钢铁厂迁建委员会停止对大冶铁矿的拆卸转为尽力抢，共计装运 3227 吨。[④] 对于其他的不便搬运的设备则根据"化铁炉等不便拆除，应准备爆破"的命令采取了炸毁或丢弃江中的方式处理并将铁厂的高炉、热风炉、部分厂房及下陆至铜鼓地一段 7.5 公里的铁路炸毁。得道湾、铁山两处的公房住宅全部废弃。至此大冶厂矿的工业空间经过拆迁，炸毁而遭到全面的破坏。

6.2.3 商业中心的迁移——石灰窑镇的发展

在黄石沦陷前，黄石港遭到日本飞机的轰炸破坏，主要街道及其两旁的商店被炸毁。1938 年，日军在道士洑登陆，石灰窑和黄石港相继沦陷。在之后的侵占初期，黄石港被划为"匪区"，通过设置岗哨封锁道路交通，农产品销售渠道受限，因此黄石港的商业受到影响，市场萧条，店铺数量大量减少，土产行栈大部分转业。另一方面，日军宣布石灰窑区为"石黄示范区"，并于 1940 年成为日伪中心区。日军的"警备部"、"宪兵队"、"哨所"和日商开办的盐店、米店、银行，"西泽公馆"、"日本近海邮船株式会社"等商业和管理机构都住宅在石灰窑镇。由于其规模和带动效应，使得石灰窑的商店数量迅速增加，组成十八帮同业工会，成立"石黄商会"，取代了原黄石港镇及其商会。由于黄石港区的萧条和石灰窑区的吸引，原来黄石港区的一部分商人迁往石灰窑区，绸布、杂

① 大冶县政协文史资料委员会主编 . 大冶县志第 4 辑 . 大冶县政协文史资料委员会，1989：95.
② 同①
③ 詹世忠 . 黄石港史 . 北京：中国文史出版社，1992：39.
④ 大冶县政协文史资料委员会主编 . 大冶县志第 4 辑 . 大冶县政协文史资料委员会，1989：183.

货、百货等商业逐渐兴旺，旅店宴席也有所发展。旅社业达到十多家，而其他行业如匹头、杂货等多为原黄石港商户的失业店员和资金较少的人合营的小商铺，同时摊贩发展的数量更大，共计有商户225家，使得石灰窑呈现突发性发展。

石灰窑经营规模最大的是苎麻的购销。大冶湖两岸阳新、大冶的苎麻都集中到大冶县城，通过火车转运到石灰窑并进行统一收购，年收购量约30000吨，并由日军经营的"麻业株式会社"转运至日本。除苎麻外，石灰窑镇其他各行业也由"日商洋行"统一吞吐和支配。石灰窑镇逐渐成为商铺种类和服务性行业齐全的商业中心。根据史料记载，其开设有旅馆数十家，布铺、广货铺各5家，杂货店6家，医药3家，银器制作店2家，机米厂2家，肥皂厂和发电厂各1家，以及茶馆酒楼、妓院等服务设施大量出现，同时八泉街、黄陂街和黄厂街都成为具有一定经济实力的商业街道。道士矶、赌钱矶、洗脚矶、燕子矶和桃花矶等处都有私人灰号和灰厂，如上窑的"复昌灰号"、"黄思湾石灰厂"等。日军的措施加速了石灰窑地区的人口聚集。[1]由于商业贸易被日军控制，而镇上商业的很大一部分是为日军即日本管理人员提供服务，石灰窑镇形成了突发性的畸形发展的殖民性商业中心。沦陷之后，石灰窑取代了黄石港成为黄石新的中心点，但是总体来说商业规模比原黄石港镇小，资金和经营范围只有黄石港鼎盛时期的40%。[2]

6.2.4 日本制铁株式会社期间铁山的空间营造

日本为发动大规模战争的需要，必须发展钢铁工业。但是由于日本本国缺乏相应的矿产资源，必须掠夺国外的矿石以提升其本国的钢铁产量。1938~1945年大冶沦陷期间，日本制铁株式会社直接开采大冶铁矿并对大冶厂矿进行了相应的恢复性营造。1938年7月大冶沦陷前夕，汉冶萍公司总经理与日本制铁株式会社议定中日合办，1938年11月大冶沦陷后，东条英机表示"大冶陷落，蒋军退却，我军占领，以后冶矿概归军部管理。生产、运输、管理等，汉冶萍不能参加与闻，盼公司当局接受遵行，此令。"[3]至此，大冶铁矿完全由日本制铁株式会社经营，并随即在大冶成立"大冶矿业所"，强占汉冶萍公司所属的大冶铁矿和湖北省建设厅所属的象鼻山铁矿，并开始运出大冶铁矿开采的2.5万多吨矿石，恢复开采。这段时期成为"日铁"时期。

"日铁"时期加快了对工业空间的恢复修建。1938年12月，"日铁"索取了大冶厂矿的图纸及相关资料包括蓝图702张，并利用这些资料修复了铁山至石灰窑江边的运道，扩充江岸的装卸码头，修复得道湾发电所。1939年大冶铁矿正式恢复生产，为扩大生产规模，"日铁"在大冶投入了7000多万日元的资本，添置各种大型生产设备，这些设备的投入使得大冶铁矿的开采和运输能力达到每天5000吨。同时恢复大冶铁厂作为铁矿的生产服务的修配工厂和生活基地。由于生产的大力开展，大冶铁矿和铁厂的工人数

---

① 詹世忠．黄石港史．北京：中国文史出版社，1992：80．

② 中国人民政治协商会议湖北省委员会文史资料研究委员会．湖北文史资料第39辑．湖北：湖北人民出版社，1992：135．

③ 湖北省冶金志编撰委员会编．汉冶萍公司志．武汉：华中理工大学出版社，1990：231．

量剧增，1941 年最高峰达到 14946 人。[①]

"日铁"时期大冶矿业开采矿区的范围为老矿区有铁门坎、象鼻山、老鼠尾等地，面积约为 319 公顷；新开辟的矿区有管山，面积为 17 公顷，二者总计近 337 公顷。之后在铁山兴建总事务所 1 栋，在尖山、狮子山、象鼻山、铁门坎等分事务所各 1 栋；自铁山至石灰窑一线兴建了厂房、住宅、车站、工场间和其他建筑工程。圈地总面积为 3.157 平方公里，其中厂房、车站、住宅和工场间等建筑基地面积为 25360 平方米。从下表中可以看出，铁山新区的建设规模最大，其他地区主要进行生产性建筑的建设，工业和生活居住等功能空间都集中在铁山新区。

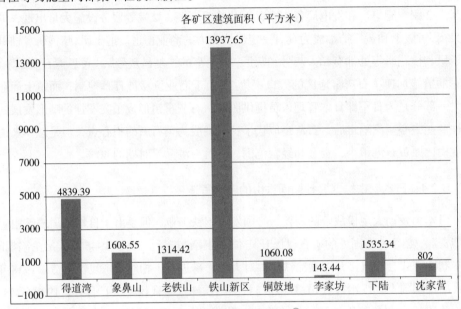

图 6-1　矿区建筑面积分布[②]

工业空间："日铁"大冶矿业的本部位于大冶铁厂（又称新厂），在新厂设立了发电所、变电所及修理工作场。火力发电所装配有锅炉 2 座，负荷 3000 千瓦。修理厂设置有木模工厂、铸造工厂、装置工厂、机械加工工厂、铁路车辆修理工厂、汽车修理工厂、氧气工厂等。主要生产设施有采矿工厂、运道、采矿修理工厂及江岸码头。工作面铺有轻便铁道，其中老铁山有 1620 米，象鼻山 2570 米。地平以上工作面装设有放矿闸门或挂路。1942 年前后，狮子山有放矿闸门 4 个，象鼻山装有挂路 2 条，共 326 米；挂路 1 条，共 93 米，铁山至石灰窑运道于 1939 年恢复运行；100 吨火车头 7 辆，70 吨火车头 2 辆，15 吨的 45 辆，40 吨的 4 辆，30 吨的 3 辆；7 吨的火车 71 辆，15 吨的 45 辆；40 吨的矿车 154 辆，50 吨的 16 辆；客车 7 辆。沿运道线路设有铁山、铜鼓地、下陆、李家坊、龚家岗、石灰窑车站、中心站设在铜鼓地。1941 年在石灰窑江边兴建卸矿机 2 座，日卸矿量 5000 吨，在石灰窑江岸建野外储矿场 1 座，容量 55 万吨，储矿槽 1 座，容量 25 万吨。

居住及公共空间：在这段时期，在铁山建设了住宅，以及相配套的教育商业空间。

①　湖北省冶金志编撰委员会编 . 汉冶萍公司志 . 武汉：华中理工大学出版社，1990：231.
②　湖北省冶金志编撰委员会编 . 汉冶萍公司志 . 武汉：华中理工大学出版社，1990：231.

住宅规模较大，可以容纳近7000人居住。根据不同对象，住宅分为不同的类型，在等级上有着明显的区别。大冶铁厂在建厂同时，兴建了不同类型的住宅供不同等级的员工住宿。A字号宿舍和B字号双栋宿舍，供日籍工程技术人员和高级职员居住；C字号楼房及平房22栋，其中20栋为单门独院式，2栋为单元集合式，共计40套房，供一般职员和技术工人居住。[①]

1940年，"日铁"开办小学3所，2所位于铁山矿区，一所在得道湾，面积为468平方米，学生为日籍员工子女和部分中国职员子女；1所在工房村，面积为334平方米，称为"国民学校"。1所位于大冶铁厂，学生为日籍员工子女，成为"日本学校"。1939~1943年，在石灰窑、铁山、大冶铁厂兴建了商业服务设施如浴池、游泳池、贩卖所等，并在铁山和铁厂设置了物品配给所，同时还修建了一所大型医院。[②]

铁山住宅面积分类表

表6-1

居住对象	面积（平方米）	数量（栋）	等级	地点
中国工人	5371	37	土砖住宅	大冶铁矿
日本员工及家属	14420	30	青砖平房	大冶铁矿
日籍单身职员	837	1	两层楼房	大冶铁矿
日籍单身工人	2939	1（75间房）	两层楼房	大冶铁矿
日籍及部分中国职员		29	三层日本住宅形式	大冶铁厂
中国劳工			平房或简易平房	黄思湾下陆石灰窑沈家营胜阳港

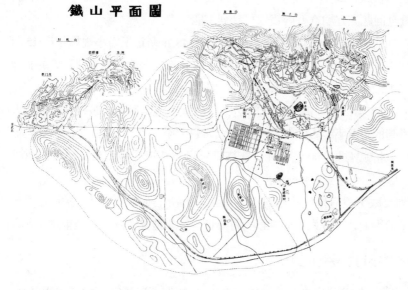

图6-2 "日铁"时期铁山平面图[③]

---

① 湖北省冶金志编撰委员会编.汉冶萍公司志.武汉：华中理工大学出版社，1990：135.

② 资料来源：武汉大学经济系编.旧中国汉冶萍公司与日本关系史料选辑.上海：上海人民出版社，1985：1004-1009.

③ 湖北省冶金志编撰委员会编.汉冶萍公司志.武汉：华中理工大学出版社，1990：230.

6.3 战后工业空间的营造——华中钢铁厂的形成

1945 年国民政府经济部接收了黄石沦陷时期成立的"日本制铁株式会社大冶矿业所",并成立"日铁保管所"。1946 年由国民政府资源委员会接管,改成"经济部资源委员会大冶厂矿保管处",开山筑路,修理设备及房屋清查汉冶萍时期土地,为建厂扩厂做准备。并在 1948 年,在石灰窑正式成立资源委员会华中钢铁有限公司。

6.3.1 钢厂重建规划

为建设华中钢铁厂,战后资源委员会共提出 4 次建厂规划。[①]

第一次规划:1946 年提出建设 100 万吨钢铁厂的建厂方案。建厂规划分为两期:第一期用 5 年时间,形成年产 50 万吨钢锭生产能力;第二期扩建工程用 5 年时间,形成年产 100 万吨钢锭的生产能力。主要项目包括 1000 立方米高炉 2 座,容积 150 吨平炉 4 座,中、薄板轧机 1 套以及焦炉等。

第二次规划:由于资金问题,10 年扩建计划无法实现,故又提出 6 年三期计划,生产规模仍是年产 100 万吨。第一期工程 2 年完成,生产规模为年产焦炭 12 万吨、生铁 10 万吨,钢锭 5 万吨,成品钢材 3.8 万吨;第二期工程一年半完成,生产规模为焦炭 20 万吨,生铁 16.5 万吨,钢锭 15 万吨,成品钢材 12 万吨;第三期工程两年半完成,生产规模为年产焦炭 60 万吨,生铁 50 万吨,钢锭 60 万吨,成品钢材 45 万吨。为配合这次规划,筹备处争购土地,修路运输设备,开山填塘,建筑码头,并规划建设下陆至贺胜桥 100 公里长铁路,20 公里公路,并订购炼焦、炼铁、炼钢及采矿等机械设备。由于内战影响及资金问题兴建 100 万吨钢铁厂计划未能实现。

第三次规划:在前两次规划未能实现的情况下,1948 年制定了缩小规模年产 15 万吨钢锭的 3 年规划。计划扩建修造厂,新增新厂房 1 栋,新建码头和原材料厂,并扩建炼铁厂,达到年产 15 万吨。此次缩小规模的规划也因资金原因未能实现。

第四次规划:1948 年,华中钢铁公司成立后,在前述规划不能实施,日本赔偿及机器拆迁也无法得到的情况下,又制定了一个临时小规模钢铁生产计划,其主要内容为:年产钢锭 3600 吨,轧制钢材 2700 吨,并扩充炼钢厂房和轧钢厂房以及新建年产 2000 吨耐火砖的材料厂。

上述四次规划反映了战后国民政府对于发展大冶钢铁工业的重视,但是由于受到资金和内战等因素的影响,工业发展的规模一再降低,并未能完全恢复到战前的水平。

6.3.2 华中钢铁公司工业空间的形成

1949 年 5 月,华中钢铁公司完成 66 立方米高炉 1 座,炼钢厂房及容积 1.5 吨炼炉 1 座,管辖的矿区范围为管山至老铁山一线,包括管山、尖山、狮子山、象鼻山、铁门坎、纱

---

① 中国人民政治协商会议湖北省委员会文史资料研究委员会. 湖北文史资料第 39 辑. 湖北:湖北人民出版社,1992.

帽翅等，总面积为337公顷，以及铁矿运道及江岸码头等。这些生产范围界定了战后黄石城市主要的工业空间范围，并成为之后工业发展的主要区域。

6.4 城市空间结构

6.4.1 一城多镇的空间结构

这段时期黄石的城市空间体现出明显的城矿分离空间结构形态。大冶铁矿的大规模开采是从清末张之洞时代开始的。在官办时期购买铁门坎、铁山寺、纱帽翅、大冶庙、老虎铛、白杨林等矿区，之后官督商办时期又开辟得道湾矿区，至清末"大冶铁矿区包括铁山、得道湾、白石山、王三石、铁山至石灰窑沿线和附属矿山"[1]。这些矿区距离大冶县城和黄石港及石灰窑镇有十几公里不等，空间结构为一城多镇，城矿分离的形态。城区则有一个主城和若干个城镇组成。大冶县城为主城，主要是起到政治中心的作用，规模相对较大。主城大冶县城在大规模矿产开采之前已经形成，并成为黄石地区的政治经济文化中心，集聚了相对多的人口。随着矿产资源和厂矿的建设，具有良好水运交通优势的黄石港和石灰窑镇在原有基础上得到进一步发展。同时受工业空间扩张的影响，其规模也逐渐增大，并吸引产业及服务业人口的大量集聚，成为新的城市空间增长极，并且由于工业空间规模的持续扩张，城市空间动力和规模已经开始赶超主城大冶。以石灰窑镇为例，在明代石灰业开始发展，清代初期石灰业发展蓬勃，并形成了上窑、中窑和下窑，来往石灰窑装运石灰的船舶停泊满江边。清末至民国初年，随着铁矿的开发，铁山至石灰窑运道的修建以及五大厂矿的相继开办，石灰窑镇上自华记水泥厂，下至大冶铁厂的4公里沿江一带成为厂矿林立，码头密布，船舶往来商贾不断的交通与工业重镇。

这种结构的形成的原因在于由于矿区分布不集中，呈散点状分布，而主城缺乏交通优势。主城大冶在古代有内湖与长江相连，因此相对于农副产品的商贸而言交通优势尚属便利。但是随着近代工业的发展，原来的水运体系已不能满足矿产物资，包括机器设备等大规模大运量的货物运输。因此沿江的黄石港和石灰窑镇由于其便利的适合现代

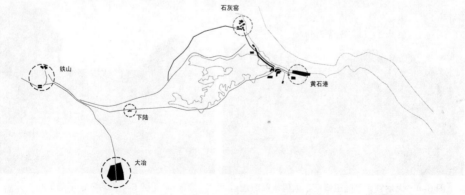

图6-3 1949年大冶（黄石）城市现状图

---

① 刘吕红.清代资源型城市研究［D］.四川大学，2006：180.

工业的水运条件，开始具备了发展动力。而道士洑镇虽然也具有水运的便利，但是有的地理位置偏远且水运条件较差，而且与矿区缺乏便利的陆路联系所以未能在此阶段得以发展，没有受近代工业发展的推动。

6.4.2　新的城市空间的出现

6.4.2.1　铁山城市空间的形成

根据城市增长极理论，城市的形成由一个空间极点开始，这个极点是由某种原因而产生人口集聚的空间点。城市的其他功能和经济空间围绕极点进行生长。铁山由于具有丰富的铁矿资源，而且储量巨大，成为一个"资源点"，并形成了相对于黄石港和石灰窑[①]的城市飞地。开办大冶铁矿是针对资源点的开发，资源点和母城区之间具有了进行物质交换的要求，因此形成了铁山至石灰窑运道并已建立了联系通道，使铁山具备了先进的开采条件和适当的交通条件。同时由于全国铁路的修筑和战争对钢铁的需求，矿产的开发具备了相应的市场需求，因此铁山的矿产资源开发成为在相对先进的近代工业统领下的空间极点并得以快速发展。在开采的过程中，随着矿工人数及管理人员的规模不断增加，在极点附近形成了居住点，这时期的城市形态为点状向心集中的紧凑形态。当人口持续增加时，对生活性服务的需求开始出现相应的第三产业空间，例如浴池、游泳池、贩卖所等商业空间，并随着人口数量和档次的变化，表现为日本籍职员和中国籍高级职员的增加，开始出现学校、局办、医院等公共服务空间。这时的城市空间形态逐渐扩大，但是仍为点状，城市开始沿着飞地与母城之间的通道两侧呈现指状发展。

由于铁山的主要人口为大冶铁矿的职工，而空间的吸引点也较为单纯，所以铁山的空间扩展动力单一，人口集聚不稳定，与生产规模相关，因此其发展规模和速度相对不大。

6.4.2.2　下陆的雏形

下陆是与铁山的大冶铁矿开采的产业相关而形成的，也是沿铁山与母城之间联系通道发展的新城区。下陆的空间极点是运矿铁路的中心车站和配套工厂。随着大冶铁矿

图6-4　大冶铁矿下陆机修厂工人俱乐部旧址
（资料来源：黄石第三次全国文物普查调查）

图6-5　冶铁矿下陆车站
（资料来源：黄石第三次全国文物普查调查）

---

①　注：在此阶段大冶是主城，但是针对本文的主要研究对象，将黄石港和石灰窑作为母城区。

的生产发展，各种运输的机车设备增加，下陆机厂的规模也相应扩大。1923年下陆机厂工人数量约200余人，并建有厂房3栋和其他车间车库等，形成具有一定规模的厂区。下陆机厂的发展基础依赖于大冶铁矿和交通线，属于依附性空间，没有独立的空间增长极点。但是由于其沿主要的交通线而且具有地形的优势，并随着工业空间的扩展，具有与铁山产生集聚效应而形成沿联系通道指状发展的潜力。

6.5 交通系统发展

6.5.1 因商业矿业和战争形成的对外道路系统

清末至民国初年，黄石的陆路系统仍以之前形成的驿道及大路为主。由于这段时期工矿业的发展，对矿产运输提出了更高的要求，另一方面黄石借由沿江便利的水运优势，其商品贸易也发展到了相当的规模，这两项因素推动了黄石境内道路系统的转变与发展。在沦陷之前，形成了多条供机动车通行的干支公路，达数百公里，多数靠近长江沿岸及经济相对发达的黄石东南部和东北部地区。[①]沦陷之前，形成的道路体系沟通了工矿企业和商业重镇，促进了黄石矿业和商业贸易的发展，并初步形成了公路、铁路和水运联合的交通格局。

1. 因商业形成的道路——大冶镇至黄石港公路：道路分为两期修建，第一期为大冶县城（原金湖镇）至肖家铺段，跨下陆火车站至工矿局肖家铺火车站；第二期修筑肖家铺至黄石港段，直达黄石港与码头相连接道路，全长23公里。由大冶县城黄狮蟹至黄石港和码头，路基宽6米，沿途建有桥梁14座，是黄石境内直通长江的水陆联运的路线，也是黄石境内的陆路交通由人力、畜力的驿道交通向机动车交通转变的标志。[②]商业贸易是这条道路形成的主要动因。近代大冶镇由于其临近两省的地理位置优势，农副产品的商业贸易十分活跃。民国初年，大冶镇有匹头、杂货、药材、首饰、百货、粮食、土布及竹木等大小商铺300余家。输出的物产以棉花、粮食、土布和苎麻为主，同时输入黄豆、大米等粮食物资。其中大部分物资是通过黄石港进行运输交易。由于黄石港临近长江，水运码头等设施齐备，成为水路交通转换的节点。每天停泊在黄石港的船舶达100艘之多，大冶镇第二商务会所即设置在黄石港。大冶镇和黄石港之间货物运输成为发展道路交通联系的主要动力。鉴于大冶和黄石港之间"山路崎岖，行旅不便"，为沟通之间的陆路交通，促进经济发展，创办公路、水路、铁路联合运输格局，时任大冶县长向省建设厅提出修路的议案称"职到任之初，深感黄石港轮船上下之危险，由港抵跋涉之艰难，即拟筹设泵船，筹建长途汽车公路"。这一条道路是由两任县长提出，由黄石商界发动并成立股份公司筹款修建。[③]通过上述内容说明商品贸易的发展是大冶镇至黄石港公路形成的主要动力。

① 黄石公路史编委会.黄石公路史.上海：上海社会科学院出版社，1993：40.
② 同上
③ 黄石公路史编委会.黄石公路史.上海：上海社会科学院出版社，1993：40.

2. 因矿业形成的道路——德和煤矿至石灰窑公路：1928 年由德和煤矿商资投资修建运道。因为多为山路，所以运道为盘山公路，开山工程艰巨至 1932 年完工，全长 8.2 公里，路线为德和煤矿井口至石灰窑中窑江边煤栈，也属于水陆联运的道路系统。矿产运输是这条道路形成的主要动因。德和煤矿是当时黄石矿产较大的开采点之一，创办于清末。至 1932 年，由于没有公路，煤炭的外运仍需借助人力或畜力翻山越岭运载至石灰窑江边装船运输。这种落后的交通方式已经不能满足大量矿产运输的需求，而且运费昂贵。生产力和生产方式之间形成了矛盾。而石灰窑镇成为当时以出口石灰、水泥、铁矿和煤矿等矿产资源的重镇，因此连接两点的运道成为影响德和煤矿开采的重要因素。为提高运输能力效率，降低运输成本，促使德和煤矿修建运道公路。

6.5.2 城市内部道路网的形成

黄石城市交通的形成主要是受到近代工业发展的影响。由于五大厂矿的相继开办对于交通运输的需求，黄石境内修建了多条运矿铁路。1920 年形成象鼻山矿场至沈家营铁路；1922 年形成富源煤矿运煤轻便铁路。[1]1946 年形成华中钢铁公司自石灰窑至铁山铁道一条，长 25 公里，主要为运输矿砂之用。而大冶黄石港及石灰窑镇的商业活动日益频繁对物资集散提出更高的要求，也客观上推动了城市道路的发展。在这段时期形成的道路系统连接矿区与黄石港石灰窑等集镇，并连接水路和铁路初步形成了公路、水路和铁路联运的格局。铁山至石灰窑铁路作为新兴的交通方式对于城市形态和结构起到了重要的影响，是这段时期黄石城市空间结构发展的标志。推动黄石城市空间由石灰窑、黄石港及道士洑等沿江轴向发展，转变为向下陆和铁山纵深发展，初步奠定了黄石城市的基本形态，即 T 字形格局。由于国民政府对中国共产党的"剿共政策"的原因，黄石港至石灰窑之间的路段也因为事关军事运输而于 1937 年完成修建，并成为黄石境内第一条铺设炉渣为简易路面的道路。

6.6 空间理想——第一次城市规划[2]

1946 年抗日战争胜利之后，由于帝国主义列强的压迫解除，黄石的各种工商业开始恢复发展。华中钢铁公司、大冶电厂和华新水泥厂新厂的筹建以及众多民营煤矿的复兴使国民政府意识到黄石港、石灰窑两镇将迅速发展，而原有的工业重镇石灰窑区规模过小，因此需要建设新市区，并第一次提出将黄石港和石灰窑两者相互连接形成"黄石市"的设想。1946 年 10 月华中资源委员会拟定了《黄石市市政建筑计划纲要》，这是黄石历史上第一次的城市规划。在这次规划中，黄石市的城市性质被定义为：交通便利

① 中国人民政治协商会议湖北省委员会文史资料研究委员会. 湖北文史资料第 39 辑. 湖北：湖北人民出版，1992：122–123.

② 注：该规划制定之后由于战争原因未能实施，没有对黄石城市的空间布局和发展起到实际影响，但是其规划思想对之后的城市规划及发展有着重要启示意义。

的重工业中心及辅助工业，同时利用磁湖和团成山作为旅游观光功能。规划的范围包括石灰窑和黄石港两镇，东至道士洑，西至黄石港、团城山，规划面积约18平方公里。

规划首先对黄石工业和商业的历史发展进行了分析，认为五大厂矿的生产将逐步扩大，并且带动相关轻工业产业，而厂矿的兴起也带动人口的增长，促进商业的发展，并且预计在厂矿建设完成之后数年，黄石人口将达到30万人，而之前最多时为7万人。

基于现状和未来的分析，规划对黄石城市的主要功能分区和内外交通系统做了明确的布置。在工业区布局上，将长10公里，进深1公里的沿江地带作为工业用地布置华中钢铁厂、大冶电厂和大冶水泥厂等重工业；黄石港西端地理上与现有的市场和港

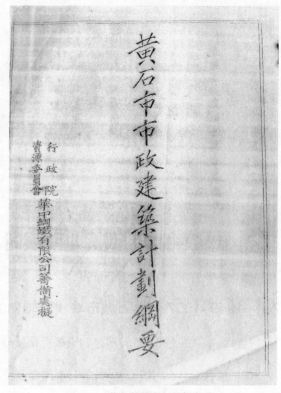

图6-6 黄石市市政建筑计划纲要

口临近，作为轻工业区有利于货物运输。在商业区布局上，规划认为石灰窑区的街道将因为重工业的发展而消亡，因此提出改善和扩建黄石港商业区，并将磁湖外的胜阳港一带作为新商业区。这一规划思想与黄石之后的城市发展基本吻合。住宅区的布置，规划从就近工作与景观两个方面考虑，选择了靠近华中钢铁厂的铁道线一带和磁湖，西塞山和袁家湖一带景观良好的区域作为住宅区。同时在首次规划时，就提出要设立风景区，将团成山和磁湖设置为市民休闲的场所。规划也注重了城市公共空间的安排，对公园、文化区、会堂以及音乐厅电影院等进行了配置。

虽然这一次规划并没有对黄石城市空间的发展起到作用，但是规划中的理念和布局都充分考虑了黄石城市的特点，因此规划具有相当的合理性，其用地布局在很多方面都被之后的城市发展所证实。而且有的理念十分超前，例如在确定黄石为重工业城市性质的同时，仍然关注城市的生态环境，提出利用磁湖和团城山形成"世外桃源……吾人之理想"的观点。在60年之后，黄石面临城市转型发展时，其发展理念又一次回归到这一城市发展理念。

7　1949~1979年工业发展时期黄石城市空间营造

7.1　1949~1957年黄石城市块状到轴向的空间结构初步形成

7.1.1　1949~1950年黄石建制沿革变化及分析

与一般自发形成的城市不同,黄石市的建制受国家政策的影响。1949年5月,黄石港、石灰窑两镇及下陆铁山等地解放,由中共中央华中局和中原临时人民政府决定将其从大冶县划出,成立"石灰窑工业特区"。1949年6月,经中原临时人民政府批准,设置"湖北大冶特区办事处",直属中原临时人民政府领导。根据当时武汉军事管制委员会的文件:"……在黄石港、石灰窑、铁山等地执行工矿企业之接管任务,并负责领导该区之工业行政及地方行政"。[①]由此可以看出,当时人民政府对黄石工矿业的重视。但在此阶段仍属于战后接管时期,还未考虑对工矿的开发,所以政权名称为"办事处"性质。1949年9月,经中原临时人民政府批准,撤销"湖北大冶特区办事处",于同年10月,经湖北省人民政府批准成立特区人民政府,交大冶专署领导,名称为"石黄工矿特区"又称"湖北省大冶工矿特区人民政府",并在市区设黄石港,石灰窑两公所(据查当时特区名称不统一,湖北省人民政府鄂民字第715号文为"石黄工矿特区",但特区本身的布告,文件及今记均为"湖北省大冶工矿特区人民政府")。[②]1950年后,国家把中心转移到城市建设方面,工矿特区作为特定历史条件下产生的特殊历史区划结束其使命。1950年8月,据(中央人民政府政务院未(马)代电)经中央人民政府政务院行董字83号电文核准,将石灰窑、黄石港工矿区合并为黄石市,辖铁矿、煤矿、石矿三个区并由湖北省直辖,成为湖北省除武汉外唯一的省辖市。

7.1.1.1　建国后黄石作为资源型工业城市发展的起点——石灰窑工业特区的建立

1949年5月,黄石地区新中国成立后,因石灰窑、黄石港一带的工矿业、商贸业

---

① 彭汉云.彭汉云文集.香港:天马出版有限公司,2001:28-30.
② 彭汉云.彭汉云文集.香港:天马出版有限公司,2001:28-30.

和水运交通不仅在湖北省，而且在整个华中地区都具有相当规模，因此政府将黄石港、石灰窑两镇及下陆铁山等地区从大冶县划出，成立石灰窑工业特区。这次行政建制的分离是黄石城市发展的重要里程碑，标志着黄石作为独立建制的地理实体发展的开始，也是建国后黄石城市发展的起点。特区的建制是在当时特定的历史环境和经济背景下形成的。至1949年，虽然中国的新式工业经过近百年的发展，但是城市工业未能取得相匹配的发展，国家工业化水平和城市工业基础仍然较弱。建国后，对19世纪以来中国贫弱的主要总结之一就是没有建立起发达的本国重工业。[①]1949年2月，毛泽东提出"将消费性的城市转变为生产性的城市"。这个思想可以看作黄石成立特区的基础。

这次将黄石地区划出大冶县，是基于当时国家发展的迫切需要，但是也为割裂大冶的历史发展脉络埋下了伏笔，成为今后黄石与大冶城市发展关系处理的难点。

7.1.1.2 石灰窑工业特区到石黄工矿特区的转变

石灰窑工业特区成立仅4个多月，经湖北省人民政府批准于1949年10月改为"石黄工矿特区"。这个转变的过程为中原临时人民政府领导的"湖北大冶特区办事处"与武汉军事管制委员会特派员办事处分别从党委领导及军管地方的角度，都在黄石设立机构，党委会与特派员办事处的关系不明确，分工交叉混乱。地方党委与军管办事处存在着管理及领导分工的意见分歧，显示出这段时期机构设置的矛盾，[②]极大地影响工业生产与建设的恢复开展。为将工作中心迅速地转移转到正常的领导工矿生产与组织生产任务上来，武汉军管会物质接管部召集华新水泥，华中钢铁公司、石灰窑工业特区的负责人，针对石灰窑工业特区今后的领导问题进行讨论。决定撤销石灰窑特区党委会与军管会特派员办事处，将石灰窑工业特区划归大冶专署直接领导，成立"石黄工矿特区"，又称"湖北省大冶工矿特区"，辖黄石港、石灰窑两镇及铁麓、长乐、申五、下章四乡，全区共10余万人口。可以说在当时的历史背景下，国家政策关注于工业的发展，政治因素也需要让位于工业生产。这段历史时期也奠定了黄石作为资源型工矿城市发展的基础。

7.1.1.3 石黄工矿特区的发展背景及特征分析

1949年6月，在石灰窑工商联会议上，时任特区区长刘金生提到："成立工矿特区是根据毛主席的指示，发展工业商业，支持全国解放"，"这个区域因为是工业区，上级特别重视，将来生产的物质可以支援其他地方"。[③]由此分析，工矿特区是在国家主导下，根据黄石地的矿产和工业特征，为开发其矿产资源支持其他地区建设而专门设立的行政区，如为武汉钢铁公司提供原材料。在特区成立后，根据特区范围及矿藏分布情况，又专门设置三处专门机构管理，以促进工矿企业的发展及矿产资源的开采。三处管理机构分别为石矿区、主管黄荆山、汪仁铺及章山一带的石灰石开发；煤矿区主管还地桥以南铁山以西的煤炭开发；铁矿区主管铁山一带的铁矿采掘。

由产生这种特殊行政建制的机制在于黄石特殊的资源及工业特点及特殊的历史背

---

① 吕勇.新中国建立初期资源型工矿城市发展研究（1949–1957）[D].四川大学，2005：1.
② 关于石灰窑党委会与特派员办事处的关系的存档材料。资料来源：黄石市档案馆，1949–7–16.
③ 彭汉云.彭汉云文集.香港：天马出版有限公司，2001：28–30.

景。（1）资源方面：黄石地域矿产丰富，已发现的矿产有能源矿产、黑色金属、有色金属、非金属矿等四大类，55 种；（2）工业方面：当时已有华新水泥公司、华中钢铁公司、鄂南电厂、源华煤矿、利华煤矿及大冶铁矿等五大厂矿，是可以利用的工业基础；（3）历史背景方面：当时国内还未完全解放，设置工矿特区可以进行生产原料及物资上的支援，并且为全面新中国成立后的国家城市建设作物质准备，另一方面由于此原因，工矿特区在隶属关系上有其特殊性，即在行政领导上归大冶管辖，但在财政收入、粮食征购及税收方面都接受湖北省的管辖，这也为特区今后成为省直辖市奠定了部分基础。

7.1.1.4　1950 年黄石设市背景分析

国家在三年经济恢复期这个特定的历史阶段，从国家发展层面加快推进工业化建设，特别是加快重工业的发展成为新中国成立后的首要任务。而在当时，国家面临的现状是工业体系极不完备，生产方式十分落后。根据中央财经委员会的报告评价当时工业情况指出"一个很主要的特点是不能独立成为一套，基本工业如钢、煤、电都互不衔接、工厂设置、原料产地、市场三者又大都互不配合，产铁只有三分之一能炼成钢，而轧钢能力仅及产钢的二分之一弱，轻工业这种情形也非常严重"。[①]因此优先发展重工业，建立完善的工业体系是当时国家发展的重要决策。国家首先恢复和加强了一些建国前重要的发展比较成熟的工矿基地，充分利用这些基地原有的生产能力及基地建成条件等继续发展资源工业，进行国民经济的恢复工作。随着重工业发展的指导思想的确立，与重工业直接相关的资源型产业在国家的支持下纷纷上马，从而极大地推动了资源型工矿业城市的兴起和发展。在国民经济三年恢复期间，共新设资源型工矿城市三座，分别为淮南、焦作和个旧。[②]

黄石设市即是在上述国家发展重工业的历史背景下，其目的也是为了利用发展其矿业资源及已有的工业条件和优势。在这个大背景下，从 1949 年 10 月黄石设为"石黄工矿特区"，管理权问题得以解决后，至 1950 年，大冶工矿特区得以迅速发展，这段时间是黄石由特区建制向形成城市的一个主要准备时期。表现在以下几个方面：（1）工业人口：产业工人、码头工人数量较多，工业人口在 2300 人（1949 年）至 6900 人（1952年）之间，说明工业和水运较为发达。（2）资源优势：铁、煤及石灰等产量丰富，成为对湖北省至全国未来工业建设主要原料及动力的供给来源。（3）区位交通：公路直达武昌，总计 108 公里；铁路由铁山至石灰窑运送矿砂，总计 25 公里，建支线可接通粤汉铁路；水路黄石港可停靠沪汉线巨轮。（4）占地面积为 7340.4 公顷，人口为 166207人。[③]1950 年 8 月石黄工矿特区改为黄石市、辖石黄镇和第一、第二、第三乡，即原来的铁矿、煤矿、石矿三个区。至此，黄石正式成为以城市为建制的地理单位开始发展。

在三年经济恢复期，随着经济的发展，中国共计有包括黄石在内的 23 个城镇改为

①　中国社会科学院，中央档案馆编．一中华人民共和国经济档案资料选编一工业卷．北京：中国物资出版社，1996.

②　顾朝林．中国城镇体系——历史·现状·未来．北京：商务印书馆，2000：167-170.

③　黄石地方志编撰委员会编纂．黄石市志．北京：中华书局，1990：2.

市的建制，在"一五"期间，共新设城市21座，其中新建的资源型工矿性城市6座。[①]
这些城市设市都有共同的以国家发展工业的政策为动力的背景，黄石与这些新城相比具
有城镇及资源型工矿业双重基础的特点。

7.1.1.5　黄石城市性质的定位——资源型重工业城市

目前，有关新中国成立初期的城市研究资料均未把黄石列为资源型城市，而有的
将其归为工业或工矿城市。[②] 城市性质的定位对于研究分析黄石的发展演变十分重要。
本文作如下解析：（1）资源型城市。本文对资源的定义以自然资源为讨论范围。人类对
资源的开发随生产力发展而有所侧重，农业社会以土地资源为主导，工业社会以矿产资
源为主导，包括煤炭及有色金属等，即能服务于工业发展的资源类型，而对于矿产资源
的开发反过来又直接影响城市的发展。另一方面此类资源又具有不可再生的属性，即储
量开采完后，资源即耗竭，依赖于资源出现与发展的城市也将因此受到影响。而资源型
城市的定义根据大多数学者的观点，将资源型城市表述为"在资源开发的基础上形成发
展起来的城市"。根据刘云刚的定义，"资源型城市是由于工业化时期对资源的大规模开
发而形成发展起来的"，[③] 黄石是"因矿而生"的城市，具有铁矿、煤矿、有色金属等
矿产的禀赋，在新中国成立后很长一段时期以资源的开采、加工等配套产业作为城市经
济发展及城市扩张的支柱。根据以上定义黄石属于资源型城市。（2）工业型城市。工业
型城市是以工厂企业的设立布局而带动发展起来的城市。其中分为两类，一类建立在对
当地资源的加工，一类依赖于其他地区的矿石或初加工产品，当地只有加工企业。[④] 黄
石市作为具有铁矿等禀赋的资源型城市，也同时设有铁厂、水泥厂等企业对本地开发的
资源进行加工，属于开采与加工在同地进行。同时又为武汉等其他城市提供矿产资源的
原材料。综上所述，黄石同时具有资源型和工业型城市的双重特点。本文认为黄石在
1950年设市后的城市性质属于资源型工业城市，即以资源开发为城市发展的首要动力
因素，重工业生产为城市的主要功能。这也是黄石一个主要城市特征。

7.1.2　"一五"期间政治经济背景

在新中国成立后三年，国民经济三年恢复期间，是医治战争创伤，恢复和安定人民
生活的阶段。[⑤] 这一段时期的城市建设主要是以进行城市整治为主，为大规模的生产建
设奠定基础与创造条件，同时开展工业建设。这段时期，黄石新建了石灰厂等11个工厂，
而大规模的建设开始于"一五"期间。

从1953年起，新中国开始制定一系列启动大规模工业化建设的方针政策。其中，
重工业部门的优先发展成为我国工业化的基本产业政策，长期主导着政府有关的政策和计

①　吕勇.新中国建立初期资源型工矿城市发展研究（1949-1957）[D].四川大学，2005：23.
②　刘云刚.中国资源型城市的发展机制及其调控对策研究[D].东北师范大学，2002：39.
③　刘云刚.中国资源型城市的发展机制及其调控对策研究[D].东北师范大学，2002：28.
④　刘云刚.中国资源型城市的发展机制及其调控对策研究[D].东北师范大学，2002：39.
⑤　周霞.广州城市形态演进.北京：中国建筑工业出版社，2005：100.

划。重工业优先发展的战略目标第一次集中反映在国民经济发展第一个五年计划的制定。

"一五"计划的指导思想之一即是集中力量优先发展以钢铁企业、有色金属企业和机械加工企业等重工业，选址在矿产资源丰富且能源供应充足的地区。把中国由落后的农业国变为先进的工业国，建立起独立完整的工业体系。这一时期，强调国民经济要有计划按比例发展，正确处理积累和消费的关系，城市建设的方针是"变消费性城市为生产性城市"。该思想出自于1949年2月，中国共产党提出关于建国后城市建设问题中毛泽东同志的观点："只有将城市中的生产恢复和发展起来，将消费性的城市转变为生产性的城市，人民政权才能巩固起来"。1954年，建设部主持的全国第一次城市建设工作会议，又提出"社会主义城市建设的目标，是为国家社会主义工业化，为生产，为劳动人民服务"的基本方针。这些论述标志着从"一五"开始，中国进入大规模有计划的社会主义建设和全面工业化建设阶段的开始。[①]这种宏观指导思想极大地影响了这一阶段的城市建设与发展。由于工业是该阶段的重中之重，在此大的历史背景下，城市发展的指导思想也体现出工业建设的紧密关系，"加强城市的规划工作和建设工作，求得同工业建设相配合"。这段时期，认为城市建设的物质基础是工业，城市建设的速度必须由工业建设的速度来决定。由于重工业为主要经济路线，对原材料的需求迅速增长，所以资源产业是这一时期发展的重点。

7.1.3　城市的空间发展

7.1.3.1　以工业为主导的城市空间营造

"一五"期间，国家建设上主要围绕前苏联援建的156个工业建设项目为核心的近千个工业项目，以大力增强中国的工业基础。黄石在"一五"期间作为原材料工业基地被列为国家重点建设地区。国家156项目之一"315"大厂（今武汉钢铁公司）就曾选址于下陆。毛泽东于此期间两次专门视察黄石。[②]由此可以看出当时国家对于黄石工业基地的重视。在这段期间，国家投资1.5亿元，改建和新建一批重工业企业，大冶钢厂、大冶铁矿、新冶铜矿等30个项目开工建设。其中大冶铁矿于1954年探明储量，1955年开工建设，1958年建成投产。1960年成为采选联合的大型矿山，为武钢提供原材料，同时综合回收铜、钴、金、银等元素，为全国64家冶炼化工建材企业提供原材料；1953年新冶铜矿结合探矿进行建设，1957年投产；1956年筹建大冶铜厂；作为工业发展的能源保障，黄石电厂于1950年2台5000千瓦机组供电，1957年黄石至武汉110千伏输变电投入运行。这段时间的工业建设奠定了黄石以资源型原材料开采及加工为主的现代重工业城市基础。这段时期，黄石重工业投资占到工业固定资产投资90%以上。[③]

这段时期，在城市建设方面，根据国家"重点建设，稳步前进"的城市发展方针。

---

① 庄林德. 中国城市发展与建设史. 南京：东南大学出版社，2002：228-230.
② 黄石地方志编撰委员会编纂. 黄石市志. 北京：中华书局，1990：6.
③ 黄石地方志编撰委员会编纂. 黄石市志. 北京：中华书局，1990：10.

黄石城市建设以配合上述大型厂矿的选址建设为主要出发点，进行工业区和生活区的布局。为连接五大工业厂矿及新区，形成了以道路建设为城市发展的生长点，以修建市政府至华新水泥厂道路作为城市建设的开始，先后修建了黄石大道、武汉路、沿湖路、天津路等18条城市主次干道，将黄石港与石灰窑两个片区联系，并维修改造沈家营至铁山道路，使得黄石港、石灰窑、下陆及铁山区的交通得以联系，初步形成了城市的交通骨架及以胜阳港中心、铁山、下陆相对独立的工业区组团式城市结构，各组团之间形成较宽的隔离带。黄石组团结构的城市形态基本形成，这种结构成为黄石城市发展的生长点，住宅等生活用地围绕生产用地，形成了生活区包围生产区的用地结构。这种用地结构使得在工业为主导的城市空间发展的理念下，使得生活空间与工作空间一体化，通过缩短生活—劳动之间的空间距离，而缩短通勤时间增加劳动时间。同时由于生活区的独立设置，限制了自由活动的时间及空间，进而进一步增加劳动时间。[①]

"一五"期间，城市总用地面积达到9.99平方公里，增加8.98平方公里。生产用地5.55平方公里（大冶钢厂、黄石电厂等厂矿用地），占总增加面积的61.81%，生活用地3.43平方公里（集中在胜阳港中心地区），占总增加面积的38.19%.黄石城市市区人口由原来的不足3万人发展至17.8万人。[②]从用地增幅来看，主要的城市扩张是以工业用地为主，同时开始为工业建设配套进行住宅用地的开发。这段时期的城市发展可以归纳为以下演进路径：资源优势—厂矿企业—配套建设—资源型城市。这是依据现实条件和当时特定的历史背景而形成的区别于其他非资源型城市的特殊演进模式。

为配合工业区的建设，采用苏联模式的规划方式，在以工业项目建设为主导的空间布局下，同步配套建设城市住宅及市政建设。黄石在此期间，城市建设在以工业为主导的同时，也考虑到改善城市居住条件及市政设施系统。为配合工业区的建设，修建了大批职工住宅，在陈家湾至胡家湾形成零星小片住宅；黄思湾建成红光新村；铁山建成工人新村。

7.1.3.2 城市块状——轴线空间结构形成

如前文所述，黄石作为国家重点建设的工业基地，其经济发展以工业为主，相应的城市发展也以生产建设为主导，城市的空间发展和形成与工业建设基地紧密相关。1949~1958年,城市总用地面积增长了8.979平方公里,其中生产用地增长5.55平方公里，占用地增长面积的61.8%，而生活用地仅增长3.42平方公里，占到38.19%。生产用地的年增长面积为0.617平方公里，大于生活用地的0.381平方公里。

生产用地的增长集中在黄石港、黄石电厂、大冶钢厂、狭路钢铁厂、湖北拖拉机厂、纺织厂、新下陆有色金属公司、煤矿机械厂及铁山区等，而生活用地的增长集中在市中心黄石电厂至市政府之间，同时在黄石港、黄石电厂以西以及钢厂医院至胡家湾一带，出现零星的城市建成区，大冶钢厂南边建成工人居住区红光新村。

---

① 李阎魁，袁雁.马克思的时空观对现代城市规划理论发展的启迪［J］.现代城市研究，2008，（05）.
② 黄石市建设志编撰委员会编纂.黄石建设志.北京：中国建筑工业出版社，1994：195.

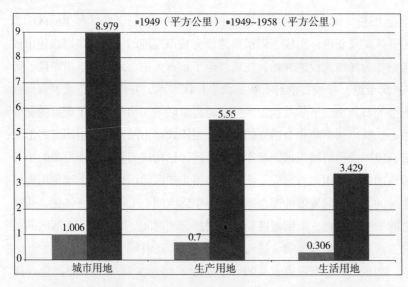

图 7-1　1949~1958 年城市用地增加（根据资料绘制）

在这个阶段，城市空间形态特点表现为形成了"五片一线"相互隔离的组团式空间格局，并且成为以后城市扩张的"生长点"。每个组团之间有较宽的隔离带分隔。这一格局成为黄石未来城市发展的空间生长点。由上述可知，住宅用地依附在生产用地周围，形成了生活区包围生产区的空间结构，各组团之间相互独立。这一空间结构有利于当时以生产为主，方便生活的理念和单位社会的形成，[①] 但是也对城市合理的功能布局和城市环境方面产生了严重的影响。

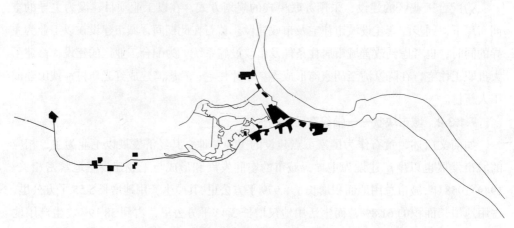

图 7-2　1959 年城市现状图

7.1.3.3　居住空间营造——紧张阶段

1949 年以后，黄石进行了大量的住宅建设。但是由于工业发展速度较快，职工人数迅速增加，导致住宅面积的增加速度逐渐无法赶上工业发展和城市人口的增长速度。从而在一段时期内，居住面积有了较大增加，但是人均居住面积仍然偏低，而且全民所有制单位居住面积远远大于私人住房。从下表中可以看出，1953~1954 年，居住面积总

---

① 吕俊华.1840-2000 中国近代住宅.北京：清华大学出版社，2000：8.

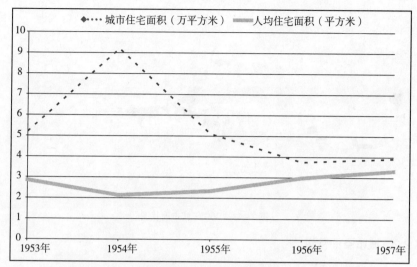

图 7-3   "一五"期间城市用住宅面积与人均居住面积（根据资料绘制）

资料来源：黄石市建设志编撰委员会编．等黄石建设．北京：中国建筑工业出版社，1994：196.

量上升较快，但是人均居住面积却持续下降，至 1955 年之后开始好转，至"一五"结束，逐渐好转，但是人均居住面积依然不到 4 平米。居住空间的情况，反映出新中国成立后工业及人口迅速增长而导致生活空间紧张的趋势逐渐显露。

7.2   1958~1964 年社会主义城市的发展及 T 字形城市形态的形成

7.2.1   大跃进及三年调整时期政治经济背景

这一段时期我国面对的国际局势最为严重，中苏关系恶化，中止对华援助。1960 年撤走全部在华专家，中国开始面临与两个超级大国的对抗局面。在这种国际形势下，我国此阶段的社会主义建设必须建立在自力更生的基础之上。这一阶段，我国社会经历了一系列的事件如社会主义道路探索，整风运动，反右斗争，大跃进，三年困难和国民经济调整，大小三线建设及文化大革命等。1958 年开始的"二五"计划，中共中央提出"鼓足干劲，力争上游，多快好省地建设社会主义"的总路线。在全国范围内开展"大跃进"浪潮。"大跃进"期间，在"以钢为纲，全面跃进"的号召下，全国范围内展开了大炼钢铁的运动。"大跃进"的发展严重违背了经济发展规律，致使国家在 1959~1961 年陷入严重的困难。为此，1961 年对国民经济进行调整，提出"调整、巩固、充实、提高"的方针。在城市发展方面，1963 年出台了《调整市镇建制，缩小城市郊区》的城市发展政策，规定城市总人口中非农人口比例不超过 20%，不符合条件的予以撤销。[①]这段时间的这些事件反映出此阶段我国的主要问题是政治问题，这些政治问题也直接影响这一阶段的城市建设及城市的空间营造形态，是城市发展起伏巨大的一个阶段。[②]

---

①   赵景海．我国资源型城市空间发展研究［D］．东北师范大学，2007：15.

②   庄林德．中国城市发展与建设史．南京：东南大学出版社，2002：231.

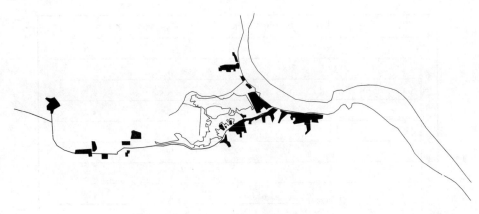

图 7-4　1969 年城市现状图

7.2.2　城市空间营造

这段时期，黄石的城市空间扩张仍旧以工业空间为主，黄石港至大冶钢厂之间基本上连成一片成带状，陈家湾一片也逐步扩张，大冶钢厂医院沿胡家湾公路逐渐沿道路发展，初步形成了"T"字形的城市中心区形态。下陆和铁山两个组团也在这一段时期逐步扩展，但是仍相对独立，铁山和下陆还没有出现对接的趋势。因此城市仍呈现三个组团独立发展的方式。以发展速度而言，城市扩张主要集中在沿江老城区部分，下陆和铁山扩张速度较慢。

7.2.2.1　工业空间营造

这段时期国家进一步强化以重工业为主的有限政策，1958 年提出经济建设"超英赶美"的思想，并以此为主旨制定了一些发展和体现国家实力的生产指标，这些指标和政策体现了当时左倾急躁主义的特点。由此开始了经济建设的大跃进时期，进一步加剧了重工业为主的不平衡经济结构。由于钢铁和机械工业被认为是现代化工业的基础，钢铁产量是国力的象征，所以大跃进的中心任务是加速钢铁工业的发展。从而钢铁产量指标的制定是超越客观实际发展能力的，同时这样的生产任务要求给其他的行业产生了巨大的压力。[1]

对于城市的发展规模及速度设定的过高，城市的扩张速度及膨胀超出了国家财力物力所能承受的范围。在大跃进和大炼钢铁的背景下，1958 年经过第一个五年计划的建设，国家级的建设项目大部分建成投产，之后主要是一些建设项目的收尾和配套建设。同时地方工业开始得到迅速发展，大冶钢厂形成了较大规模的钢铁生产能力，华新水泥厂生产能力超过设计能力，大冶冶炼厂也在加速兴建，下陆钢铁厂动工，黄石电厂扩建之后一年先后开办了机械、纺织、化工及医药等地方工业。[2]

城市进行工业区为主的扩展与建设，逐步开发建设了以黄石棉纺厂为主的黄石港轻纺工业区；以黄石钢厂、黄石机械厂为主的龚家港地方冶金机械工业；扩大了大冶有色金属公司、下陆钢铁厂和湖北拖拉机厂为主的下陆工业区。[3] 这三年工业基建投资

①　吕俊华.1840-2000 中国近代住宅.北京：清华大学出版社，2000：143.
②　黄石地方志编撰委员会编纂.黄石市志.北京：中华书局，1990：8.
③　黄石市建设志编撰委员会编纂.黄石建设志.北京：中国建筑工业出版社，1994：6.

达到 3.3 亿元。形成了大分散、小集中的工业空间布局并规划了 4 个工业分区，黄石旧区、下陆工业区、铁山工业区和被划入黄石管辖的大冶。黄石旧区工业主要由大冶钢厂、华新水泥厂、源华煤矿、及黄石火电厂等工矿企业组成。在大跃进期间，又形成了黄石港轻工业区和龚家港钢铁机械工业区。旧区人口约 13 万人，用地趋于饱和；下陆工业区为 1958 年新建工业区，因此各主要工业项目都在施工中，但工业区已初步形成，包括大冶钢厂、400 立方米高炉的大冶分钢厂、公安钢铁厂、矿山机械厂、农具机械厂，现有人口 3 万人；铁山工业区为向武钢提供矿石的基地，工业主要包括大冶铁矿，为独立工人镇，人口为 3.5 万人；大冶工业区只要包括采矿及冶炼农具机械，农产品加工，现有人口 1.5 万人。

与"一五"时期相比，城市建设用地总面积增加 1.16 倍；生产用地为 5.66 平方公里，增长 1.02 倍；生活用地 5.938 平方公里，增长 1.72 倍，增长量基本相当。1958~1964 年工业上的大跃进导致城市建设上的大跃进，造成城市规模急剧扩张，大量城市工业区和居住新村向城市周边扩展；城市市政设施得以大规模改造。

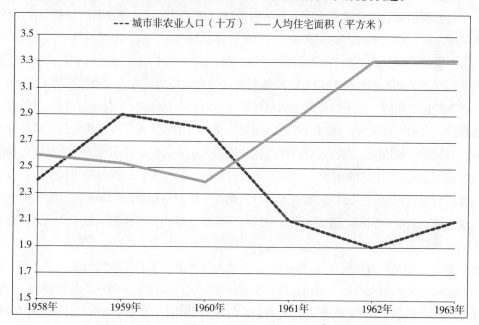

图 7-5 1958~1963 年期间人均居住面积与人口变化[①]（根据资料绘制）

7.2.2.2 居住空间营造

（1）居住水平及空间质量

至 1964 年黄石市居住建筑面积约 94 万平方米，人均居住面积 3.3 平方米 / 人，大部分为 1~2 层砖木结构，约有 1/4 为临时性的草棚和简易房屋。这一类建筑大多分布在黄石港、石灰窑和铁山区，其中石灰窑地区由于地形紧张，利用山地修建住宅。

影响居住水平的一个重要因素是城市人口的变化。在三年跃进期间特别是 1958~1959 年，由于人口的激增，导致黄石居住建筑十分紧张。直到三年调整期间由于对工

① 根据资料绘制 . 黄石市建设志编撰委员会编纂 . 黄石建设志 . 北京：中国建筑工业出版社，1994：168.

业及城镇人口的压缩，城市居住情况逐渐好转。到三年调整期结束（1963年），黄石市各类房屋建筑面积244万平方米，其中住宅建筑面积为110.9万平方米，占到45.4%。

（2）人口的突变及其原因

1958~1961年，出现全国性的人口迁徙，大量农村人口进入城市，远远超过当时城市的容纳能力；1958~1959年黄石市在一年中即增加人口63000人，"大跃进"、自然灾害及严峻的国际环境，使得政府重新考虑对国民经济发展的政策，进入1961~1964年国民经济调整阶段。精简城市人口成为调整整顿的重要措施之一。全国范围内开始精简城市职工数量，导致城镇人口迅速减少，以减少国家工资开支及商品粮供应的限制。三年调整期间黄石开始调整城市人口，采取压缩城镇人口，"下放农村"的做法，精简的人口对象主要是1958年来自农村的新城市职工，将其安置回农村参加农业生产，各工矿企业精简职工队伍，减人减粮，到1963年精简职工93784人，市区人口机械下降41.52%。[①]

这段时期人口的这种不遵循自然和机械增长规律的突然变化是有其深层次原因的。由于这段时期采取的是重工业优先发展的策略，其实现方式是农业经济补偿工业经济，强制性地将农业生产剩余向工业发展转移。这样就导致了对农业发展再投入的降低，同时由于采用行政手段保障工业化的发展而控制城市化发展，进一步阻碍了农业生产率的提高。在缺乏投入和生产率的情况下，农村劳动力的人口数量成为农业生产的关键因素。在"大跃进"期间，由于城市工业的剧烈扩张，需要大量的劳动力，而农村人口是提供这种劳动力的主要来源。同时由于户籍制度将我国居民分为城市人口和农村人口两种类别，并规定一般情况下农村人口不可改变身份成为城市人口。住房分配作为城市人口的一种福利，而农村人口的住房消费不享受这种福利。在这种人口的分类限制下，城市无疑成为对农村人口的引力源，而"大跃进"期间工业对劳动力的大量需求成为农村人口转变为城市人口的渠道，造成大量农村人口以工业劳动力的方式进入城市。一方面这种人口转移既满足了城市工业发展的需要，又造成了农村劳动力的减弱，削弱了农业生产，直接造成了农业剩余和粮食供应的紧张，极大地影响到对城市工业发展的支持作用；另一方面由于大量的人口涌入城市，城市需要承担更大的支付工资和享受各种福利，特别是住房福利的职工。"大跃进"期间，打破了城市的限制，造成了城市人口突发性增长，城市和农村的负担同时加重。因此三年调整时期的一个重要任务就是精简城市人口，以达到减少工资、粮食供应和住房福利等开支。[②]

（3）居住建筑设计

这段时期住宅建筑层数以一层为主，占67%，二层及以上占33%，住宅建筑最高为三层。最早出现的三层住宅是1957年黄石橡胶厂为上海内迁到黄石的职工建造的5栋三层住宅，大冶钢厂在7门建造了13栋三层住宅，形成工人村；市中心区逐渐出现了二三层的楼房。直到1963年三层仍是黄石住宅的最高层数。其中20世纪50年代建造的以一室或一室半为主，面积小于20平方米，设有公共厕所和厨房，住宅辅助面积，人均1平方米左右。

---

① 黄石地方志编撰委员会编纂．黄石市志．北京：中华书局，1990：221.
② 吕俊华．1840-2000中国近代住宅．北京：清华大学出版社，2000：14.

由企业提供的住宅一般都配有厨房。有仅 30%的住宅使用公共厨房和厕所。形式为砖木结构的瓦顶平房；20 世纪 60 年代住宅为短外廊式，一梯 4~6 户，每户设置一室一厅带厨房，外设小阳台，3~5 户公用卫生间，每户面积在 25~35 平方米，采用砖木或混合结构。

住宅设计以大面积居室和较多的一室户为主，这是形成居住条件拥挤，影响居住质量的一个重要原因。1963 年，黄石全市居室面积一般以 14 平方米较多，也有相当的数量在 17~20 平方米以上。例如省属企业鄂冶矿务局 400 户中，17 平方米以上的大面积居室占到 45%，这样如果一户中人数少，则形成居住定额偏高，如果居住人数多，则形成几代同堂的情况；户数比例根据数据统计，一室户比例过大。以大冶钢厂为例，新建一村 300 户中，一室户占到 90%。该厂武汉路住宅区 500 户一室户占到 60%。根据当时的居民生活情况，按人均居住面积 4 平方米，一户 4 人的标准，居室面积在 16 平方米左右能够基本满足职工生活需要。职工的家具一般较简单，按这个面积指标，除床桌椅外，可以保证 50%的活动空地。

住宅设计片面追求高的面积率和应用过高的标准，造成居室面积过大，使得人口数较多的家庭出现共同居住在一个房间的，造成居住者生活不便。出现这种情况与当时片面追求住宅建设节约的大方针有关。在大跃进时期，住宅作为非生产性建设的性质没有改变，在经济建设大跃进期间，基本建设投资迅速增加，而住宅建设投资反而下降。就全国而言"1957 年住宅建设投资为 12.74 亿元，而 1958~1960 年的住宅平均投资为 12.51 亿元，但是'大跃进'期间基本建设投资是 1957 年的 7.2 倍。"[①] 说明在基础建设投资较大的情况下，"大跃进"三年住宅建设的实际平均投资也没有达到 1957 年的水平。另一方面，城市人口迅速增长，对于城市住宅的需求迅速增长，因此在投资急剧降低，需求剧烈增长的双重压力下，节约成为住宅建设的决定性原则。以便在住宅建设投资没有增加的情况下，为迅速增加的城市人口提供更多的住房。

1958 年，国家提出"反对浪费，勤俭建国"的口号，其中批判了建筑，尤其是非生产性建筑中的"求全，求新，求大"的现象；之后又提出城市建设必须符合节约的原则，这些政策结合 1957 年反右运动中提出的"反保守"的政治口号，为在建设中的极端做法提供了政治上的动力与保证。配合经济建设的"大跃进"，城市住宅设计中又一次出现了不顾一切片面节约的倾向。单纯地从设计的每平方米造价，面积系数等指标并不能完全反映住宅的经济性，造成了为了节约而使居室面积过大，面积系数增高，但是不适合分配；人均居住面积大，但合住率提高，实际上也未能达到经济的目的。[②]

在户室的比例上，对两个单位的统计调查。大冶钢厂 300 户的家庭人口调查，5~7 口占 47%，4 口以下占 45%，8 口以上占 6%；鄂冶矿务局 200 户中，5~7 口占 57%，4 口以下占 40%，8 口以上占 3%。根据这个数据，当时黄石市曾提出户数比例为一室户 50%~60%，一室半户 40%~50%和二室户为 10%以下。[③]

①　国家统计局，1984：194.

②　吕俊华 .1840–2000 中国近代住宅 . 北京：清华大学出版社，2000：152.

③　黄石市建设志编撰委员会编纂 . 黄石建设志 . 北京：中国建筑工业出版社，1994：202.

这个比例是根据一户家庭人口数 4 人为标准设定。虽然在目前看来标准仍旧过低，但是这种建议已经反映出当时对住宅设计理念的进步。由于人均面积的标准限制，如果住宅设计为多户室，则居室面积必定减小，不利于以后的分配；而大居室面积的一室户虽然对长远而言同样不利于今后的分配使用，但是能够形成一家一户的住宅，满足家庭生活。对于多户室如果为考虑远期住宅标准提高后的使用，则标准必须提高，造成的结果是有不同人家合住一套房屋的情况。针对这种实际情况，黄石提出的这种比例的设计观点即是从希望住宅采用面积较小，增加每户居室数量，设置小面积的二室户，甚至一室半户作为解决方式，体现了以家庭为单位解决居住问题的理念。说明当时已经意识到一室户的住宅的存在这一阶段甚至很长一段时期内都会是主要的住宅形式，所以提出一室户比例占到 50%~60%，但是也意识到作为家庭住宅而言，一室居住一家以上人口，不能作为主要的居住解决方式。

（4）居住空间的等级差异与分区差异

住宅的建设单位不同，分为中央企业、省市属企业和私房，体制不同各单位对于住宅建设的投资也不一样。根据资料统计，新中国成立以来，黄石全市住宅投资约 3900 万元，大冶钢厂就占 20% 左右，而市属单位投资较少，建设配套也不齐全。同时有的企业只建设厂房，而不对住宅进行投资建设，因此在系统之间和单位之间形成了居住等级差异。

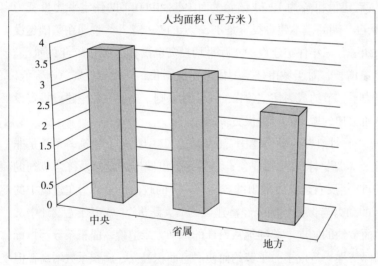

图 7-6　各类企业居住水平比较[1]（根据资料绘制）

从上表可以看出，横向比较而言，中央企业的居住水平最高，市属单位次之，私房的居住水平虽然较高，但是住宅质量较差。另一方面，在同一单位纵向比较也存在差异。例如大冶钢厂人均居住面积 3 平方米以下的为 5000 人，占 14%；5 平方米以下的为 3000 人，占 8.5%；有个别人均 20 平方米；鄂冶矿务局均居住面积 3 平方米占 6%，面积 1.9 平方米的占 2%。

居住等级分异的原因在于当时计划经济体制下住宅建设、管理和分配的一元化。在

---

① 根据资料整理。资料来源: 黄石市建设志编撰委员会编纂. 黄石建设志. 北京: 中国建筑工业出版社, 1994: 169.

单位城市化的背景下，各单位或者企业各自负责自己的职工住宅。除了土地由当地政府无偿提供，公共基础设施与道路由政府投资建设以外，住宅的建设与管理分配完全由某个单位或者企业实施完成。因此单位或者企业的级别直接影响着住宅的级别。总体来讲，居住等级和条件不是由个人的差异比如收入决定而是由其所在的单位的性质决定的。[①]而纵向而言，对于同一单位，由于诸如级别、经济收入水平的差异也影响着同一单位的人的居住空间等级，如大冶钢厂17级以上干部和工程师，每人平均工资120元，家庭人均收入30元，人均居住面积7～8平方米；华新水泥厂科级以上干部人均居住面积5～6平方米，并有较好的单独生活辅助设备。[②]由于城市居住区阶级分层的消失，居住区的差异已经不是明显的按职业、收入水平和其他社会特征划分，[③]而是按其所属单位的性质差异而不同，同时同一阶层的居住区内，居住条件仍然受级别和收入水平的影响。

（5）居住空间阶级差异的改变

社会主义国家最主要的特质便是意识形态的公平与平等。这种特质体现在城市发展的思想中，表现为一种无阶级差异的空间结构，居住空间的阶级划分应该被消除。建国前，中国的土地所有制性质非常复杂，包括官僚资本、地主、民族资本家、城市手工业者和城市居民占用的土地，涉及多个阶层，然而基本都属于私有制性质。[④]而马克思主义理论认为社会主义国家要实行土地国有化以形成社会主义公有制经济。对住宅的社会主义改造是根据社会主义理论对土地国有化的步骤之一，也是对居住阶级分异的消除。我国新中国成立后城市居住建设强调按平等均衡发展的原则，工业化以前城市中形成的按阶级、职业划分的居住分区已经通过社会主义改造逐步消失。私房的社会主义改造便是消除居住空间阶级性的方式。

前一阶段对城市私有住宅和房产的没收接管和代管后，以及在生产资料所有制的社会主义改造基本完成后，进入了全面的社会主义公有制时期，政府开始对城市私有住宅进行公有化，居住空间的阶级差异开始消失。1956～1962年，中央、湖北省及黄石市就城市私有住宅发布了一系列文件指导城市私房改造。包括1956年《关于目前城市私房改造基本情况及进行社会主义改造的意见》，1958年《关于城市私房改造问题的报告》和《中央主管机关负责人就城市私有出租房屋的社会主义改造工作》的讲话，1958年湖北省也发布了"对城市私有出租房屋的社会主义改造的方案"。在这些文件的指导下，黄石市在1962年制定了私房社会主义改造方案，对改造的方针政策、改造的起点、改造的形式和改造后的人员安排等问题做出规定。其基本的改造方针是对城市私有房屋的社会主义改造，基本上按照对资本主义工商业的社会主义改造的方针、政策进行，即采取类似赎买的方法，将私有出租房屋通过国家经租方式纳入国家直接经营管理的轨道，并在一定时期内给房主以固定的利息，逐步改变私房的所有制，把出租的房屋交给国家房产部门统一管理，统一修缮和调

① 吕俊华.1840-2000中国近代住宅.北京：清华大学出版社，2000：117.
② 吕俊华.1840-2000中国近代住宅.北京：清华大学出版社，2000：198.
③ 武进.中国城市形态、结构、特征及其演变.南京：江苏科学技术出版社，1990：197.
④ 李国华.论建国后我国城市私有出租房屋的社会主义改造［J］.党史文苑，2004（12）.

配使用；改造的起点以私有房屋出租面积在 100 平方米以上，非住宅房屋在 40 平方米以上；改造的形式以国家经租为主，公私合营为辅，逐步过渡到社会主义全民所有制。[①]

（6）房屋租金与居住质量

黄石虽然是新建城市，但是住房的质量较差，房屋的维修量很大。厂矿企业的房屋维修经费由生产成本和房屋折旧费中支付一部分，主要依靠房租收入。房租是住宅维修维护的主要经费来源，成为"以租养房"的模式。黄石各厂矿企业房屋质量不一，有些单位住宅质量较好，维修经费较低，能够做到以租养房，有些单位破旧房屋较多，维修经费较高而房租较低，不能达到以租养房的目的。例如大冶钢厂新中国成立后新建的简易房较多，收支相差巨大，较难达到以租养房的目的。在这个阶段以黄石全市计算，全市有住宅面积 110 万平方米，其中全民所有制住宅面积 92.3 万平方米，全市公房房租收入 60 万元，平均 0.086 元 / 平方米；而根据全市住宅房屋维修总量，需要经费近 240 万元，平均 0.35 元 / 平方米，即便不包括大修在内，也需要 0.2 元 / 平方米。同时，国家在政策执行中不断降低房租，导致居住质量不断下降。

在这一时期，我国一直采取低房租的政策有其背景原因。由于国家优先保障重工业的发展，政府采取了"农业资源向工业强制转移"的政策，[②]对于城市居民，消费被大力削减，而控制消费增长的手段是控制工资的增加，通过控制城市人口，对城市居民的基本消费品实行配给制和补贴制并对工资进行控制，避免其随着工业化水平的增长而增加，从而保证资源向工业化积累的集中。这也是住宅实行低租金和福利分配制度的原因。这样的措施使得住房供给完全被政府控制，住房的产量、标准、消费量和分配完全由政府决定，可以根据经济运行情况及时调整。城市职工在控制消费的政策下，工资水平一直维持较低水平，工资中包含很少一部分的住房消费。住房分配制和低工资制度结合形成了由国家分配，居民承担低房租的住房分配制度。

黄石城市人口基本上按地区发展而分布，同时也受到交通条件及工业调整的影响，存在着居住密度的分区差异。可以看出，人均居住面积最小的是黄石港区，仅为 0.67平方米；石灰窑地区（含石灰窑、黄思湾、胜阳港、陈家湾 4 个公社）居住面积最大，占到 53%，但是由于人口超过全市 70%，因此人均居住面积也较小；下陆和铁山由于建设开始不久，居住条件较为宽松。

7.2.2.3　商业空间营造

延续前一阶段商业空间依附工业空间发展的模式，这一时期由于大冶钢厂和下陆钢厂开始新建，新老下陆的商业空间网络初步形成；20 世纪 60 年代轻纺工业发展较快，主要集中在黄石港延安路一带，商业网点也随之配套形成。到此阶段，全市范围内都配置了零售商业网点。但是由于受到"左"的思想的影响，这一时期的商业发展被极大地削弱。1957 年，黄石撤销专业公司，实行"政企合一"，机构大合大并，商业局、服务局、供销合作社合并为黄石商业局，下设百货、建筑材料、食品杂货、食品、服务房产、

①　黄石市建设志编撰委员会编纂 . 黄石建设志 . 北京：中国建筑工业出版社，1994：184.

②　吕俊华 .1840–2000 中国近代住宅 . 北京：清华大学出版社，2000：117.

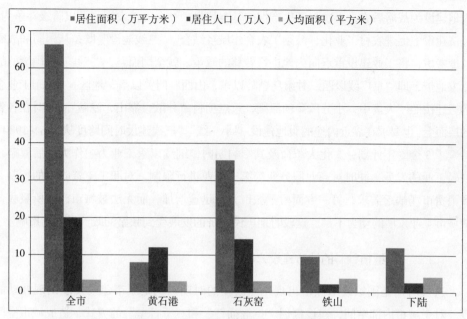

图 7-7 分地区居住水平比较[1]（根据资料绘制）

生产资料、生产废料 7 个专业科，按地区设立黄石港、铁山、下陆、石灰窑、黄思湾、冶钢、中心 7 个综合性零售商店。对于私营合集体商业，1958 年将合作商店、小商贩全部过渡到国营商业，成为国营商业的统一市场，将所剩的个体工商业组成合作小组，商业网点减少；1961 年根据中央调整方针，将 1958 年过渡至国营的合作商店，小商贩退出部分以回复合作商店，增加了一部分商业网点；1966 年"文化大革命"以来，个体商贩被勒令停业，商业网点又大量减少。到 1960 年，合作商点 9 组仅为 52 个，自然门点 177 个，从业人员 578 人，由于合作商店的大合大并，直接过渡导致商业网点大量减少。以饮食服务网点为例，1956~1965 年，受到极"左"思潮的影响，网点数量持续下降。1956 年成立国营公司，在完成对私有制改造的基础上，对全市饮食网点进行调整，减为 229 个，比 1955 年减少 114 个；1958 年通过大合大并，网点数量减少至 99 个，相比 1956 年减少 56.8%。[2]这段时期受到商业发展的限制与零售网点的大幅度萎缩的影响，城市商业空间形态处于萎缩的阶段。

7.3 1965~1979 年三线建设"文化大革命"及其影响期的城市空间发展

7.3.1 政治经济背景

在 1964 年制定的"三五"计划，以农业为主进行发展，按不高的标准，解决人民的吃穿用，加强基础工业及交通商业等。[3]根据当时国际严峻的环境，对周边形势进行了过于严重的估计，以战备为核心。将建设的重心转向内地，对工业布局策略进行调整，将

---

① 资料来源：黄石市建设志编撰委员会编纂 . 黄石建设志 . 北京：中国建筑工业出版社，1994：198.
② 黄石市商业局商业志编纂办公室编纂 . 黄石市商业志 . 黄石：黄石市商业局商业志编纂办公室，1992：10.
③ 吕俊华 . 1840-2000 中国近代住宅 . 北京：清华大学出版社，2000：72.

内地建设为战略后方，再次强调生产性的基本建设。社会经济发展强调以阶级斗争为纲，经济建设上促进农村工业化，鼓励工农合作城乡结合。"三线建设"既是从国防和战略的角度考虑，将工业建设重点向内地进行转移的政策。就全国而言，"三线"指国境的战略后方地带，即"京广线以西，甘肃乌鞘岭以东，山西雁门关以南"地区。[①]对于工业企业的搬迁按照"大集中，小分散"的原则，重点项目"分散，靠山，隐蔽"。同时在各省份的层面上，也要求在靠近内地的腹地建设"小三线"。三线建设时间跨度从 1964~1980 年，持续了 3 个 5 年计划；文化大革命及其影响期内，继续以重工业为主作为发展战略，忽视轻工业的发展，同时对商业服务业等第三产业进行限制，对职工工资收入的控制，导致消费市场缺乏需求，另一方面由于城市人口迅速增加，而无法被城市产业所吸收，造成城市工业发展的动力不足。这段时期国民经济的发展受到频繁的政治运动的影响。

7.3.2 "见缝插针"的城市建设方针

这段时期是国家政治经济出现剧烈波动的时期，也是城市建设发展出现波动的时期。对于城市内部空间，建设提倡"见缝插针"和"干打垒"的方式，造成城市空间布局混乱。由于"文化大革命"的影响，城市常住人口迅速增长，城市用地失去控制，城市建设在核心地带高度集中，而在城市外围却发展松散，在城市中心区十分有限狭窄的空间进行了高密度的建设，形成了"内紧外松"的城市发展格局。

在"见缝插针"的建设方针的指导下以及波及全国的"破四旧"思想的影响下，城市核心区的风景名胜、文物古迹等城市历史文化特色的空间要素遭到极大破坏；同时这个建设方针也造成黄石沿江的宝贵港口带被其他建设用地占用，生活用地围绕工业用地，市政设施不能进行配套，道路系统不能适应城市发展，使得老城区的改造遇到阻力，对充分发挥港口城市的优势也带来了极大的阻力。

对于城市外围空间，由于强调"城乡结合，工农结合"的建设方针，以及避开城市建设工厂等城市建设方针，以降低城市设施的标准来消除城乡的差别，将生产和生活两种城市主要功能进行对立，提出"先生产，后生活"的口号，导致城市基础服务设施建设的严重滞后。

7.3.3 城市空间发展

在这一阶段，经过了两个"五年计划"的建设，重点建设的工业项目大部分已经建设完成，因此工业空间的扩张主要为其中一些项目的后期工程收尾及相应的配套工程建设。因此在这个阶段的工业空间增长相对于前一阶段要大幅度减少。城市建成区总面积增加了 1.16 倍，城市扩张的速率为前一阶段的 57.9%，而其中生活用地开始逐步与生产用地的增长量持平，生产用地增长为 5.66 平方公里，生活用地增长 5.938 平方公里。生产用地的速率下降接近一半，而生活用地的速率下降仅 22%，这表明城市空间的扩张已经不再以生产用地为主，而是生产生活用地开始具有了相互匹配发展的趋势。城市

---

① 赵景海. 我国资源型城市空间发展研究 [D]. 东北师范大学，2007：95.

图 7-8 1979 年城市现状图

结构已经由黄石港至大冶钢厂的南北向带状和大冶钢厂向胡家湾公路沿线东西向带状以及陈家湾一带的成片建设所形成的"T"字形城市核心地带的用地格局。下陆沿道路向铁山和胡家湾方向扩张迅速，已近出现了向两端衔接的趋势。同时铁山的城市扩张十分迅速，铁山生活区也已经形成，为矿山生产生活提供后勤保障。

7.3.3.1 居住空间营造

这段时期，由于政治因素的影响，正常的社会生产生活秩序被破坏，城市居住区的建设处于基本停滞状态，是全国范围内城市居住区建设的低潮期，取消了统一规划，废止了统建制度，同时受到"先生产后生活"的发展思想的影响，居住区建设的规模数量较低。[①] 比较黄石市"二五"和"三五"期间的住宅竣工面积可以看出，无论是总量还是每一年的建设量，"三五"期间的住宅建设都远小于"二五"期间。

这段时期住宅设计有了很大变化，20 世纪 60 年代末 70 年代初出现了 4 层单元式住宅，70 年代中期后以砖混结构 4~6 层单元式混凝土平顶楼房为主，平面仍然采用短外廊式，一梯 4~6 户，如一梯 4 个两室户。由于住宅层数的增高，开始出现每户设一室一厅带厨房，少数两室三室带厨房，外设阳台，有的户内设置厕所，一般 2~4 户设置厕所，每户面积在 25~40 平方米左右。这一时期全国住宅平均标准为 27~35 平方米。[②] 黄石的住宅标准是符合全国一般情况的。住宅设计理念上，独门独户满足以一户家庭为单位使用思想已经开始出现。但是由于每户面积仍旧偏低，所以仍旧采用短外廊的住宅单元类型，并压缩了每户的分摊面宽，节约了城市用地。设计中注重了舒适，充分考虑了采光和通风，阳台加宽，堂屋加大，在室内设有阁楼和壁橱。外墙为轻水砖墙，兼以少量的外墙抹灰，内墙中等抹灰。

这段时期，居住小区开始出现。1973 年，建成交通里小区，位于市府路、武汉路、交通路、消防路合围的地块，占地 9.8 公顷，总建筑面积 8.4 万平方米，总居住人口 2434 户，1.17 万人，平均建筑层数 4 层，建筑密度 22%。这是黄石第一个居住小区。

---

① 胡俊.中国城市：模式与演进.北京：中国建筑工业出版社，1995：117.

② 吕俊华.1840-2000 中国近代住宅.北京：清华大学出版社，2000：174.

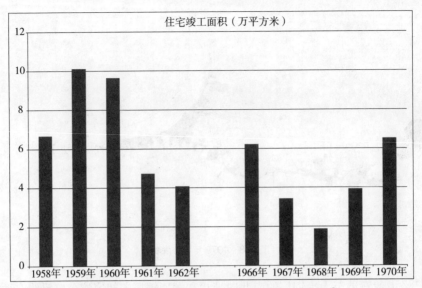

图 7-9 "二五"、"三五"期间黄石住宅竣工面积比较[①]

7.3.3.2 工业空间营造

工业空间在这段时期主要是以企业厂区的建设与扩建形成。工业发展采用大厂带小厂，重工业带轻工业的模式，由于对于生产性建设的重视，在"三五"、"四五"期间，工业项目得到再次提升，建成 107 个工矿企业，工业布局得到发展，黄石第二钢铁厂选址于新下陆，厂房建筑面积 13000 平方米；黄石市冶炼厂选址于老下陆，厂房建筑面积 3000 平方米；黄石纺织机械厂选址老下陆，在原源华煤矿机械厂的厂址上扩建，占地 25 万平方米；黄石市棉蔴纺织厂选址于花湖，占地 20 万平方米；湖北拖拉机厂选址于老下陆，占地 36 万平方米。工业空间主要在新老下陆地区进行工业区的扩展，而远离城市的中心区即黄石旧区。工业空间的扩展直接导致了城市区域的扩展，下陆区向西沿下陆大道，武黄公路和下冶路呈轴向发展，进一步强化了下陆地区的带状空间形态。工业区的扩展分为两种方式：第一，由于汽车运输已成为主要运输方式，新建的工厂多沿城市对外道路在城市边缘区布置，形成几个方向的城市扩展的触角；第二，利用城区的空地进行填充补实，使得城区的形态趋于完整。新下陆在此阶段的发展已经与老下陆空间规模相当，逐渐趋近于新老下陆，合并成为一个独立卫星城镇的形态，同时与黄石旧区既有便捷的交通联系又离开一定的距离。

7.3.3.3 商业空间

受到政治环境的影响，商业空间形态持续萎缩。1965 年，四清运动撤销合作商业网点 20 个，文革开始后合作商店、个体商贩都被视为资本主义尾巴，对于合作商业网点明确要求压缩商业网点，只准减少，不准增加。1966 年网点下降至 69 个，至 1979 年经过调整、恢复，撤销，再调整等多次反复，维持在百个以内。随着工业的发展，黄石市区人口从 1949 年的 4.9 万人增至 1966 年的 24.7 万人，然而商业人口与城市人口的比例由 4.3% 下

降至1.27%，国营合作商业网点，由1956年的967个，下降到256个，商业空间成为城市功能要素中发展最缓慢的。为缓解职工日常生活的困难，自1972年，开始依附于工矿企业开办商店，陆续在大冶铁矿、下陆钢厂、黄石二钢、有色金属公司等大中型企业开办厂办商店。这是一种商业空间依附与工业空间发展模式，主要为各企业职工服务；同时在城市各街道开办街道服务站或代购站，作为城区内的商业空间发展模式；1975年，在发展大集体商业企业的思想指导下，出现了一门百货商店、沈家营百货商店、王家里百货商店和车站知青商场等点状形态的商业空间。[①]从总体看，商业空间多以分散的形式，依附街道、企业而存在，还未形成有一定规模的聚集的商业中心的形态。

7.4　城市空间结构

7.4.1　产业结构影响下的城市空间结构

黄石市通过30年的发展形成了以分散为特征的一城两镇的T字形城市空间结构。城市空间结构是城市经济产业结构在空间上的反映和体现，黄石产业结构直接影响着黄石城市空间结构的样式。黄石是以资源采掘、冶炼加工为城市主导产业，产业的结构是城市T字形空间结构的内在动因。黄石的工矿企业等资源在空间配置上的特点就是沿T字交通线布置，占产值80%以上的企业，矿山分布在武黄铁路沿线，也呈现T形结构。全市规模以上企业的生产车间与两条轴线之间的距离都在1公里以内。以长江岸线为轴线配置的大中型企业有大冶钢厂、华新水泥厂、黄石电厂、黄棉麻纺厂、一针织厂、轮胎厂、一橡胶厂、造纸厂、抗菌素厂、石灰厂、自来水厂等13家；以武黄铁路为轴线配置的大中型企业有大冶有色金属公司、大冶铁矿、金山店铁矿、下陆钢铁厂、纺织机械厂、水泥机械厂、煤矿机械厂等15家。这种紧靠交通运输线配置的产业结构有着三方面的原因：其一，依托现有的交通线路，可以节省市政基础设施的投资；其二，受到

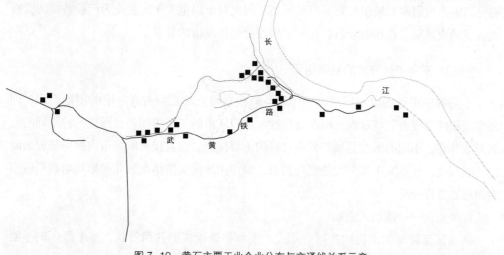

图7-10　黄石主要工业企业分布与交通线关系示意

---

① 黄石市商业局商业志编纂办公室编纂.黄石市商业志.黄石：黄石市商业局商业志编纂办公室，1992：15.

城市发展地形条件的制约，以避开山地和水体等用地；其三，也是产业最根本的需要，重结构，大运量对产业资源布局的需要。所有企业都具有大量原材料及产品运输的需求，靠近交通运输线可以极大地降低运输成本，同时对于属于产业链，具有上下有关系的企业，沿轴线布置也起到关联企业的流水线作用。

在这种产业结构的内在动力下，黄石城市空间结构形成以黄石港和石灰窑旧城区为主城，特点是规模较大，以行政、商业文化为中心并包含有工业，功能完全的城区；下陆区和铁山区为两镇，特点是规模较小，功能相对单一，以大型工矿企业和资源点为主。主要工矿企业和人口位于主城。主城与两镇之间由铁路和两条公路连接，主城与下陆区相隔21公里，下陆区与铁山区相隔12公里。在空间规模上铁山镇与主城构成主从的关系，但是在空间形成逻辑上，铁山是黄石城市形成的"极点"，起因是铁山区的铁矿资源，而主城是作为"结果点"，作为铁山资源的输出。下陆区作为临近资源点，同时具有较好用地条件的地区，根据产业链形成的工业用地而发展成为城市构成区。由于铁山区功能较为单一，主要以采掘为主，所以规模最小，而下陆区的厂矿企业较多，规模居中。在三个组团之间，为农田、山地和水体等非城市建成区，就城市整体形态而言，呈现一种城乡用地混合交织的各组团相对独立的分散式空间结构，三个城市组团形成T字形架构。

三个组团之间是串联式的连接方式，其中下陆区成为交通枢纽，所有组团之间的链接必须经由下陆区。因此黄石旧区作为主城是行政经济文化中心，而下陆则是全市的地理中心以及公路和铁路交通中心，铁路运输对外的武大线、武黄线和规划中的大沙线都在下陆相交。这就形成了经济中心与交通中心偏离的空间结构。城市之间和城市对外存在着大量的物质交换，而这种结构下的三种交通方式都存在一定的局限：其一，市中心经下陆至铁山的道路等级较低，路面宽度较窄，道路承担交通量有限；其二，铁山至市区的铁路为单轨单向路，无法进行物质回流；其三，长江水运优势未得到充分发挥，许多可以水路运输的物资弃水走路。这些因素都造成了公路交通运输量大，因此这种双中心分离的结构阻碍着城市物资和商品流通。因此对于以重工业大企业为产业特征的黄石大运量的交通要求存在着矛盾，在一定程度上阻碍城市的发展。

7.4.2　不同扩张方式的空间组团

不同的城市形态以不同的方式体现，但在空间上都必须占有一定的用地面积，而地理面积的形成有其特殊性和内在规律性。黄石城市的三个组团各自形成三种不同的空间形态特征。不同的形态是城市发展过程的重要标志，也直接影响城市内部各部分之间的关联程度，根据城市伸展轴的组合关系，城市用地的聚散情况和几何形状对黄石城市空间形态进行分类。[①]

1. 铁山区——圈层式点状

铁山区是典型的由内向外同心圆式的连续扩展而成的几何形状。整个城区的平面

---

① 武进.中国城市形态、结构、特征及其演变.南京：江苏科学技术出版社，1990：206.

以原城区为核心向外均匀扩展，每发展一次就向外分层扩展一次。铁山区的城区形态相对比较稳定，扩展速度也相对较慢，形态具有较高的紧凑度。圈层状的形态与铁山区所处的地形有直接的关系，分析铁山地形可知是一处周边全部为山体的形状较规整的盆地地形，点状是城市生长初期最容易形成的形态，各方阻力均等，城市向四周扩散，铁山缺乏轴向引导因素，所以城市一直保持点状扩散，形成圈层式形态。

2. 主城——集中式星状

主城具有三个不同方向的超长伸展轴，沿伸展轴呈狭长的长条形状，紧凑度为0.07，以胜阳港为核心，三个方向的伸展轴长度基本相等，呈现均衡的星状形态。核心为商业中心，三个轴主要由大型工厂企业构成。这种形态的形成没有完全遵守一般的城市星状形态的形成机理。一般而言，由初始的点状形态发展到一定程度，即作为一个地域的中心规模不断扩大的时候，城市内部已经不能容纳经济活动的发展。城市有向外扩张的动力，而沿交通线包括公路、铁路的扩张方式阻力最小，因此交通线成为城市扩展的伸展轴，黄石大道和沿湖路的修建成为城市的轴向扩展方向，其轴间所包含的大片空地由于其发展阻力大于城市交通轴线，暂时未得到开发，因此形成了不同轴向的星形状态。随着轴向距离的增加，轴向发展的经济成本越来越大，交通的可达性虽然仍具有优势但是时空成本增加，因此轴向发展的经济效益低于横向发展的经济效应，导致轴向发展的阻力增加大于向轴间空地发展的阻力，则轴向扩展的速度减慢转而开始轴间空地进行补充填实，城市形态由星形转变为块状。黄石主城的形成具有特殊性。相对于一般而言的一点扩散的城市发展，黄石主城的轴向扩展起源于两点，黄石港和石灰窑两个城市生长点因商业和物资的交流等因素而相互吸引，以相向发展为主，没有形成一般的辐射扩散式发展。城市成长的方向性十分明确。当黄石港和石灰窑因相对轴向发展而汇聚时，即形成了具有两个不同方向伸展轴的带状城市形态。由于受到地理条件的限制，东侧为长江限制城市的东扩，而沿湖路和沈下路的修建又提供了城市新的潜在发展轴。因此城市沿两路进行轴向延伸，而由于两路之间为磁湖，两路南北侧为黄荆山和大众山，可建设用地较少都限制了城市的块状扩展，所以用地的限制加速了城市沿轴向扩展的趋势。同时由于城市具有对轴线之间空地填实的内在惯性，因此也导致对向磁湖的部分扩张，表现为填湖扩地以作为城市建设用地，但是由于这种方式的成本过大即发展阻力较大，因此城市的发展趋势仍旧是沿交通轴线扩展。基于以上原因，主城的形态将维持星形而不会向块状转化。也正因为城市无法向块状转化，导致城市发展用地极度紧张，也要求城市寻求其他块状用地。

3. 下陆——连片带状

下陆是黄石陆路对外交通联系的枢纽，也是黄石各组团的交通枢纽。由于铁路和道路的已有条件，下陆的发展依托于道路轴线东西向延伸。在1957年，由于大力进行厂矿建设，在老下陆的西侧，长乐山以南建立了大冶有色金属公司、炼铜厂、煤厂等工矿企业，与原下陆城区离开一段距离，成为城市发展的一个新的生长点。在离开老下陆的飞地进行大厂建设的根本原因是因为黄石的地理条件多为山地，开阔地形较少，而长乐山以南的地段发展用地连片集中，相对比较适合建立大型厂矿。在1952年为武钢选厂时，

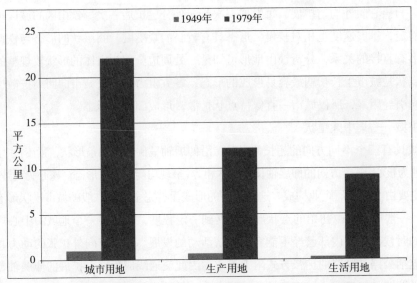

图 7-11　1949 年与 1979 年城市用地面积比较（根据相关资料整理绘制）

就以此处作为备选方案。随着厂矿的设立，厂矿所需的原料和产出产品的大运量的需求，而沿交通线发展可以提供良好的交通可达性和经济性，也同时吸引居住，商业服务业的沿线集聚。新建厂矿与老下陆城区相向沿交通线发展，并相互连接形成了带状城市形态。由于以大冶有色金属公司为主的工业用地的开发，下陆的城市发展轴被拉长，城市逐渐沿交通线轴向扩展，形成了连片带状城市形态。

　　经过 30 年的发展，城市扩张的面积迅速增加，是 1949 年建市初期扩张面积近 10 多倍，而工业用地的发展和生活用地基本持平。

7.5　产业结构的情况问题及制约

　　黄石是以资源性矿产为依托发展的城市，产业是城市发展和结构的内在支配。产业结构的形式影响城市经济的发展，最后作用于城市的结构和形态。这一阶段是黄石产业发展的繁盛期，因此有必要对该阶段黄石的产业结构进行分析。

　　黄石市采矿冶炼的开发历史很长，但是由于采用原始的技术手段，长期以来主要依靠手工开采，加之社会动荡等因素，矿产资源没有得到充分的开发利用。1949 年前夕，黄石的工矿业发展处于停滞状态，工厂矿山基本瘫痪。1949 年作为市区前身的黄石港、石灰窑两镇只有人口 4.9 万人，加上大冶县的工业产值仅为 655 万元（按 80 年不变价格折算）。1949 年以后，矿业开发、冶炼和建材原料等工业基地得到大力的发展，并且成为黄石工业经济的主要发展方向，工业投资持续加大，占固定投资的 80% 以上。大量的资金投入和矿产资源的优势地位，推动黄石工业以较快的速度发展。形成了采掘、冶炼、建材为主，机械、纺织和轻工比重较大的产业结构，工业职工人数、固定资产比例、工业产值都在湖北省中占有一定份额。经过这一段时期的发展，黄石的轻重工业得到充分发展,向社会提供了各类生产资料和生活原料,其中原材料类包括铁矿石、钢材、粗铜、水泥;能源类包括煤炭、电力;机械设备和轻纺产品等。

黄石以铁铜为主的有色金属作为基础资源的优势在这一时期十分明显,为武钢等地提供原材料的作用突出,但是重型工业比重已经显得过大,由于其长期比重过大,所以产业结构调整的难度很大。

一直以来,黄石的发展依托矿产资源,发展原材料生产,采取单向资源开发的路线,但是在发展中由于体制等原因,矿产资源的多层次加工严重不足,致使工业结构长期偏重,轻纺工业的发展波动较大,除"一五"、"五五"、"六五"三个时期轻工比重超过20%以外,其他各个时期都低于20%。在三年调整期结束后的1965年,轻工业只占到3.22%,轻工业始终在产业结构中的比重偏低;轻纺的发展与原材料工业的发展基本上是平行推进,缺乏产业之间的相互关联,原材料的优势在轻纺发展中没有得到体现,在资源的整合利用上没有得到进展。另一方面,由于长期重工业在产业结构中过大,除影响资源的充分利用之外,还造成诸如投资长期紧张,能源交通压力大,环境污染严重,男女职工比例失调等"结构病"。从资金投入看,重工业投资大,周期长。

产业结构的比重问题是黄石产业发展的突出问题,也直接影响到其空间的布局和结构。其主要原因是矿产资源在深度加工中结构存在问题,初加工多,深加工少,资源利用不充分;工业结构内部:重视重工业,轻视轻工业,造成关联产业严重滞后,轻重工业不协调;农业结构内部:种植业较为发达,多种经营相对落后,造成土地资源利用不合理,城镇副食品供应过紧,不能很好地满足城市发展的需要;三大产业之间:第三产业发展滞后,造成服务功能不强。以上产业结构的问题也造成黄石资源开发的深度和广度都没有达到优化。

7.6　交通系统发展

7.6.1　城市对外的综合交通系统的形成

这段时期黄石的对外公路系统主要是为解决连通郊县区,开发矿山资源,运输矿石。其中部分路段是在旧有道路系统上进行修建,并形成了枝状公路和网状公路,城市对外出口,铁路体系以及重要的交通节点。

1. 枝状的形成阶段:第一阶段形成了牛角山至龙角山公路和马叫至金牛公路。牛龙公路,北起牛角山,穿过大冶城关,南至龙角山新冶铜矿,全长19.35公里,牛龙公路连为一线;牛角山位于老下陆地区,龙角山位于大冶地区,由于龙角山新冶铜矿储量大,建国初即被列为国家重点采矿区,牛龙公路是基于对矿区资源进行开发并顺利运输至黄石市而形成;马金公路东起马叫,经罗桥,西抵金牛镇,全长36.28公里。马金公路的形成初期是为农业目的,沟通西儒桥农场的物资运输修建了马叫至西儒桥段5公里,后为"农业合作化"修建西儒桥经陈贵,至金牛段,1958年为建设灵乡铁矿"开放矿山,运输矿石"将道路连为一线。马金线对以后金牛、灵乡、铜山口、大冶4个工业镇的沟通和物资交流起到重要作用，并逐步发展成为黄石东西干线的省级干道。可以说对矿山资源的开采和运输是这一阶段道路形成的主要动力，而道路的走向也完全由矿山资源点的位置而决定。

2. 网状形成的阶段：这一阶段黄石境内，扩建和新建铁矿有6个，水库2个，包括为大冶铁矿、铜绿山铁矿、龙角山新冶铁矿、毛铺水库和马兰桥水库。同时农村生产关系发生变革，促进农民改变依靠人力和马匹进行交通运输的原始方式。这些因素都导致对道路系统的需求，因此这段时期道路形成的主要动力是开发矿山，兴修水利，协调工农业发展。根据黄石市地理和矿业、农业、林业的分布特点，结合战备需要，在此期间制定了公路干线网规划，以下陆为辐射中心，贯通连接鄂东南各邻县和黄石各个工业镇及人民公社，形成公路与水路，公路与铁路联运网络。以武汉至南昌，铁山至贺胜桥，下陆至龙角山，姜桥至刘仁八，大冶至金牛，下堰至灵乡，保安至沣源口，金牛至黄石甫，西塞山至沣源口9条道路为经线，以公社公路为纬线，构成公路交通网系。

3. 市区对外进出口的形成：由于黄石重工业的建设对城市发展的促进，进出黄石市的交通日益频繁，推动以市区为枢纽的公路系统的形成。主要向市区以北修建三条道路。

武昌至黄石公路黄石段：东起黄石大道上窑，经石料山、胡家湾、李家坊，老下陆至新下陆，与武全公路相接，全长16公里，形成黄石至武昌的道路。上窑至石料山段始建于1953年，1958年为配合石料山至胡家湾一带新建厂矿，公路由石料山延伸至李家坊，1959年，接通李家坊至下陆段。这条道路的连通，改善了市区的交通条件，缩短了进入黄石的道路距离，成为黄石发展的主要经济干线，对城市之间，城乡之间的沟通形成了纽带。[①]

7.6.2 城市街道系统

建国后，黄石即开始有计划地修建和改建城市道路，共计约30公里，包括黄石大道、上石公路、沁疗公路、黄枫路、民主路、交通路、胜阳路、市府路、武汉路和天津路等。这些道路以经纬线的方式构成了黄石城市发展的骨架，其中黄石大道和沿湖路形成了城市空间形态的T形重要轴线。

7.6.2.1 城市T型主轴线的形成

沿江轴线—黄石大道：黄石大道是黄石市区修建的第一条交通干道，也是黄石城市轴向发展的主要骨架基础。黄石大道由城市西端黄石港起，经过华新水泥厂大门、大冶钢厂一门、马家嘴，终于城市东部西塞山。道路走向与长江江段平行，横穿黄石港、石灰窑两个工业区，联系工业区内各大厂矿企业。1951~1956年，分5段沿旧有道路修建改建。这一阶段黄石大道总长12.8公里，路面宽7~12米不等，是黄石市第一条城市主干道，也是黄石城市T字形轴线的沿江轴线。

垂直轴线—沿湖路：道路东北起上窑青龙阁与黄石大道衔接，西南经过陈家湾至石

---

① 黄石公路史编委会.黄石公路史.上海：上海社会科学院出版社，1993：100.

料山，全长约5公里。上窑是黄石的闹市区，陈家湾至八卦嘴是新建的职工住宅区，同时石料山又是华新水泥厂采石基地，于1948年即在此设置采石车间，原开采的石料通过单一的铁路运输。此后石料山附近一带先后建起住宅宿舍作为采石工人及家属住宅，成为一个城市居民集中点。随着住宅职工的增多，商店、粮店、菜场等商业服务网点相继形成。这些都促使了对发展道路交通的需求。这条道路为经过胡家湾，接通下陆使城市向西扩展创造了条件，是黄石城市发展T字轴线的垂直轴。

7.6.2.2　经纬线型城市骨架的形成

在沈下路（现磁湖路）和沿湖路之间为主，通过建设垂直和平行于长江航道的主次干道，以经纬线的形式构成了黄石旧城区的形态骨架，道路的发展是连接五大厂矿企业，拓展城市新区和工业区。如延安路就是为适应黄石港轻工业区的发展，主要由市府路（现颐阳路）、天津路、交通路、延安路、芜湖路、公安路和公园路构成经线，由武汉路、湖滨路和广场路构成纬线。由经纬线的分布可以看出，道路骨架以垂直于长江的经线为主，纬线较少，且没用形成贯穿城区的纬线，也同时说明了南北向城区交通压力较大。湖滨路的形成，就是作为货运为主的城市干道，以减轻黄石大道中段的压力。根据城市发展的进度时序，道路建设基本都分段形成，如武汉路于1954~1956年分两段建成，交通路于1954~1971年分三段建成。

7.7　空间理想——城市（区域）规划的影响

7.7.1　较早制定区域规划的地区

区域规划的思想在建国初期并未普遍地与城市规划相结合，一般而言城市规划考虑的范围是在城市建成区范围内，就城市论城市，并未把城市放在区域范围内进行考虑。当时指导国内城市建设的苏联专家也未能在结合区域规划的问题上给予足够的重视和指导。[①] 在"一五"时期，区域规划的重要性及其与城市规划的相关性开始得到认识。1956年《关于城市建设工作的报告》提出城市的建设应该在基于国家确定的经济指标，配合区域规划的编制，并且将区域规划统筹考虑在内。对区域规划重视的目的是国家为加强新工业区及新工业城市的建设，使重点工业建设项目的选址得以更合理地安排并迅速落实。1956年《关于加强新工业区和新工业城市建设工作几个问题的决定》明确了区域规划的各项要求和任务：一、规划的对象是新工业区和将要建设新工业城市的地区。二、规划的依据是当地自然条件，经济条件和国民经济发展计划。三、规划的任务是对区域工业、动力、交通运输、居民点及各项工程设施进行全面规划并促使一定区域内国民经济各组成部分之间和各工业企业之间能进行良好的产业协作和配合，同时合理布置居民点使之更好地配合工业生产，合理安排各种建设工程的建设顺序，保证新工业区和新工业城市建设顺利进行。同时《决定》将区域规划的性质定位为"正确布置生产力地

---

① 李益彬. 启发与发展：新中国成立初期城市规划事业研究. 成都：西南交通大学出版社，2007：188-189.

一个重要步骤。"[1] 在以工业联合选厂的要求下，根据华中钢铁公司（315厂）和大冶冶炼厂建厂的需要，于1956年10月制定了《武汉—大冶地区大冶部分区域规划》，大冶区域规划是武汉—大冶地区大冶部分区域规划的组成部分，范围包括：黄石市区、大冶全县、阳新县和鄂城县的一部分，区域规划面积3500平方公里。规划重点分析了自然条件和经济现状，对下陆及铁山的工矿企业建设布局以及水、电、交通都做了原则安排。黄石旧市区（黄石港、石灰窑地区）、下陆新工业区、铁山矿区都是规划的主要部分，同时也考虑了周围几个矿山的合理发展。针对黄石的规划内容包括铁山工人村规划、下陆新工业区规划和黄石市区规划。规划的年限至1967年，规划黄石三个组团的人口规模为25万人。通过区域规划，肯定了区域具备发展成为工业区的基本条件。这次规划是黄石建市后的第一次区域规划，也是建国后在"一五"和"二五"期间制定区域规划的城市，其他的城市包括茂名、个旧、兰州、湘中、包头和昆明。[2]

7.7.2 配合大型工矿企业建设的城市规划

1952年，为配合华中钢铁公司（大冶钢厂）原址扩建大型钢厂，专门制定《黄石市都市计划》，此次规划以黄石港、石灰窑地区为主，确定胜阳港为城市中心，并拟在磁湖外，从八卦嘴到牛尾巴修筑拦湖大堤，以增加建设用地2.8平方公里。规划了石灰窑至龚家港，沈家营至疗养院，道士袄至黄石港12条交通主次干道，以便沟通城市各点之间的联系。根据苏联专家的意见，由于现有基地规模太小，不适合建大型钢厂，而作为特殊钢基地，同时由于拦湖堤投资巨大，经济难以承受，规划被搁置。

1953年，为配合国家大型钢铁基地武钢在武汉青山和黄石下陆的选址。1952年，国家派出联合选厂组到黄石大冶考察，确定对大冶黄石一带的铁矿石、煤炭、石灰石、白云石等资源进行开发利用，对于燃料以煤炭为主，并考虑从萍乡、淮南和平顶山等地进行煤炭的补充供给，武钢的计划规模为200万吨。选厂的具体要求为：（1）厂区面积5~7平方公里，附近有适当的住宅和相关企业的建设用地；（2）地形平坦，标高高于长江洪水位，地基承载力，抗压力强；（3）场地易于修筑码头并便于与铁路干线接轨；（4）水质适宜，水源充沛，利于排水。[3]根据选厂的要求，苏联专家编制了粗线条的《黄石市区总体规划》，以研究建厂的可能性。

这次规划的范围比1952年的《黄石都市计划》有较大扩展，总面积约400平方公里，人口规模80万，城市空间结构为组团式。

规划拟将315厂布置在下陆长乐山以南，为解决工厂对大运量和大用水量的要求，规划从戴司湾开凿运河经过磁湖至下陆以解决航运交通和给排水问题。因为苏联专家提出钢厂接近港口的布置优于接近矿山的布置，以及武钢的矿石原料，燃料的来源是多方

---

① 李益彬.启发与发展：新中国成立初期城市规划事业研究.成都：西南交通大学出版社，2007：188–189.
② 李益彬.启发与发展：新中国成立初期城市规划事业研究.成都：西南交通大学出版社，2007：188–189.
③ 中国科学院地理研究所编.城镇与工业布局的区域研究.北京：科学出版社，1986：220.

位的，同时其产品的销售渠道也是多方位的，来源于全国甚至世界各地，所以优先满足水运交通的因素要优于靠近矿山的因素。

对比武汉青山和下陆，青山具有靠近长江主航道，利于建设港口进行水运，同时利于建设取水构筑物满足生产所需要的大量工业用水；依托武汉大城市提供足够的劳动力及居住区，避免重新建设大量的居住区；相比较而言，下陆的主要优势条件是距离铁矿近，但土方量较大；距离水源远，不能满足大运量和大用水量的需求，因此要专门开凿运河；需要修筑76公里铁路接通干线，接轨距离远；没有城市作为依托，新厂需要大量的劳动力，城市人口增多造成黄石的城市压力；由于下陆是新建工业区而黄石旧城区规模较小，能提供的居住区有限，所以还需要专门建设居住区以满足大量新增劳动人口的居住不便于协作；下陆地质构造为松散的横断土层，地下构筑物的建设成本相对青山要大幅增加。而黄石旧城区虽然沿长江具有良好的交通区位，但是用地过于狭长不能放置大型企业，所以通过这些因素的比较都说明武汉青山更具有优势条件。这次规划为315厂选址进行了可行性研究。

1955年，大冶钢厂被国家特殊钢生产基地，为适应大冶钢厂的扩建，编制了《黄石市城市规划》，而这次城市规划有两名大冶钢厂工程师参与编制。由于主要考虑大冶钢厂的扩建，这次规划的范围只包括黄石港和石灰窑地区，规划面积18平方公里，人口规模近期1965年18万人，远期1975年不超过25万人。市中心仍然设在胜阳港，并规划拆除黄枫堤，兴建一条城市干道（武汉路），将1952年规划的拦湖大堤改为由陈家湾至华新水泥厂沿湖修建，成为现在的磁湖堤岸。新的市中心定在胜阳港，规划将胜阳港港道截弯取直，将明渠改为暗渠，规划开凿黄思湾隧道，将工业区向湖山一带发展，并对文教卫生、游览疗养、居住设施布局作了安排。这次规划得到了较好的实施，在规划的指导下，开辟了黄思湾冶钢工业区，修筑了磁湖堤；对市区各厂矿企业的专用铁路线进行了调整，华新石料山至厂区的铁路由陈家湾沿南湖堤外形成，线路不经过市区；源华出煤地点移至龚家港一带；大冶钢厂铁路由陈家湾附近改为由沿湖路南侧山路通行，绕到市区外围和石灰窑旧区，直达厂内；修建了第一个生活水厂，铺设了部分城市上下水道，胜阳港和黄思湾城市骨架基本形成。由于在这段时期，城市建设的方针是反对浪费，厉行节约的原则，一味降低非生产性建筑和城市基础设施的标准，认为工厂、矿山、铁路等生产性建筑才是实现国家社会主义所需要的物质基础，而非生产性建筑只是组成部分而不是重要部分。[①]1956年国家建设总局会议提出"市政工程应当……恰当地配合工业建设及其他经济建设和文化建设地速度"，提出了"骨"与"肉"的比例关系，重视对厂房的建设，而忽视压缩对市政基础设施的建设。人民日报曾发表文章批评在旧城区的改建扩建中，修建拓宽马路的情况，认为这是一种操之过急，力图短期内改变城市面貌的做法。在此背景下黄石大道的修建就遇到了极大的冲击。有人提出黄石大道建设过早，标准过高，路面宽度过宽，在"反浪费"和"增产节约"运动中黄石大道上下

---

① 李益彬.启发与发展：新中国成立初期城市规划事业研究.成都：西南交通大学出版社，2007：202.

段规划的 30 米宽的规划红线被改为 20 米，为以后的道路扩建留下了问题。之后事实证明，黄石大道对缓解城市交通压力起到极大的作用，而且随着城市的发展又修建了武汉路和湖滨路。由此可知，当时的规划具有一定的科学性和长期性，但是由于受到客观历史条件的影响，国家决策层没有认识到城市发展的规律性和远期的需要，导致留下了诸多隐患，道路系统由于一旦形成不容易改变，也造成了以后更大的浪费。

1956 年，为配合 1956 年《大冶区域规划》中提出的"黄石不宜继续在老城发展，城市的主要发展方向应向下陆和铁山扩展"的意见，仅对城区规划做了局部修改，并提出旧城区以商业服务和水上交通为主。

7.7.3 大跃进时期的总体规划

黄石在"二五"期间，增加了机械制造、化工、橡胶、造纸、日用陶瓷、玻璃等工业部门，同时 1959 年大冶划归黄石管辖。以 1956 年大冶区域规划为基础，制定城市总体规划，对黄石市近 10 年的发展做了总结，规划了城市空间结构，拉开工业布局和城市基础设施建设，提出未来城市空间发展的设想。将城市性质定为：黄石定性为采矿、冶炼、建材工业为主的重工业城市。城市人口规模为近期 1965 年 35 万，远期 1970 年55 万。集中在黄石旧城区、下陆、铁山和大冶。

7.7.3.1 规划内容

受到当时为战争考虑的思想影响，此次规划的空间结构体现"大分散，小集中"的形式，划定了石灰窑、黄石港、下陆、铁山、金牛、保安、灵乡、龙角山、大箕铺等10 个工矿镇点，规划团城山为市中心区。根据这次规划城市希望将行政区迁往团成山，包括市委、市政府和拟建的黄石大学，并征购了土地。规划中的团城山新市区用地面积 5.3平方公里，确定团城山新市区为"全市政治，文化中心"的性质；对区内党政机关、科研文教、生活居住、公共建筑、公共绿地以及无"三废"污染的中小型企业的用地比例和具体位置都做了详细的划分，规划总人口 6 万人。后因经济调整，停建楼堂馆所，行政中心迁往团城山的设想未得以实现。

规划对工业空间布局提出了"大分散，小集中"的指导思想。分散指在现有的工业点，包括黄石旧区、大冶、铁山等地区，以及适合建设的地区，如下陆进行扩建，新建和改建。提出了根据采矿工业就地建立工人镇的想法，规划布置约 10 个工人镇，分布在铜山口、龙角乡和灵乡等地。所以就全市而言，工业布局体现点状分散的形态；集中是指在各点上的工业区，居住区的布置在空间上尽量集中紧凑，避免分散，以减少生活区与工作区之间的距离，方便生产生活，也避免加重市政工程的投资建设。同时规划更加注重工业布局的科学性，以产业链衔接为主导进行厂矿布局。对有产业链接和协作关系的厂矿企业在空间布局上要紧凑布置，如钢产量较大，所以配置各种机械加工厂，规划中的铜厂会产生以硫酸为主的副产品，在工业布局中设置以硫酸为原材料的磷肥厂和氯化盐厂，同时磷肥厂的副产品石膏可为氮肥厂和华新水泥厂提供原料；黄石市有较多冶炼企业，产生很多废渣，而废渣可以作为水泥制造原料或矿渣砖；钢铁企业可综合利用煤原料，配套设置氮肥，焦油化工等协作工业；电厂吸尘设备吸下的灰可以制作碳黑作为橡胶工业的原料。有产业链相关的工业企业在空间上考虑上下游的关系而集聚布置。这里体现了工业布局的小集中理念，即在大分散布局的前提下，对相关性的工业进行集中布置。

在工业人口性别比例与工业设置关系上也有所重视：由于前一段时期以发展重工业为主，导致城市人口性别比例严重失调，为解决这一问题，已经开始在规划中考虑增加女职工的措施，如在铁山设置5万纱锭纺织厂，但是仍然是从工业角度着手，即考虑发展女职工较多的轻工业。这种考虑也是基于黄石当地的资源条件。由于黄石大冶地区具有棉花、宁麻等可以配置棉麻纺织厂、棉纺厂等，而此类轻工业也设置在重工业集中的地区，包括黄石旧区、下陆、铁山，既可以利用农业资源，也可以通过轻工业的配置和布局解决工业城市的社会问题。

这段时期黄石市城市发展集中于黄石旧区、下陆、铁山和大冶四个城区。此次规划对各区现状进行了分析，并做出具体的布局。提出逐渐转移黄石旧区的发展压力，避免建筑沿黄石大道布置，并第一次提出了将城市中心区转移的设想。当时黄石市委位于黄石港，人委办公室在市府路（现颐阳大道），其他党政机关分布在旧市区，商业、娱乐中心分布在黄石大道，由于"一五"、"二五"时期城市发展和扩张的速度很大，随着铁山、新老下陆等新工业区的发展，现状的市中心在地理位置上过于偏心，不利于城市中心地位的形成。在1953年为武钢选厂规划中，苏联专家曾经提出将市中心放在肖家铺一带，地理位置适中且风景优美，但因武钢选址在武汉青山，该规划未能实现。之后大冶铜厂选址在下陆长乐山以南，鄂赣线拟在詹庙处连线，同时下陆已经形成3.5万人的工业区，而南部大冶市也划入黄石市域，因此下陆地区位于城市地理中心地带，其发展也将远远超过肖家铺，便于对各工矿企业进行领导。规划提出将市中心设置于下陆，并将行政中心和大型商业如市级百货公司迁往下陆，以形成新的城市中心。虽然这个想法并没有与之后的城市发展相吻合，但是说明已经认识到城市发展的偏重问题。

7.7.3.2 影响规划的思想分析

（1）"大跃进"思想：规划由于受到"大跃进"、"左倾主义"和"浮夸风"思想的影响，以及毛泽东的在短时间内赶英超美的乌托邦城市发展思想，导致了过大尺度的城市扩展和摊大求急的总体规划，提出口号"以城市建设的大跃进适应工业建设的大跃进"。黄石市伴随产业结构偏重，用地比例极不协调的问题，致使城市规模迅速扩大，城市人口平均每年增加4倍，为"一五"期间平均每年增长速度的2.5倍。城市用地由"一五"时期的8.37平方公里迅速增加到13.88平方公里，特别是"一五"和"二五"期间国家发展重工业投资倾斜，黄石城市发展及外部空间形态扩展迅速。1959年，城市用地达到13.88平方公里，城区人口22.71万。这一段时期包含了国家固定资产投资的第一个高峰期，其中生产性投资占总投资的89.51%，生产性用地和生活性用地比例失调，生产性用地占到61.81%，生活性用地占到38.18%。城市整体形态已基本形成，石灰窑、黄石港、黄思湾、下陆和铁山为五个组团的"T"字形结构。这个城市形态的格局是黄石以后城市扩张的基础，但同时也造成了城市空间环境质量下降，基础设施不能配套的局面。之后行政调控让步于平等与公正的社会主义原则，强调向共产主义社会过渡，并提出消除"三大差别"的口号，即工农差别、城乡差别和体力劳动和脑力劳动的差别，而消除城乡差别对于城市的发展起到了很大的影响。这种理念本质上是一种逆城市化发展的思想。[1] 在这种理念的指导下，开始以城市人民公社的形式进行城市发展，即在城市中建立农村的社会结构。1958 年中共中央提出："城市人民公社将成为改造旧城市和建设社会主义新城市的工具，成为生产交换分配和人民生活福利的统一组织者，成为工农商学兵相结合的政社合一的社会组织。"[2] 1958 年《红旗》撰文："我们的方向，应该是逐步地，有秩序地把工农商学兵，组成一个大公社，从而构成我国社会的一个基本单位。"[3] 截至 1958 年，黄石共出现人民公社 16 个，城市人民公社一般以厂矿企业为基础形成，也包括机关学校和街道为主体。

（2）以工业中心的思想：依据前苏联的城市发展理论，即认为城市依托于工业，工业是城市产生和发展的基础。社会主义的城市是为社会主义工业建设而服务的，城市建设也必须适应社会主义工业建设和发展的需要，"为社会主义工业化，为生产，为城市劳动人民服务"[4]。这是社会主义城市与资本主义城市最本质的不同，因此城市规划是需要以为社会主义的工业建设而服务，以工业建设为中心。根据《城市规划编制暂行办法》："城市规划设计文件的编制，应依据城市建设为工业，为生产和为居民服务的方针。"根据这个思想，黄石作为拥有工业建设项目数量较多而且包含有重点工业项目的城市，城市得到了很大的发展，就黄石内部看，建设的重点放置在工业区，并解决为工业区服务的基础设施及交通建设，建设的重点十分明确，非生产性建筑的建设发展较弱。工业是黄石建设和发展的最主要的动力，城市的扩展和新区的形成往往也是由某个工业点开始的。

（3）社会主义城市规划的思想：社会主义的城市理论把城市按性质分为社会主义和资本主义两种类型，社会主义城市以生产性为其本质，而资本主义以消费性为其本质。所以社会主义的城市是以结合工业用地为主的统一体，城市的职能是生产，而流通消费等过程不是城市的主要职能，只是为生产服务的附带功能。[5] 社会主义城市是高度集权下的计划经济产物，土地的所有权、使用权、工业建设的程度和发展方向全部由国家控制，而对所有部门的投资、房租、工资、物价水平包括人口的流动方向也都由国家调控。从意识形态而言，社会主义城市的特征就是平等与公正。因此，一个社会主义城市在空间结构上应该是没有阶级差异的，在居住用地的等级差异应该被控制和削弱。空间的功能布局应该是理性的，居住和工业用地之间由绿化带隔开，但是通勤距离应该最小，服务设施的分布也应该均匀，以便所有劳动者都能够到达。社会

---

① Gukai .Urban morphology of the Chinese city Cases from Hainan .PhD Thesis.University of Waterloo，2002：82.

② 金瓯卜 .建筑设计必须体现大办城市人民公社的新形势［J］.建筑学报，1960（05）.

③ 吕俊华 .1840-2000 中国近代住宅.北京：清华大学出版社，2000：169.

④ 李益彬 .启发与发展：新中国成立初期城市规划事业研究 .成都：西南交通大学出版社，2007：185.

⑤ 李益彬 .启发与发展：新中国成立初期城市规划事业研究 .成都：西南交通大学出版社，2007：37.

主义城市的规划是基于马克思主义思想，可以被总结为以下几个方面：①居住空间，住房和宿舍的标准化；②根据城市职工人数控制城市规模；③根据城市的文化、政治和行政管理的功能确定城市中心等。根据国外学者对莫斯科城市规划的研究，得出社会主义城市规划可以归纳为10项原则：①控制城市规模，城市的发展和扩张应该处于监督和控制之下；②住宅由国家统一控制，人均标准9平方米，私有住房将逐步被取消；③居住用地发展分为三个层次，街区级、居住小区级和住宅楼级，每一个级别都配置有日常购物和休闲设施；④集体消费和文化设施在空间分布上体现平等性；⑤大城市的通勤距离在40分钟以内，并且主要使用公共交通工具；⑥通过严格的用地分区，保证居住地点和工作地点之间的距离不会太远，同时保证两者之间有一定的间隔以防止空气污染；⑦专门的道路来保障上下班的交通，以避免拥堵和噪音；⑧大片的绿地；⑨需要有体现社会主义国家的标志物，如广场和建筑物；⑩城市规划是国家计划的一部分，从属于国民经济，是经济计划的体现和发展。[①]以上原则也都或多或少的体现在1959年的城市总体规划中，但是由于黄石的工矿城市点的特性，在环境污染及绿化方面没有得到重视。

这次规划对黄石形成空间结构，拉开工业布局和基础设施建设起到了重要的作用，但由于受到"大跃进"、"浮夸风"的影响，存在手法过大、产业结构偏重的问题，致使城市规模迅速扩大，造成城市环境质量迅速下降，基础设施难以跟上城市发展的情况，规划没有起到有计划、分步骤的指导城市空间发展的作用。同时规划主要考虑技术指标和具体的功能布局，更多地属于详细规划或者城市设计的层面，而对社会、经济等方面基本没有进行分析和考虑，所以也使得规划缺乏宏观的科学性和长远性。

7.7.4 "文革"期间的城市规划

1972年，为适应当时国际国内形势，提高城市的备战能力，根据中央"备战，分散，隐蔽"的精神，编制了黄石市区总体规划，规划到1980年城市人口40万，规划开凿黄思湾隧道、李家坊隧道、开辟湖山重工业区，外迁24家成矿企业，加强城市内外交通运输能力，并对城市人防和环境保护作了详细规划。由于市政财力匮乏，城市建设维护费大部分被用于发展工业，除了人防规划发展较快，规划其他重大设想在规划期内未能实施，只是规划后期城市住房紧张、交通拥挤、供水不足、生活设施不配套、城市污染未能得到有效治理。但此次的规划设想对以后的城市发展起到了指导作用，部分设想在后来得以实现。

---

① 　Gukai .Urban morphology of the Chinese city Cases from Hainan.PhD Thesis.University of Waterloo，2002：82–92.

8 1979~2009 年经济发展时期黄石城市空间营造

8.1 历史发展背景

这段时期的发展中心由毛泽东时代的出于备战考虑的内地发展调整到面向开放的沿海地区。改革开放即是从沿海开放战略的实施开始。国家的经济建设重心逐步转向沿海地区，基于比较优势的劳动密集型产业的发展改变了重工业优先的国家产业导向。经济发展是这一阶段最重要的发展背景。随着 1978 年十一届三中全会的召开，国家的工作重心开始向经济和现代化建设转移。[①] 中国对社会主义经济的认识有了巨大的变化，发现了以往的经济模式中的诸多问题，由对苏联的计划经济体制的模仿转向探索符合中国国情的经济体制，以更好地满足中国经济发展的要求。中共十二届三中全会明确提出了建设公有制基础上有计划的商品经济的方针，对商品经济有了重要的认识转变，其中最突出的是对住宅的属性进行了重新定义，确定了住房也是商品即具有商品属性的定义，并进行了重要的住房商品化改革，将住房由实物分配的方式转变为货币工资的分配方式。中共"十四大"提出了建设有中国特色社会主义的市场经济改革方针，这个方针的提出是我国经济由计划体制向市场体制转变的标志。在政策的影响下，中国的社会经济格局发生了巨大的变化，体现在以下几个方面：（1）经济的运行模式由以指令性计划为主转向以市场信号为主；（2）所有制形式由单一的公有制转向以公有制为主体的多种经济成分并存的结构发展；（3）投资渠道从单一的国家财政拨款，转向财政、金融、自筹、利用外资等多元化渠道。[②] 之后，随着一系列经济政策的出台，加强了国民经济建设，经济的迅速发展成为城市建设得以迅速发展的根本动力。自 1978 年开始，国家城市建设的方针由"控制大城市，合理发展中等城市，积极发展小城市"转变为"严格控制大城市规模，合理发展中等城市和小城市"。城市由被作为生产的空间开始转变为包含流通、生活、商

---

① 庄林德. 中国城市发展与建设史. 南京：东南大学出版社，2002：255.

② 吕俊华. 中国现代城市住宅：1840-2000. 北京：清华大学出版社，2003：190.

务娱乐等多种功能的多元化空间，并且重要的城市开始发挥区域经济中心的作用。

在城市空间布局上，受到改革开放思想以及参与全球化经济的影响，之前的以工业企业为中心的城市空间发展逐步转变为以商业为中心，以发展国际国内商业贸易以及旅游等第三产业实现城市的兴盛。城市开始出现明显的功能分区，金融区、商业区、住宅区和工业区等，以往的居住和工业混杂的空间布局开始以旧城改造的方式被逐渐改变。这种转变是以城市交通系统发展，信息基础设施和小汽车的增长为基础，同时新区的开发建设也是旧城改造得以实施的基础。[①]

8.2　1979~1989年改革开放初期的城市空间发展

8.2.1　城市空间发展

随着社会经济体制开始改革以及国家对外开放政策的实施，城市建设在经济社会发展中的地位和作用越来越受到重视。1979年，黄石制订了新的城市总体规划，确定了黄石为"采矿、冶炼、建筑材料为主的重工业城市"。根据这次规划先制订了未来城市发展规模，至1985年城市居民人口控制在32万以内，至2000年控制在40万以内。规划建成区面积由1978年的19.74平方公里，增加至34.25平方公里。城市空间发展的指导思想是对老市区进行调整改造，控制发展铁山城区，充实填充下陆区，发展西塞和团成山新市区。但是经过10年的发展，至1989年城市的建成区已经达到31.8392平方公里，接近规划所设想的2000年的34.25平方公里的控制基数。

从图中可以看出，1989年城市生产用地的发展已经超过规划预期2000年的面积，生活用地也基本接近，城市空间10年的发展已经基本达到预期30年的发展规模。在这个

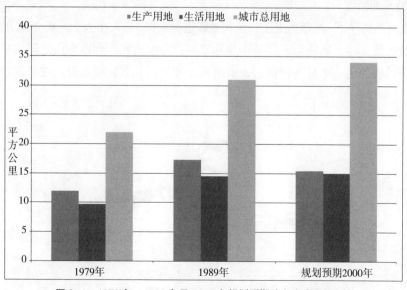

图8-1　1979年、1989年及2000年规划预期城市建成面积比较

---

① DuanFang Lu.Remaking Chinese Urban Form.Routledge Publishing，2005：161.

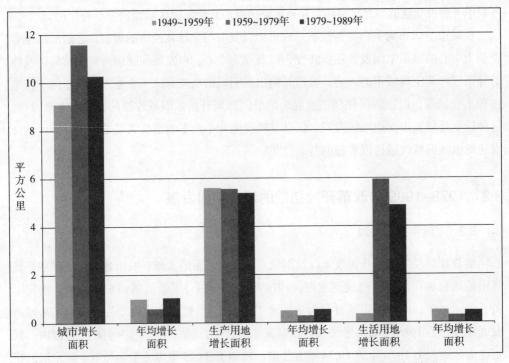

图 8-2 1949~1959 年，1959~1979 年，1979~1989 年三个阶段城市用地增长对比

时期，用地年平均增长 1.027 平方公里，比 1949~1959 年、1959~1979 年前两个阶段的年增长率都要高。与 1949~1959 年城市工业大发展阶段相比，生产用地年均增长减少了 12.6%，生活用地年均增长上升 27.8%，这说明城市空间的发展开始注意调整生产和生活之间的关系，城市用地结构开始趋于合理。特别是这一时期，生产、生活用地的增长接近过去 30 年的幅度。

在规划的指导下，城市重点在新区和老区进行发展，以几个大型厂矿企业为生长点，沿交通线扩张，将下陆和新下陆基本连片发展；在大冶钢厂和西塞山之间集中成片扩张。这个阶段的另一个显著特征是，由于城市用地的紧张，城市开始在磁湖沿岸逐渐

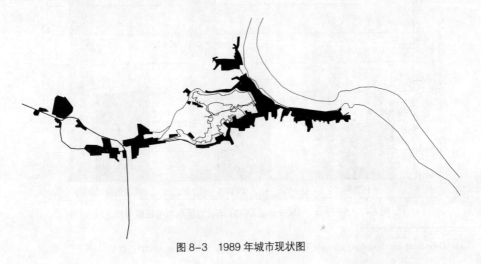

图 8-3 1989 年城市现状图

扩张,是黄石城市沿湖发展阶段的开始。到1989年经过近40年的发展。黄石港至西塞至胡家湾的"T"字形地带的用地已经达到过饱和状态,在老城区的调整改造中,建筑毛密度的增加和随着建筑物高度的增高而使得城市建筑密度成倍增长。建筑密度的增加也使得老市区的人口进一步集聚,城市东西向的交通因为大冶钢厂的生产活动和地形条件限制而不能有更多的发展。同时老城区的基础设施的适应能力也因为人口及建筑密度的增加而下降,这些都促使城市尽快寻找新的发展用地。

8.2.2 旧城区改造的起始

在改革开放前,"先生产,后生活"是城市建设的指导思想,对于旧城的改造力度十分有限。旧城区作为重要的城市功能空间经过多年的使用,城市功能和居住环境出现剧烈衰退,主要表现在以下方面:基础设施老化,居住条件恶劣,住宅的危房率高,土地利用率不高,功能布局混乱,居住密度大,居住人口多,旧城区的居住质量已经不适合经济高速发展时期的居住要求。

黄石的旧城改造开始于1985年。黄石港、石灰窑和黄思湾被确定为老旧危房区,其中除人民街、和平街街道建筑多为木架板壁结构的二层房屋结构较好外,其他建筑多为土木结构的平房,使用时间较长,有的达到上百年,房屋室内环境潮湿居住条件恶劣。同时由于常年的搭建,旧区内建筑连绵。旧区的改造由上窑银行里和天桥附近的危房区开始。上窑银行里有居民600户,住宅面积1.8万平方米,其他银行、菜场、商店和旅社等非住宅面积5000多平方米。建造年代基本为20世纪50年代以前,改造分为两区进行,建筑总面积为10.12万平方米,共新建房屋27栋,其中12层和15层各1栋,是当时黄石的最高建筑物。与旧城改造相配套,兴建了宾馆、旅社、商场、公园及停车场等商业服务设施,拆迁居民大部分回迁。上窑的旧城改造历时三年半,于1987年完成。上窑改造是这一时期规模最大的旧城改造,在上窑改造完成之后,又进行了下窑快活岭、中窑临江街、上窑八泉街、广场路和劳动路等地段的旧城改造。[①]这是旧城区改造的第一阶段,主要以提高居住空间质量为主,还没有进入到商业化旧城区开发的阶段。

8.2.3 居住小区和中高层的出现

在这一阶段中,居住空间最大的变化是在住房体制改革的带动下,住宅小区开始出现。第一批形成了十几个住宅小区,分别为社会居住性质(如牧羊湖住宅区、京华路公寓住宅区、沈家营公寓住宅区、楠竹林新区、团成山3号小区)和厂矿居住性质(如新下陆冶炼新村住宅区、王家湾矿工住宅区、马家嘴工人新村等)。沈家营公寓住宅区是以政府和十几家企业集资的方式新建,于1980年开工至1985年完工,共建成7~9层单元式楼房12栋,建筑面积45556平方米。住宅楼每栋楼房底层都有生活服务设施的空间,其中商业门市部8处,面积2712平方米;医疗保健3处,面积1000平方米;银行网点1处,350平方米;管理和辅助近1000平方米。楠竹林新区是疏散老城区人口的

---

① 黄石市建设志编撰委员会编纂. 黄石建设志. 北京:中国建筑工业出版社,1994:227.

第一个新区开发建设，由 2~7 层砖混结构住宅和公共设施 38 栋组成，总面积 9.5 万平方米，其中住宅 1230 套，小学、幼儿园、停车场、商店、饮食店等配套功能较齐备。[①]就住宅的单体设计而言，20 世纪 80 年代以后，也开始出现明显的变化。中高层住宅开始出现，7~10 层的点式楼房增多，如 6~9 层单元式楼房，其临街建筑的底层多为商店。平面为一梯两户，点式楼一梯三户。

8.2.4 新城市空间的扩张——团城山的开发

团城山的开发始于 1986 年。在 1959 年，黄石就曾提出向团城山扩张的想法，但是由于动力不足未能实现。团城山是黄石城市向外扩展的第一个新区，是城市以蛙跳式进行扩张的方式。这种扩张方式成本巨大，需要有极大的内在动力推动。促使团成山新区开发的动力分为两方面，第一是老城区的空间压力，这种压力属于内在动力，迫使空间向外扩张；第二是新区的吸引力，吸引力属于外在动力，决定城市的扩张方向。其中交通可达性是这种蛙跳式扩张的前提条件。

团城山新区开发有以下 6 点的动力推动：

（1）旧城区用地饱和：自 1950 年黄石建市，至 20 世纪 80 年代经过 30 多年的城市发展，黄石旧城区已经进入高密度、高容积率时期。人口从 1953 年的 11 万增长至 1985 年的 45 万，从 1979 年到 1985 年，新增建筑面积约五百万平方米，约等于新中国成立以来建筑面积的 40%，以后以每五年 500 平方米的速度增加，这样的速度和增长规模给老城区的空间发展带来极大的压力。

早期城市发展由于"先生产，后生活"的指导思想和以工业发展为主造成各企业自成体系分片建设，城市空间结构缺乏统一性和整体性，生产和生活功能空间相互交错，分布零散。市中心人口数量大，密度大，在 1985 年为 15800 人/平方公里，远大于国家规定的 10000~12500 人/平方公里的适宜密度标准；老城区人均用地仅为 7.1 平方米，低于国家推荐值人均 20 平方米；居民生活用地人均 19.8 平方米，远低于人均 30 平方米的国家要求，而且低于全国平均水平。为了缓解住房紧张，建设只能见缝插针或者用楼房替换平房，进一步增加了市中心的建筑密度。1981~1985 年间，市区增加住宅面积 55 万平方米，市区建筑密度大于 48%，有的达到 70%。由于建筑密度过大，导致幼儿园、中小学等公共设施没有场地发展。城市基础设施方面由于在建市初期预留的余地很小，其规模已不能满足城市的发展需要。

（2）旧城生态环境压力：由于城市用地紧张，在 1985 年，城市绿化覆盖率仅为 15%，只有当时国家标准的一半，同时城市中心区胜阳港的人均绿地仅为 0.55 平方米，石灰窑地区的公共绿地几乎空白，远低于国家要求的人居绿地率 4~6 平方米。为增加建设用地，黄石中心的磁湖被作为城市扩张的区域。1984~1986 年间，磁湖被填占 37 万平方米，青山湖因多年来工业废渣的淤塞，湖床抬高 1.5 米。生态环境较为恶劣，影响

---

① 黄石市建设志编撰委员会编纂. 黄石建设志. 北京：中国建筑工业出版社，1994：229.

了城市的生活居住质量，并且生态环境对经济的反作用将阻碍城市建设的进一步发展。

（3）对未来城市发展的用地需求：根据黄石"八五"计划的要求，工业产值计划在 46~50 亿元，人口将增长至 50 万以上。按每平方公里产值 1 亿元计算，需要 47 平方公里的城市用地；按人均用地 100 平方米计算，需要 54 平方公里的城市用地；而至 1985 年，黄石建成区面积为 26 平方公里，这样比较还差 20~30 平方公里的城市用地，而现有中心区用地已经超负荷，所以城市旧区已经无法承担新的发展空间容纳新增人口。

（4）团城山的区位优势：在区域位置上，团城山位于磁湖西岸，北靠青龙山，与黄石港相连，相距 4 公里；东与胜阳港、石灰窑隔磁湖相对，并有磁湖路进行连接，距离 2 公里；西南邻近下陆工业区，相距 2.5 公里；李家坊隧道打通之后，与计划开辟的山南工业园区相距也很近。在黄石 1979 年城市规划布局中，团城山位于地理中心位置，西南边有两条城市主干道和武黄铁路通过，东部有连接旧城区的磁湖路，西边可通老下陆区，对内对外交通联系十分方便。

（5）团城山的用地优势：团城山可以提供的用地达 530 公顷，其中可建设用地 420 公顷。除了少量建筑物外，其他地方均没有开发，为进行城市新区建设提供了良好的用地条件。磁湖面积约 10 平方公里，蓄水量 4000 万方，最大水深 4~5 米，如果团城山形成了城市新区，则磁湖正好位于黄石城市的中部，成为山水园林城市的重要生态要素，也成为今后的旅游开发的优势条件。

（6）团城山开发成本优势：团城山至老城区的道路已经基本形成，紧靠水厂供水条件有利；从水厂到新区中心铺设干支管网十分方便；供电线路架设方便。水电基础设施的建设成本相对也较小。

1986 年，团城山新区建设开始。团成山新区的功能包括有市级的政府，科研文教

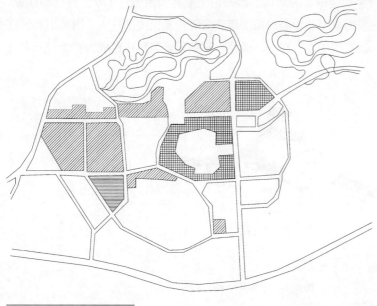

图 8-4   团成山居住区结构
示意图[1]

————————————

① 马同训. 黄石市团城山五号居住小区详细规划 [J]. 城市规划, 1982（02）.

以及两所高等院校，无污染的小型工厂以及五个居住区，总用地 500 多公顷，可以容纳 6~7 万人。[①]（J7）团城山三号小区是新区开发建设中的第一个开发点。三号小区规划占地 23 公顷，其中住宅占地 1.2 公顷，道路广场用地 2.3 公顷，市机关用地 1 公顷。小区内设有中学、小学、托幼和商店等配套设施。住宅分为 9 个组团进行建设，7~9 层住宅 83 栋，住宅建筑面积 30 万平方米，住户 3763 户，居民约 15000 人。

团城山的建设是黄石第一个向外扩展的新城区，也是黄石由中等城市向大城市转变的起点。根据团城山的功能设定为政治、经济、文化中心，团城山新区的形成也使得老城区的功能明确清晰化，对城市的结构起到了调整的作用，促使黄石市的城市功能分区更为合理。团城山新区的形成是黄石第一次主动意义上的城市跳跃式空间扩张。之前铁山和下陆都是属于资源"飞地"式的扩张，是以资源为唯一吸引力而不是处于城市空间扩张的目的。团城山新区的出现也是城市开始由黄石港和石灰窑老城区向外疏解的、扩张的开始。

8.3 1989~1999 年中等城市向大城市转变的空间发展

8.3.1 城市空间发展

在这一时期，黄石城市开始由单一的工矿资源型中等城市逐步向开放型、多功能的现代化工贸大城市转变。原来单一的产业结构出现变化，第三产业比例提高近十个百分点，工业结构进入调整阶段，服装、纺织等轻工行业得到较大发展，高新技术产业发展迅速。

按照 1989 年的规划，经过 10 年的发展，城市空间布局按照中心—组团式结构扩展，团城山、花湖新区已初步形成。城市空间骨架逐步展开，城市功能布局逐渐清晰，城市逐渐形成工业与政治两个功能中心的结构。西塞山工业区大冶钢厂 170 工程已经建成，黄石二电厂开工建设逐步形成工业中心；由于市政府等行政机关的迁入，团城山新区已成为城市政治、文化和教育的中心。在这一时期，磁湖风景名胜区已成为省级风景名胜

图 8-5　1999 年城市现状图

① 马同训. 黄石市团城山五号居住小区详细规划［J］. 城市规划，1982（02）.

区。以磁湖为核心的"三山两湖"城市景观系统得到有效的控制和保护。城区内的团城山、青山湖公园以及东方山、西塞山风景区已按规划建设，山水园林城市风貌初具轮廓，标志着城市景观空间营造初步形成。

城市用地比例仍然以工业用地为主，工业仓储用地占到近40%，居住生活用地仅占30%，公共设施用地约9%，城市绿地5.3%，说明在城市空间分配上还存在问题。在城市的四个组团中，每个城区空间基本上仍是以大中型厂矿企业为骨架。石灰窑区包括钢铁、矿山、机械和建材企业；黄石港包括纺织、化工、能源和水泥等企业；下陆包括冶金、机械和钢铁企业；铁山包括矿冶和水泥企业。一方面以工矿企业为主的工行空间分布在城市空间的每个组团中，另一方面由于这些工业产业对于交通有专门要求，因此形成了工矿专用铁路穿过城市主要道路和居民区的状况。长期以来以工业发展为主导的计划经济发展模式在这一阶段仍没有得到根本的转变。

同时由于城市用地条件的限制，各类城市用地的比例均低于当时国家平均水平。从图8-6可以看出，除工业用地基本接近之外，其他用地都小于国家平均水平[①]。人均用地面积是反映一个城市空间容量的指标，表现人与城市空间的比例关系。人均面积过低，说明黄石城市发展的建筑物间距不够，人口密度过大，建成区仍旧过小，新区开发不足等。另一个方面也说明黄石人口的增长速度远高于城市扩张规模，经过10年的发展，黄石城市建设用地有1989年的31.8平方公里增长至1999年的43平方公里，但是市区人口也由45万增加至65万，使得在城市加速扩张的情况下人均占有面积仍然下降。

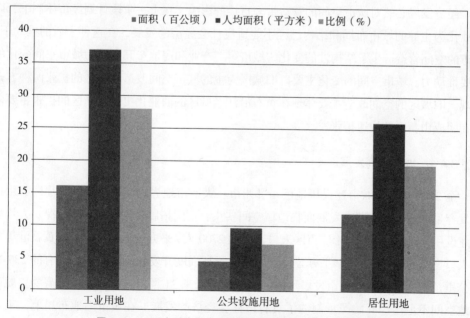

图8-6　2009年城市各类用地比较（根据相关资料整理绘制）

---

① 安建华.黄石城市建设现状问题的分析与思考.黄石改革与发展，1999（7）.

8.3.2 隧道的建设——跨越城市发展门槛的开始

自 1979 年开始，城市发展用地不足，城市空间结构不合理的问题已经被注意。1978 年规划提出黄石未来城市发展的方向之一是山南、团成山、河口和罗桥等地。山南和河口作为城市的新工业区，目的在于将老城区的工业区逐步外迁。1988 年总规修编，也认识到城市工业生活交通用地穿插的问题，提出远期将工业调整至山南地区。这说明近 20 年以来，城市空间未能按照规划的方向发展，城市仍未能向外围空间扩展。其中主要的原因是黄荆山的天然门槛效应，由于建设周期和投资规模的问题，使得城市空间难以跨越。而仅有的团成山新区又无法承担工业空间的功能。因此工业空间仍然局限在主城区，不能向外迁移。在这样的矛盾作用下，建设隧道跨越黄荆山门槛的发展在这一时期开始。1989 年，黄石开始筹备扩建黄思湾隧道。黄思湾隧道于 1990 年完成，1992 年通车，是城市由老城向山南地区扩张的开始。

8.4　1999~2009 年新与旧博弈的城市空间营造

由于这一时期经济发展的带动，城市建设得到较大的发展，城市的形态迅速扩展，成片的居住区和工业开发区成为城市边缘扩张的主要用地形态。城市内部的变化来自于旧城的成片改造和房地产开发，城市内部开始出现大量现代化的商业服务和娱乐空间形态，同时城市基础设施的建设进一步加快。[①]

经济发展必然对城市空间的营造带来直接的影响。在上一阶段计划经济体制下，以工业化为主导的城市布局和结构已经不能适应社会经济的发展，在这种矛盾的推动下，城市的空间营造产生了结构性的变化，城市第三产业和房地产开发成为城市空间变化的重要推动力。城市空间的变化主要以旧城区为主的城市空间改造和新区的扩张两种方式体现。旧城区的空间改造主要体现在黄石沿江老城区的商业化更新，新区的扩张主要体现在团成山新区的快速扩张。

8.4.1　城市空间发展

至 2009 年黄石城市建设用地已与鄂州市、大冶市地界相连，各组团（片区）用地开发容量已近饱和。城市发展面临地域空间狭小，空间拓展受到极大局限情况。人均城市建设用地仅 74.61 平方米。市区人口密度达 2700 人／平方公里，胜阳港、黄石港等片区人口密度超过 2.5 万人／平方公里，用地处于高强度开发状态。在市区现有的 237 平方公里范围内难以容纳城市发展用地，无法满足未来 21 世纪城市建设发展需要。城市用地空间不足已经开始严重制约了黄石市社会经济的发展。在城市用地布局上，工业用地仍然占到最大比例，为 1616.2 公顷，占建设用地的 36.9%，人均 27.52 平方米。

---

① DuanFang Lu.Remaking Chinese Urban Form.Routledge Publishing，2005：125.

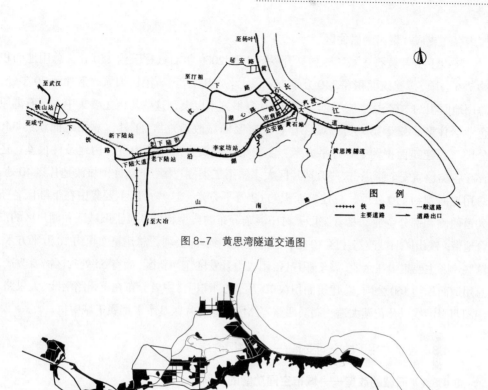

图 8-7 黄思湾隧道交通图

图 8-8 2009 年黄石现状图

传统工业以冶金、采掘、建材、机械、纺织为主。冶金工业主要分布在黄思湾片区和下陆组团，建材工业分布在红旗桥、石料山等片区，采掘工业主要分布在铁山组团和石料山片区。高新技术企业多集中在团城山片区；公共设施用地 413.5 公顷，占建设用地的 9.4%，人均 7.0 平方米。市级商业、文化、体育、教育设施大部分集中在主城的胜阳港片区，团城山片区分布有新建的行政、金融、信息等设施用地。其中下陆、铁山组团及花湖、黄思湾片区公建配套标准较低，尚未形成合理规模；居住用地 1163 公顷，占建设用地 26.5%，人均居住用地 19.8 平方米，人均居住面积 9.7 平方米。相比较而言胜阳港片区居住用地开发强度大，人口密度较高。外围下陆、铁山、西塞山组团居住用地较分散。

8.4.2 黄石市旧城空间格局

根据黄石市工矿业的城市性质，经过近 60 年的发展，城市出现了大量的旧城空间，主要可以分为三类：第一类为旧城区即城市中心地带的影响城市景观，基础设施不配套，不完善的成片区；第二类棚户区指以工矿区，城市自建区居民为主体，集中成片以低层，多层建筑为主的居住区；第三类城中村指在建成区和城市规划区范围内以行政村组存在或成片聚居的居住区。

按以上分类黄石各城区（包括开发区）至 2009 年旧城片区约 150 处，总用地面积约 786 公顷，总建筑面积在 340 万平方米以上。[1]其中，黄石港区旧城改造片区 20 多处，总用地面积约 70 公顷，总建筑面积在 60 万平方米以上，这些片区主要集中在黄石港原企业居住区，属于第一类旧城区；石灰窑区旧城改造片区 21 处，总用地面积约 340 公顷，总建筑面积约 130 万平方米，主要集中在黄金山北麓山下，用地条件很差，还存在各类地质安全隐患，这些改造片区大多属第二类棚户区；下陆区旧城改造片区 40 处，总用地面积约 170 公顷，总建筑面积约 62 万平方米，这些片区主要集中在下陆区各条大道两侧和部分企业，具有工厂和村庄混杂分布的典型特征，属于旧城区和棚户区的混合地带；铁山区旧城改造片区 10 处，总用地面积约 46 公顷，总建筑面积约 18 万平方米，这些片区主要集中在企业，属于棚户区；团成山开发区作为新区，尚有 55 处片区需要改造，总用地面积约 160 公顷，总建筑面积在 70 万平方米以上，主要分布在杭州路沿线、大泉路、磁湖西岸沿线以及花湖大道、湖滨西路等路段，这些片区基本上都属于城中村。[2]

8.4.3 经济作用下的空间变革——旧城区改造

8.4.3.1 旧城的改造——城市空间功能的更新

进入 20 世纪 90 年代以后，黄石已经逐渐进入资源枯竭期，以重工业为主的产业结构形势严峻，城市已经面临着产业结构和经济结构的调整，以第三产业的发展为经济转型的方向，而第三产业的发展需要合适的城市空间。城市旧城区处于城市的地理核心地位，人口密度大，适合商业发展，如胜阳港地区一直就是传统的商业中心，而黄石港也是商业活动的中心地带。另一方面，由于城市土地的使用已经由过去的划拨的无偿使用方式转变为有偿使用，土地开始具有价值属性，因而遵循价值规律，而旧城区位于城市的核心地带因此具有极大的潜在价值，也成为开发商的投资热点。相应的为了吸引投资，也促使政府改善城市面貌和环境，因此旧城区土地的商业价值和第三产业发展的需要是这一阶段推动旧城区空间更新的主要动力。旧城区本身的居住条件恶劣，缺乏相应的配套设施，也是旧城区改造的内在需求。

8.4.3.2 旧城的空间分布

黄石市旧城区以磁湖路、黄石火车站及铁路线为分界线，将旧城区划分为黄石港、胜阳港和陈家湾三个片区。各片区用地面积分别为 3.48 平方公里、3.97 平方公里、1.88 平方公里，居住人口分别为 4.65 万人、11.00 万人、4.56 万人。北至花湖老虎头堤，南至湖滨东路，东、西两侧为长江和磁湖。旧城区包括黄石港区胜阳港、红旗桥、沈家营、黄石港四个街道办事处，以及石灰窑区陈家湾、上窑街道办事处一部分。旧城面积 9.33 平方公里，总人口 20.7 万人。

---

① 资料来源：黄石市房产局统计材料 .2009.
② 陈家宏 . 强势推动我市老城区改造工作［J］. 黄石人大，2009（02）.

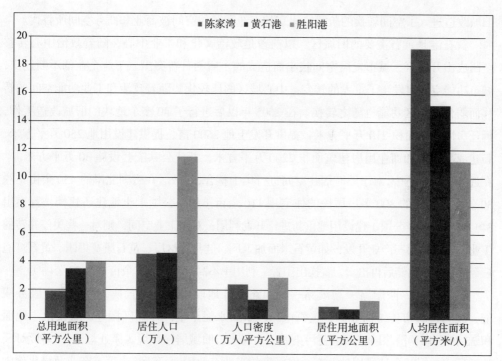

图 8-9 2006 年黄石旧城区情况

8.4.3.3 旧城的空间分布与问题

旧城区范围内的住房，从建设单位上看，大致可分为两类。一类就是 20 世纪 70 年代以前由企事业单位自建职工住宅区。这些住宅多数是砖混结构，3~4 层，没有独立的卫生间和厨房，小区环境较差。比如胜阳港地区的东风路冶钢职工住宅区、华新小区、联合村片的工矿集团家属区。另一类就是私人住宅，包括村民住宅。比如青山湾谭家片、磁湖西岸某某村等。另外，一批企业为适应城市建设而搬离中心城区，原用地大都调整为商住用地进行商品房开发，比如黄石港区的延安路片，西塞山区的沿湖路南侧用地以及磁湖南岸和北岸。

与许多其他城市一样，黄石的旧城区的空间存在着诸多问题，表现在几个主要的方面：第一，建筑密度过大，人口密度超标，如胜阳港的人口密度达到 2.9 万人／平方公里；第二，建筑质量低劣。老城区改造区的建筑大多时间较长，有些已成危房。例如，黄石棉纺厂的筒子楼，省拖拉机场的棚户区，市建村等房屋大都建于 20 世纪五六十年代，都已严重破损，内外墙体和梁木腐蚀严重，很多房屋有随时倒塌的危险；第三，旧城区功能混杂，店铺、小摊及违法建筑挤占；第四，由于建筑密度过大，缺乏公共设施和场所；第五，由于空间的紧张，老城区改造区有些地方存在大量的自发建设的情况，空间蔓延无序，更加加重了空间的紧张程度。

8.4.3.4 旧城的空间更新方式

在外在推动力和旧城区内在需求的合力作用下，旧城区的空间开始发生结构性和形态上的变化。2000 年之后，黄石市在房地产开发的推动和退"二进三近"的政策下，旧城改造进入了空间转换的阶段，原有的工业和居住空间被商业和商务空间所替代。

　　黄石港是黄石主要的旧城区。以前曾是政治文化和工业中心，随着政治中心转移至团成山开发区，城市发展空间狭小而造成的矛盾的日益突出，工业企业的不断迁出，城市功能空间也发生了重大的转变，中心城区的比较优势随着政治和工业功能空间的转移而弱化，城区功能也随之转换。在 2005 年以后进行了 40 多个地块的旧城改造工作，拆迁房屋建筑面积 210 万平方米，提供开发土地 2600 亩，提供建设用地 250 万平方米，新建商品住宅和商业用房建筑面积 2200 万平方米，新建公共配套设施 30 万平方米。[①]在近五年的改造中，对于原有居住空间进行集中整合，将散居在磁湖北岸的 450 余亩（约 30 公顷）土地的 800 多户居民的住宅用 110 余亩（约 7 公顷）土地建还建楼，置换出 340 余亩（约 23 公顷）建设用地重新进行开发利用；对于工业空间，则对一些关停并转的工业用地进行第三产业开发。如黄石米面加工厂、健身器材厂、黄石康赛集团、黄石灯泡厂等进行土地收储后再拍卖，置换出闲置、利用率不高的土地 500 余亩（约 33 公顷）。

　　黄石大道—颐阳路—湖滨路—天津路围合地段用地进行置换，强化商业服务职能，成为黄石市传统商业区；黄石电厂、华新水泥厂生产作业区搬迁，置换出土地面积 22.49 公顷，消除旧城区主要污染源，彻底改善旧城居住环境。搬迁灯泡厂、轴承厂、造纸厂等占据黄金地段用地，有一定污染的工业企业用地，调整为第三产业及绿化休闲用地；旧城沿江地区用地布局，除保留客运港、外贸码头外，逐步搬迁沿江零散的仓储、码头用地。沿江岸线成为具备生活休闲功能的场所，布置广场绿地、文化休闲用地，充分体现滨江城市风貌；逐步拆除沿江电厂、华新水泥厂铁路专用线及跨黄石大道铁路桥，利用原有路基建设绿化廊道。

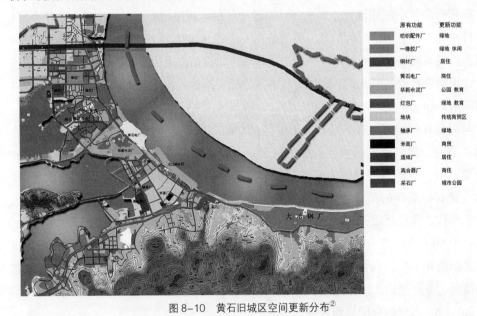

图 8-10　黄石旧城区空间更新分布[②]

① 黄石港区大手笔推进旧城改造．中国建设报．2008-12-03.
② 注：根据相关资料绘制．

　　黄石旧城更新的特点可以被归纳为以下几个方面：第一，旧城商业服务，文化休闲的功能被强化；第二，原有污染工业搬迁至新区；第三，旧城行政、金融、生产、交通职能被疏解，降低旧城人口密度和建筑密度；第四，通过改造沿江地区，形成环磁湖地区景观风貌，将原有沿江工业空间转化为景观空间。

　　向商业空间的转化是旧城更新的主要模式之一，原有的旧城空间被更新为不同类型的商业空间，居住空间被大型的集中式的大型的普通商业空间所替代，如中商平价、新百百货、中百仓储、国美电器、汇龙酒店等商贸企业；旧城区的 10 万平方米的闲置厂房被改造成大规模的专业性市场，如装饰材料城和电脑城。在颐阳路、湖滨大道、芜湖路和黄石大道的空间范围内，成为具有商业规模集聚效应的中心商务区，并形成了新的商业街道和市场空间，如南京路精品服饰、武汉路电子商品等特色市场和特色街；以红旗渠和胜阳港片为中心，建设两栋总部经济大厦，形成 50 多家公司入住的商务空间，除此以外正在进行的华新水泥厂搬迁后，也会对其置换的 601 亩土地进行商业性转换。

　　空间的更新也对新建住宅形式也产生了影响。之前开发的楼盘以民宅为主，所留的商铺门面不适应大规模的商业对空间的要求，在旧城改造启动之后，新建设的商店门面必须预留必要的配套设施空间，以符合更新的商业空间的要求。

　　但是旧区改造的速度仍然无法满足城市迅速发展的要求。根据统计黄石港旧城土地利用效益，城区布局结构，城区基础设施等都无法满足城市发展的要求。全区还需要改造的老城区占地面积约 90 万平方米，住户 5000 余户，涉及总人口 1.6 万，需改造区域的建筑面积 185 万平方米。[①] 2008 年起以张司墩、江北管理区棚户区、交通路 66 号地块、地质里片、禽蛋冷冻厂片、人民街、市建村、谭家桥、大众乐园、一橡片、胜阳港等为主的 15 处总面积 80 万平方米的旧城区也在改造过程中，而这些地段的旧城空间功能将被更新为商贸、文化、娱乐、休闲、居住等功能为主的综合功能区。黄石大道、颐阳路、湖滨路、天津路合围范围内的用地也将被转换为商贸、金融、科技服务、商务管理、文化娱乐的中心商务区空间，例如引进沃尔玛等世界级商业零售商，而形成鄂东南地区规模最大的商场。[②]

8.4.4　城市贫民窟的现实——棚户区的改造

8.4.4.1　棚户区形成的原因

　　棚户区是一种特殊的城市空间形态，也是资源型城市的一个共性的空间形态。棚户区的起源是早期在矿井及厂矿周围的工人居住区，为了是生活地尽量与生产地相邻以增加劳动时间。这些居住区在空间结构上围绕厂矿空间或者相互交织。居住区属于各资源企业，棚户区内住宅多建于 20 世纪 50~70 年代，矿产资源企业效益较好的时候。居住区的建设一直由各企业承担。随着时间的推移，一方面原有工人的家庭人口持续增长，需要更多的住宅建设；另一方面由于矿产资源枯竭，企业效益下滑，企业无法承担居住区的新建和改善。而由于黄石一直是以矿产重工业为主要产业结构，资源枯竭也直接导

---

① 黄石港区旧城改造五年完成 . 黄石日报 .2007-08-11.

② 黄石港区大手笔推进旧城改造 . 中国建设报 .2008-12-03.

致政府的税收下降，因此政府的资金有限，也无法以财政拨款的方式全面地解决棚户居住区改善问题。原有居民只能选择私自加建的方式解决人口增加与居住空间缺乏之间的矛盾，形成了低矮简陋的临时性房屋和破败住宅楼混合的，建筑密度和容积率过大的居住形态。同时与城市旧城区不同，棚户区大多位于城市的周边地带，商业开发价值不大，缺乏旧城区的土地价值的推动力。因此棚户区的改造是城市空间营造的一个具有历史性和时代性的节点。

8.4.4.2 棚户区的规模与等级

根据统计，至 2009 年黄石市的城市棚户区面积有 55.25 万平方米，12155 户。按照建设部对棚户区的定义，在城市规划范围内，0.3 万平方米以上的成片的平房或危旧房，对黄石市（含大冶，阳新）城市棚户区分为三等，其中黄石市本级棚户区面积 31.1 万平方米，7584 户。除城市棚户区外，独立工矿企业棚户区总面积 8.71 万平方米，2049 户。[①]

黄石市（含大冶，阳新）城市棚户区规模等级表　　　　表 8-1

等级（万平方米）	总面积（万平方米）	户数
0.3–1	23.4	5114
1–3	20.5	4456
3 以上	11.9	2585

独立工矿企业棚户区规模等级表　　　　表 8-2

等级（万平方米）	总面积（万平方米）	户数
0.3–1	1.17	452
1–3	7.54	1597

由上表可见，城市棚户区所占面积较大，是城市空间的一个重要的组成部分，小规模的棚户区占到的比例最大。黄石城市棚户区的厂矿特征明显归纳为以下几个方面：（1）数量较大，分布面较广。（2）由于地处城市的周边，商业开发难度大。（3）居民主要为城市低收入家庭，特别是随着资源的逐步枯竭和工矿企业的破产与衰落。棚户区内居民大多为下岗职工，属于城市低收入人群和住房保障对象，其中低收入家庭占到 55.8%，低保家庭占到 33.3%，低于人均可支配收入家庭 78.3%。（4）居住环境恶劣，很多棚户区为工棚改建而成，缺乏城市基础设施。

8.4.4.3 棚户区的空间分布

黄石市棚户区约一半在石灰窑区，其余的分布在下陆区和铁山。石灰窑的大部分属于黄石因开矿发展起来的老城区。1909 年建富源煤矿，1907 年清华实业公司创建水泥厂（今华新水泥厂前身），1890 年湖广总督张之洞在该区筹办炼铁厂并于 1908 年获清政府批准成立煤铁厂矿有限公司，这 3 个百年老厂都位于该区，因此也是受资源枯竭

---

① 黄石市房产局统计材料 .2009.

影响最为严重的区域。根据 2009 年资料，"袁仓煤矿、胡家湾煤矿、秀山煤矿、松屏煤矿已分别开采了 59 年、50 年、39 年和 29 年。松屏煤矿已于 2007 年元月正式关停。袁仓、胡家湾秀山和东井矿井的服务年限分别仅有 5 年、3 年、3 年和 2 年。矿井生产后劲严重不足。要不了几年，黄石矿区基本无煤可采。"[①]

这些矿企业的职工大多居住在石灰窑十三排棚户区内。棚户区占地 270 亩，多为 20 世纪六七十年代建造。片区内人口密极，但缺乏学校，医院，等公共服务设施。十三排棚户区人均居住面积不足 10 平方米，房屋结构简易低矮，建设使用年限长久，基础设施不齐全，生活条件恶劣，环境脏乱差，治安和消防也存在问题。其中无房户 2000 余户，只能居住在简易平房，临时搭盖的棚屋或租房，成为黄石市的贫民窟。在石灰窑区，类似十三排这样的棚户区约 15 片之多，共有 1.7 万户，人口近 6 万人，占全市棚户区人口的 50% 以上。这些棚户区占地 2500 余亩，改造拆迁面积约 170 万平方米。[②]

8.4.4.4　棚户区改造面临的困境

棚户区作为一种居住空间的形式与其中居民和黄石工矿业城市的发展直接相关。在工矿业不断衰败的时期，棚户区的居民规模本身却仍旧持续增加。根据黄石矿务局的调查，由于职工缺乏其他技能，无法离开厂区从事其他行业。同时受于经济的限制，职工的下一代无法得到足够的教育。"待业子女 2000 余人，这些人文化层次低，工作难找"[③]，这些因素使得人口规模持续在棚户区内增长集聚，对居住空间产生持续的压力。另一方面，源枯竭导致的企业效益下滑。例如袁仓煤矿由于煤炭储量濒临枯竭，每月只能开采 1.5 万吨，所以面临亏损局面，2009 年第一季度已经亏损 105 万元。[④]因此企业无法承担对棚户区进行改善的能力。第三，政府财政上无法承担巨额投资，以石灰窑区十三排为代表的棚户区有 15 个，人口近 6 万人，占地 2500 余亩，改造拆迁面积约 170 万平方米，需 5~10 年时间才能完成。仅基础设施配套和贫困家庭住房保障即需投入资金 3 亿元。资金缺口成为棚户区改造工作遇到的最大困难。虽然国家曾于 2007 年出台文件，对资源性城市棚户区改造工作给予了政策扶持和资金支持，提出"对难以实现商业开发的棚户区改造，中央政府给予适当支持，主要用于新建小区内部和连接市政公共设施的供排水、供暖、供气、供电、道路的外部基础设施，以及配套学校、医院的建设。棚户区的拆迁安置应符合有关法律法规及政策要求，考虑低收入居民的实际困难，地方人民政府及企业给予适当补助。切实加强改造后住宅区的管理和服务工作，巩固改造成果。"[⑤]，但是由于省市的相关配套措施没有出台所以难以操作。第四，棚户区迁移成本极高。以黄石市商品房价格 2500 元 / 平方米为标准，通过对 17 个棚户区地块的测算，只有除少数具有商业价值的地块已经开发完成外，大多数棚户区位于城市边缘地带，缺乏商业开发价值，而盲目地开发存在一定风险，难以引入投资。

---

① 黄石矿务局情况汇报 .2009.

② 问"居"黄石：矿区城市人居条件改善的荆棘路 . 资料来源：http: //bbs.cqzg.cn/thread–704341–1–1.html.

③ 黄石矿务局情况汇报 .2009.

④ 同上

⑤ 国务院关于促进资源型城市可持续发展的若干意见国发〔2007〕38 号 .

8.4.4.5 棚户区空间更新的方式

由于棚户区所在地块商业开发价值不高，因而不能采取类似旧城区的商业化的改造方式，而主要采取保持居住功能和利用当地资源提高土地价值的方式。第一种，居住空间的更新。这种方式是保持空间性质不变，在对棚户区拆除的基础上新建廉租房、公共租赁房，以更新的居住空间对原有的低质量的居住空间进行替代。如以房地产开发的形式，采取分片拆除旧棚户区，在原地新建商品住宅或廉租房。以下陆区江南建筑公司的家属区棚户区为例，房屋均为 20 世纪 60 年代建设的平房，因年久失修，地基下沉，墙体发裂已经变成了危房，被列为棚户区。改造方式为原居民区的平房拆除，在原址上新建以廉租房、还建楼和经济适用房为主的住宅小区，其中廉租房 10 栋，经济适用房 13 栋。湖北省省拖厂、煤炭机械厂和第二钢铁厂等企业的棚户区也将采用这种方式进行空间更新。[①]为促使居民回迁，向原住户提供补贴。但是这种方式由于补贴标准，迁居难度等问题起到的作用有限。第二种对于某些旧区土地，通过发掘新的资源优势，对原有厂矿设施场地进行再利用，提升土地价值而形成新的资源性或旅游型空间。例如胡家湾煤矿地下水资源丰富，利用胡家湾地下热水开发温泉洗浴中心和疗养院。胡家湾井下巷道长，井下常年温度保持在 25 摄氏度，利用胡家湾矿抽风机抽取井下恒温风，为别墅、宾馆酒店和娱乐场馆提供冷暖空气。胡家湾南靠黄荆山，北临磁湖，三面环山，一面临水，山上植被好，树木茂盛，四季常青，风景秀丽，自然条件优越，适合建设旅游风景区。同时利用近百年煤炭开采的雄厚历史底蕴，开发矿山公园和矿山博物馆，形成旅游中心。利用胡家湾生态自然条件，建设高起点、高质量的旅游风景区。然后将其获得的经济收入用于棚户区的改造或者迁移。

8.4.5 城市内部的空间冲突——城中村形成与改造

8.4.5.1 城中村的形成

在改革开放后，城市迅速扩张，城区面积逐年扩大，城市新建区与原来的城市郊区相交错。由于城乡土地的二元制，这些农村土地不被纳入城市规划范围，因此形成了城市新建区逐渐分隔包围这些村庄。随着城市范围的进一步扩大，这些原来位于城市之外的村落被包含进城市，成为城市中特殊的空间形态。这种独立体现在土地所有制以及内部居民的属性在城市化过程中，由于政府的圈地运动和房地产的开发，大量城中村的农业用地成为城市发展用地，而失地农民的新的居住空间是在"经过村委会规划，非常用地狭小，公用设施极少，仅靠租金生活的区域内集中"[②]。由于土地的二元制，所以这些用地不受城市规划的控制和制约。这些在城市范围内的空间无法提供符合城市标准的生活空间，因此城中村成为人口混杂、服务设施落后、环境质量差、安全存在隐患、社会管理和治安难的城市空间，再次开发难度大。蜂烈山村是"城中村"土地转换的一个典型的例子，2005 年起杭州西路向蜂烈山村延伸，蜂烈山成为招商引资的热点，大批

① 黄石矿务局情况汇报 .2009.
② 于志光 . 武汉城市空间营造研究［D］. 武汉大学，2008：300.

企业进驻蜂烈山，大量地征地，同时为了城市建设，蜂烈山村将大批土地廉价出让给市里，使之成为企事业单位用地。而该村只剩下了几十亩的遗留地可自行支配。而这几十亩用地成为多种功能混合的高密度用地。

以下陆詹爱宇社区为例，2008年由村改为社区，现有居民900多人，土地只有102亩。人均耕地面积0.3亩，有些"城中村"人均耕地面积不足0.1亩。随着区域经济发展和城市化进程加快，农业人口和耕地面积逐年减少，农民靠耕作生存的依赖程度在减弱，农业的主导地位也在发生变化。社区原有几百亩土地，在20世纪六七十年代，因支援有色、二钢、煤机等厂建厂，无偿提供了大片土地，现有只有几个自然湾有点土地，种菜供自己吃，失地农民靠外出打工或房屋出租维持生活。[①]下陆村中土地又逐步被征用，"城中村"内的居民大多丧失了进行农业生产的生产资料。而为了获得房屋出租的利益，有的村民想方设法地抢建房屋或者通过抢占道路、绿化区等占用更大的土地，造成大量土地闲置，城市改造难以为继。

而"城中村"这种特殊空间形态产生的本质原因是城市快速扩张中的土地经济价值的驱动。根据学者杨小彦的观点，城市的发展速度是城市发展中利益获得者所最为看重的。因此城中村作为城市发展的一种阻碍必然要在空间上被改造或者被完全替换，即所谓的拆迁，但是会在一定的时期被保留。城中村的土地被改造后意味着其土地要加入到城市发展所产生的利益分配之中，而未被改造的城中村可以保留自有的空间生长方式。但是这种自有的生长方式无法与城市发展所带来的利益相抗衡，所以这种自有的生长方式必定是暂时的，必然会被城市发展的利益获得者如房地产商或者村民内部以适当的方式予以改变，但是在种种矛盾未得到解决之前，城中村仍会在一段时期内存在，与"市区高架路、豪华孤岛和炫耀型的公共建筑群落"一起构成城市的空间形态元素。[②]

8.4.5.2 城中村的分布

由于黄石市是一个在农村和厂矿企业交叉地区基础上发展而来的城市，城中村现象一直很普遍。城中村主要分布在市区主城区团城山、沿湖路两侧地带、大众山风景区、磁湖南北岸、下陆等地区。黄石市城中村私房分布非常严重，在黄荆山麓、大众山麓、下陆、黄思湾、团城山等地区分布城中村私人房约5000~6000户。"城中村"规划滞后，房屋布局混乱，缺乏基础设施配套，服务设施落后。"城中村"这种空间形态的存在与蔓延与城市规划指导下的城市扩张形成了一种对立关系。

8.4.5.3 空间的内部结构矛盾

黄石市改造"城中村"的原则是促进"城中村"在生产、生活、管理及社会文明等方面与城区同步发展。实行"村改居"的策略，即村委会改为居委会，农民的农村户口改为非农业户口，农民享受城市居民的一些福利，村庄转制为城市建制。但这仅仅是形式上对具有农村性质的"城中村"进行城市化，而村的管理方式仍然沿用农村的传统方

---

① 寻找城中村的"出路"之一. 黄石日报.2008-07-17.

② 杨小彦.城中村：重要的不是好看而是合理［J］.美术观察，2005（05）.

式。由于土地仍属集体所有，并未国有化，形成独特的土地二元制结构。在空间形态上"城中村"体现出独特性，以下陆区的占爱宇、团城山的长湾和泉塘、花湖开发区的大码头为例：民居仍旧以传统的独门独院型为主，但是村内居住、农业、工业、商业用地功能混杂，建筑占地面积大，空间使用率低，土地利用粗放。由于土地的不断升值，居民违法占地，乱搭乱建以发展房屋出租经济。这样的土地利用方式导致有限的土地得不到合理有效的利用，而城市的不断发展又需要大量的土地。于是，城中村土地的粗放利用严重制约了城市的发展空间。①

（1）村与城市的二元土地所有制的矛盾：黄石市的城中村大都在被纳入城市管理体制时直接由"村改居"。农民在一夜之间在身份上由农民变为城市居民，但现实是这些城中村的农民并未真正市民化，农村也没有成为真正的城市化空间。城中村土地权属的问题是界定村与城市的重要基础。在黄石实施"村改居"之后，农村集体仍是土地的所有权者，土地并没有像国家法律规定的那样进行国有化，城中村的土地属于"村改居"之后的居委会所有。于是便产生了在同一个城市中，存在着两种不同土地所有制的社区类型，使得用地主体具有多元性。由于在城市化过程中，土地的价值日益增加，各利益主体（政府、土地开发商、居委会、居民）为追求利益的最大化，产生了激烈的矛盾。

随着村民对土地价值认识的提高，为了短期内的效益，越来越多的违章建筑，给城中村的改造带来了巨大的困难。例如下陆区的占爱宇社区，居民为了取得更多的租房经济带来的利益和担心政府征用土地，用违章建筑进行租房的同时以期将来政府将土地进行国有化时获得更多的补偿。基于同样的原因，团城山开发区的泉塘和长湾的违章建筑面积已达6万多平方米，给以后的城中村建设和房屋拆迁工作带来了极大的困难。②

（2）空间发展的矛盾：城中村的土地规划一方面受城市发展的指导，但由于其土地仍归集体所有，并未真正纳入到城市的统一规划、建设和管理中，其发展和规划具有很大的盲目性和自发性。黄石市大多数城中村建筑凌乱，道路狭窄，"握手楼"、"贴面楼"多见，建筑间距，建筑高度都超出城市规划的标准，存在巨大的安全隐患。其次在功能设置上。体育、卫生、娱乐等基础设施不完善。外来人口逐渐增多，人口构成复杂，治安环境越来越严峻。如下陆区占爱宇社区一组万家垴自然村，违章建筑多，并且相当混乱，道路十分狭窄，垃圾到处堆，租房的外来人员多，经常发生刑事案件，居民戒备心强，人际关系紧张。"城中村"形成了既无农村恬静的乡村自然风光，也不符合城市规划的现代空间格局的特殊的空间形态。

8.4.5.4 城中村空间的利益之争

对于城中村这种空间形式的存在，处于社会不同阶层的人有着完全不同的认识和观点。一种是以政府为代表的自上而下的观点，认为城中村是一种有损城市形象破坏城市

---

① 胡定权，徐华.关于黄石市部分城中村的调查与思考.www.pl.hbnu.edu.cn/admin/news_view.asp?newsid=327.

② 胡定权，徐华.关于黄石市部分城中村的调查与思考.www.pl.hbnu.edu.cn/admin/news_view.asp?newsid=327.

风貌的空间形态,同时是一个治安和管理的死角,因此希望改造一直消除这种空间的存在。在这种观念的指导下,建筑师提出的改造方案多是与城中村自组织形成的形态截然不同的具有典型规划形态的城市住区或者商业空间;第二种观点来自于城中村的居民,作为空间的使用者和营造者,这种空间的存在是他们赖以生存的基础。当城市的发展使得这些原来拥有土地的农民成为失去土地的市民,而其本身的生存技能却无法与城市生活接轨,因此虽然有着市民的名分,但是他们的生存生产方式被瓦解。出于生存的考虑,他们选择房屋出租来获得收入,因此出租房屋成为他们的可以操作的生产方式,之后密集地增加出租房屋的面积,增加空间的占有权是随之必然的。在他们眼里,空间的形象是次要甚至不重要的。空间的规模代表着利益,因此城中村也就出现了高密度高容积率,房屋互相紧邻的现象。[①]另一方面,城中村的存在对城市风貌带来破坏的同时,也符合了一部分城市底层人群的利益。由于城中村提供了一种丰富的城市空间形态,为底层人群提供了一种在城市中生存的廉价空间形式。底层人群是城市运转中的一环,他们的缺失会导致城市运转的问题,因此城中村所提供的这种空间形态如果被宏伟整齐的城市空间所取代,这部分底层人群只能迁移到离城市更远的地方,也会造成城市运转的问题。

城中村的形成,存在和改造是两种空间的对立,也是两个阶层之间观点的对立和两种利益的对立,城中村的形成与改造实际上也是两种利益之间的矛盾。城中村这种空间形式的存在和消失都不能完全靠自上而下的方式进行控制,伴随着经济的变化这种空间形式会自然的演化,但并不是这一个时期内能够完成。

8.5 城市空间结构与功能空间营造

8.5.1 分散组团式结构

经过60年的发展,黄石城市的空间结构表现为三面有山体围合,一面临江,中间环湖,城区沿江从花湖至西塞连续带状16公里长,分布有黄石港、胜阳港、黄思湾片区;纵深从黄思湾至铁山组团长23公里,分布有陈家湾片区和下陆、铁山组团,城区呈"T"形带状形态。主城背黄荆山环磁湖临长江,受自然地貌环境制约,形成环磁湖的分散状结构形态。磁湖作为城市的中心,黄石港区、团成山新区、白塔岩至冶钢一门为城市主城区,下陆城区、铁山城区和石灰窑城区作为三个相对对立的组团。这种独立的组团结构是资源型城市发展的结果,也是自然地理条件限制的结果。城市周边为长江、黄荆山和月亮山等山脉环绕阻隔,城市在"一面临江,三面环山,中心环湖"的自然环境制约下,城市用地结构只能体现为一种较为松散的、紧凑度较低的形态。

8.5.2 居住空间营造

1989~2009年黄石的居住空间经历了迅速的发展,但是也出现了许多问题。

---

① 杨小彦.城中村:重要的不是好看而是合理[J].美术观察,2005(05).

1989~2000 年期间，改革开放和社会主义市场经济建设迅猛发展，推动城市迅猛发展，住宅建设总量迅速增长。至 2000 年底，黄石城市居住用地扩大到 11.63 平方公里，住宅总量达 966 万平方米，人均住宅面积 15.3 平方米；2001~2005 年期间，在房地产业的推动下，黄石城市居住用地扩大到 16.38 平方公里，住宅总量达 1461.2 万平方米，人均住宅建筑面积达到 25 平方米；2005~2009 年房屋建筑面积 2684.14 万平方米，其中住宅建筑面积 1644.3 万平方米。套型结构为住宅单套建筑面积在 75 平方米以下的占 10%，75~90 平方米的占 54%，90~130 平方米的占 20%，130 平方米以上的占 16%；在住房结构方面，砖混结构的住房占总数的 62.2%，钢混结构占 32.0%，其他占 5.8%。[①]

（1）居住空间的分布情况

2006 年以后，居住空间主要分布在黄金山新区、团城山片区、花湖黄石港片区、环磁湖片区及胜阳港片区。此期间，新增居住用地近 70 公顷。形成了 6 个大的居住片区，共计新增居住人口 15.0 万人。[②]其中黄金山新区是以工业为主的城区，居民以工厂职工及家属为主，以商品房、经济适用房和村镇房屋改造为主。团城山居住片区是近年来发展最快的区域，主要包括五号小区、二号小区（宏维山水明城）、三号小区（太玉庙片）、白马山小区、皇姑岭小区、丽山半岛华府、琥珀山庄等，该片区仍是未来发展重要区域。花湖黄石港居住片区是新兴居住区和原有工业改造相互混合的居住片区，发展较为迅速。建设有天方百花园、天虹小区、戴家墩小区等。新增居住用地 10 公顷，以商品房和经济适用房为主。环磁湖片区围绕磁湖湖景逐渐发展的居住区，随着城市功能逐渐调整主要为低层与多层混杂的居住形态发生了根本的变化。胜阳港片区为黄石市的市级商业中心，人口规模控制在 8 万人。通过结构调整，胜阳港片区经过改造调整了土地用途，减少人口规模，改造居住用地约 27 公顷，包括拆迁还建，建设住宅约 60 万平方米，其中商品房 50 万平方米，经济适用房 10 万平方米。河西工业园区为黄石市能

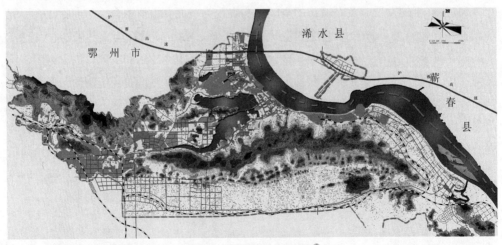

图 8-11　黄石居住空间分布[③]

① 黄石房产局统计资料．2009.
② 黄石住房建设规划 2006-2010．黄石房产局，2006.
③ 黄石住房建设规划 2006-2010．黄石房产局，2006.

源工业基地、材料工业基地、冶金工业基地，是黄石市新建的重要工业园区。目前有二电厂及振华化工厂等工业企业，先期配套基础设施投入较大，居住用地主要为企业职工住房需要。其他片区：西塞山区、铁山区和下陆区是以采矿、冶金、能源、机械工业为主的城区，居民以工厂职工及家属为主。住宅主要为20世纪70年代建设，还包括大量的简易住宅。

（2）居住空间的环境和可持续性逐渐被关注

由于黄石是先工矿后城市的发展模式，加之城市用地紧张导致城市的居住空间质量存在生态环境差、功能混杂、居住条件差等诸多问题。具体表现在大量居住区沿工业生产基地布局，而黄石重型工业结构的刚性增长，造成居住环境污染严重。特别是下陆片区、陈家湾片区、黄思湾片区；中心城区人口密度大，建筑密度高；建筑居住条件欠佳。有大量20世纪70年代前后建筑，住宅成套率水平不高，有些住户缺乏必要的厕所用房，如钢厂、有色、黄棉等单位住宅区；大量私房与城市住宅混杂，特别是下陆、铁山片区及陈家湾、黄思湾等片区，造成居住环境低下等。面对这些问题，从2005年起，黄石市的居住建设开始注重以人为本的居住环境的营造和可持续发展的策略。对居住区的环境有了更高的关注。可持续发展的思想也逐渐被引入住宅设计，开始注重建筑节能、建筑节地和建筑节材等一系列问题。例如，住宅节能方面出台了3项地方规范，《关于发展节能省地型住宅和公共建筑的指导意见》、《民用建筑节能管理规定》和《湖北省建筑节能管理办法》。对黄石市的居住建筑提出标准，到2010年，需要达到新建建筑实现节能50%；既有建筑节能改造逐步开展，完成应改造面积的25%；新增建设用地占用耕地的增长幅度要在现有基础上力争减少20%等。[①]这些措施对黄石的居住空间质量的提高起到一定的作用。

（3）房地产推动下的城市居住空间营造

传统计划经济体制下，土地没有商品属性。土地的使用是通过行政划拨和无偿使用。这种土地的利用方式使得土地的使用者随意地圈地扩张，造成土地资源的浪费。在城市建设的投资有限而城市发展迅猛的背景下，对土地使用制度进行改革，即将无偿划拨改为有偿使用是解决城市建设发展中资金问题的有效手段。这是房地产业发展的前提条件。[②]

黄石市最早的房地产开发单位成立于1982年，进入2000年以后，房地产开发单位已达上百家。至2005年，完成房地产开发投资11.33亿元，其中住宅完成投资9.74亿元，占完成总投资的85.97%。房地产开发施工面积117.62万平方米，其中住宅90.94万平方米（经济适用住房施工面积7.62万平方米）；房屋竣工面积67.38万平方米，其中住宅竣工58.15万平方米，5348套（经济适用住房竣工面积1.55万平方米，203套）。商品住房销售面积62.77万平方米，5505套。其中，现房销售面积31.34万平方米，3095套；按揭贷款购房31.43万平方米，2407套；经济适用房销售1.55万平方米，

---

① 黄石住房建设规划 2006-2010. 黄石房产局，2006.

② 吕俊华. 中国现代城市住宅：1840-2000. 北京：清华大学出版社，2003：233.

203 套；存量房销售 58 万平方米，1790 套；房改房销售 14.42 万平方米，2034 套；商品住房空置房面积 2.07 万平方米。[①]但是住宅的房地产开发也存在一定的问题。例如，黄石住宅开发缺乏集约型开发模式，直接后果就是对居住环境的改善与居住区的规模化发展产生阻碍作用，特别是在旧城改造中。因为这种模式造成旧区改造不能成片成区建设，只能"见缝插针"。在新区开发中，配套设施建设和环境建设滞后。

8.5.3　商业空间营造

黄石最早的商业中心位于道士洑镇，在明清时期是商业经济活动繁荣的市镇。到清代同治年间，黄石商业中心便转移到了黄石港地区。20 世纪 30 年代，形成了以青龙阁、八泉街为中心的石灰窑商业中心。1956 年，黄石第一次城市总体规划确定胜阳港地区为市区中心。之后随着城市的发展，胜阳港地区建成区规模扩不断大，人口密度增加，商业网点增多，黄石城市商业空间布局基本上形成了以胜阳港地区为中心的市级商业中心和以石灰窑、黄石港、铁山、下陆片区为中心的区域商业中心布局结构。

8.5.3.1　分等级商业空间的形成

至 2009 年，黄石市商业网点空间布局已经比较明显地呈现为三级分布的结构。第一级是以胜阳港地区为市一级的商业中心，第二级是以石灰窑区的上窑、黄石港区的延安路、铁山区的铁山大道、下陆地区的下陆大道为次级商业中心和第三级为就近为居民服务的社区商业中心，第三级的商业空间分布在城市的各个组团。

胜阳港商业区是市一级商业中心，以交通路区域为核心，南自颐阳路，北至天津路，西起湖滨中路，东到沿江大道，在面积 1.8 平方公里的范围内，有商业用地 15 万平方米，商业建筑面积 22 万平方米，其中营业面积 18 万平方米，拥有大型零售网点 10 个，大型家具专业市场 2 个。该区域是黄石市传统商业中心，是黄石最繁华的商业地段。网点密度高，业态、业种齐全，集中了黄石规模最大、档次最高的百货店、超级市场。但是由于历史原因该中心超强度开发，造成建筑密度高的空间格局。上窑是第二级商业中心，经过十多年的建设，已发展成为黄石的日用小商品集散地，有黄石"汉正街"之称。上窑商业中心由新建路、八泉街和黄陂街组成，面积约 500000 平方米，现有商业用地 1.5 万平方米，商业建筑面积 3 万平方米，营业面积 2.4 万平方米。但由于相关配套设施建设的滞后，造成占道现象严重、交通拥挤，这些问题都限制上窑商业中心的进一步发展；团城山片区是第三级商业中心，地理位置位于黄石城区的几何中心，是全市的政治、文化、金融、信息中心，高新技术开发产业园区。经过近 20 年的建设，已初具规模，交通便捷。但是，在开发区的建设过程中，商业网点设施的建设严重滞后，零售业态以中小型零售业态为主，商业氛围不浓厚，缺乏吸引力。

黄石商业中心等级结构及分布，一方面受黄石城市发展历史影响。黄石市是在黄石港、石灰窑、铁山、下陆等集镇的基础上形成的。而历史上，各集镇便已形成自己的

---

①　资料来源：黄石房产局统计资料，2009.

商业中心。虽然随着城市的不断发展，规模不断扩大，城市商业中心各要素作用力相对变化，但是组团自身的各要素作用力也逐渐增大，组团规模的扩大，人口增多，商业集聚力也随之增大，又因各组团之间的交通联系的局限，促使组团内商业中心区位的增长，扩大和形成。另一方面，黄石各级商业中心的形成，更重要原因受城市结构形态和交通可达性的影响。黄石的城市结构表现为分散组团式结构，城市特殊的自然地理条件，使城市各组团之间的联系较为松散。这种形态所造成的交通局限性，以及相对独立的组团分布，从而导致黄石商业中心区位的多核分布形态。而胜阳港地区作为市级商业中心，拥有最优越的对外交通条件和多条主要城市干道，其相对可达性明显优于其他各区。密度大，路网密度较高，各类设施相对齐全，使之具有较大的商业集聚力。

三个等级的商业空间之间规模差距并不均衡，市级商业中心从规模、档次都远远高于区级、社区级商业中心。城区营业面积5000平方米以上的大型零售网点全部集中在第一级商业区胜阳港地区，如中商平价超市、赛玛特生活广场、金港量贩店和新百百货等。商业街这种形式的商业空间也主要分布在胜阳港地区，以综合性商业街为主，缺少专业街、特色街。商业街的业种比较单一，商业街的形成多为临街住宅底层改建，商铺空间店面狭窄，设施简陋，多以日常生活消费、服饰、餐饮为主，因此商业街的空间形式较为平民化。在城区其他组团没有第一级的商业空间；第二、三等级区级、社区级商业中心之间则以中小型零售网点为主。这两级商业空间之间的差距较小。

由于黄石长期以发展工业为主，商业空间没有得到充分发展，在商业空间结构、布局和形态上没有形成合理的模式。黄石港和胜阳港成为全市最主要的商业中心，具有强

图8-12　黄石商业空间分布[①]

———————————

① 资料来源：黄石市城市商业网点规划2006-2020. 黄石市商务局，2006.

烈的吸引力，人口和公共设施高度集聚，因此用地呈超负荷开发势态。另一方面由于用地的紧张，相关的配套空间没有同步形成，商业空间普遍缺乏停车场、公共厕所、绿地等商业附属空间，使得商业空间在发展中面临交通不畅，购物环境不舒适等发展的制约。

8.5.3.2 传统商业区的衰退及原因

由于城区商业空间存在级别差异，而且级别差异过大，从而导致第一级商业空间出现过剩的商业空间，商业空间缺乏吸引力。自20世纪90年代以来，传统的商业中心开始逐渐衰落。

衰退主要有以下三点原因：第一，胜阳港属于中心城区，由于建设力度过大，已经超过承载负荷，建筑密度和容积率极大地超过标准，人口密度也远超合理范围。根据黄石市城市规划设计研究院的调查显示，胜阳港地区人口密度超过2万人／平方公里，建筑密度超过40%，与之相配套的绿化，公共活动空间及停车场等附属用地极少。密集的人口、住宅和公交造成环境恶化，极大地影响了该区域商贸、金融功能的发挥，同时也影响了区内居民的生活环境与质量。胜阳港传统商业区由于其土地价值的原因，引起了过多的开发建设，但是由于开发无度造成了环境恶化而阻碍了进一步可持续发展的可能，从而导致城区功能的降低，传统商业中心的地位也逐渐衰退。[①]第二，商业空间的布局构成不合理，结构失调，呈现商业空间过分集中的形态。黄石全市营业面积在5000平方米以上的大型零售网点，全部集中在以钟楼为中心的不足1平方公里区域内（图8-12），其中百货店4个、超市4家、专业店2个，营业总面积总计8.3万平方米。在这个区域内商业构成包括专卖店、精品店、便利店、购物广场、中小型超市1200余家，占到全市城区商业网点60%以上。在不到1平方公里的区域范围内，集聚了全市60%的大型商业资源，商业空间以钟楼为极点，形成过度集中的形态。另一方面，在这区域周边却存在商业资源贫乏的现象，区域四周缺少具有一定规模、档次、业态先进的商业网点。因此在区域内由于商业过分集中，业态相互重复叠加而造成商业企业恶性竞争破坏了商业的良性发展，也导致传统商业中心的衰退。[②]第三，新建商业空间不适合新的营业模式也是原因之一。新的商业模式需要大规模空间，而商业建筑的开发往往仍停留在门面的商业空间，造成大量门面过剩而大型商业无法进入的现象。

8.5.3.3 商业中心复兴和重组计划

为了复兴传统商业中心，并且调整商业空间布局的结构，黄石从2005年起，对胜阳港采取了以商业地产开发为主的旧城改造模式。商业空间的布局转变为区域内具辐射力的大型购物中心，形成布局合理的商业服务网络。

在对黄石旧城改造的基础上，黄石制订了第一部城市商业网点规划。计划在2020年以前，在黄石建设"一主两副"三个市级商业中心和区，社区商业中心三级商业布局。"一主"就是以胜阳港商业中心为主要的市级商业中心。即以交通路区域为核心，南至颐阳路，北至天津路，西起湖滨中路，东临沿江大道，面积为1.8平方公里，定位为鄂

① "商业帝国"的守望与回归. 东楚晚报，2007-08-30.

② 黄石商业圈规划 .www.hssswj.gov.cn/Article_print.asp?ArticleID=2247.

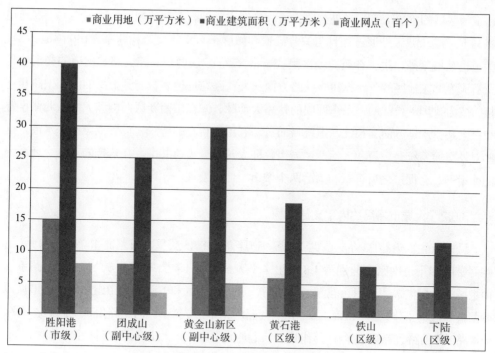

图8-13   各级别商业中心数据对比

东地区集商贸、金融、服务、文化娱乐于一体的一流商贸中心。"两副"是团城山和金山新区两个市级副中心。团城山商业中心规划范围为肖湖路以南，白马山以西，行政区以南区域，用地约10公顷。为该片及周边3~5公里半径内居民提供较高档次的购物，金融、休闲、娱乐、餐饮等服务。商业业态以档次较高的专业店、专卖店、连锁店等为主。限制发展低档次的杂食店、理发店等日常生活服务网点。相对独立的黄金山新区商业中心。定位以服务本区居民为主，兼顾服务大冶，阳新居民。规划规模为以罗桥为中心，用地8~10公顷，业态设置以大中型零售业为主，力求现代化、高档化。大中型零售网点采取单体单建形式，购物中心、百货店不超过5层，超市不超过3层。商业街以专业店、专卖店、精品店、连锁店为主流。同时也限制低档次的杂食店、理发店等。同时规定进入胜阳港的新建项目必须是独立商业项目或者商住结合项目，同时政府管理部门对商业地产项目优先安排。第一个大型的商业地产项目营业面积约4万平方米，成为胜阳港商业复兴改造开始的标志。之后不同类型的商业空间，如大型量贩式商业空间、商业街和商住一体的商业地产项目逐渐重组胜阳港的商业空间。[①]

8.6   交通系统发展

8.6.1   大黄石的对外交通系统的形成

经过60年的发展，黄石的对外交通系统已经十分发达，对外交通系统反作用于城

---

① 黄石市城市商业网点规划2006-2020. 黄石市商务局，2006.

市成为区域的重要节点。对外公路方面，已经建成沪蓉高速从城区外通过，大广高速也将马上建成从城区外通过并且与沪蓉高速和城区都有立体交通相联系，106 国道和 316 国道也从城区外通过，在黄石地区呈"十字交叉"。这两条高速公路和国道的交汇使得黄石成为鄂东地区的公路枢纽；铁路方面武九铁路在提速后，与到上海的沿江铁路相连接，成为我国沿长江的一条东西向的铁路大动脉，并在山南新区西侧和大冶城北侧设置二级大站；水运方面，长江水道绕城而过，利用在黄石的岸线，设置棋盘洲深水港。这些对外交通系统是黄石和大冶两个城市，即大黄石城市所共享。在这样的对外交通系统的作用下，会促进之后黄石和大冶两个城市一体化发展。

8.6.2 大城市格局的内部交通结构

城区有主次道路 23 条，支路 22 条。道路总长 87.5 公里，道路面积 294.9 公顷。道路网密度和干道网密度分别为 1.8 公里 / 平方公里和 1.4 公里 / 平方公里。[①]道路系统由主城的胜阳港、团城山、花湖、陈家湾、黄思湾片区和下陆、铁山组团组成。旧城以胜阳港片区为主体，是城市商贸文化中心，路网基本形成，东西向道路由延安路、沈下路、天津路、劳动路、交通路、颐阳路组成，南北向道路为黄石大道和湖滨路，呈方格状布局。团城山片区则由沈下路、杭州路、桂林路等组成。铁山组团主要由 106 国道、铁山大道等组成。下陆组团由 106 国道、下陆大道和沈下路组成。通过沈下路、杭州路、大泉路、106 国道、黄石大道、湖滨路和沿湖路将城市各片区，组团联为一体。由于城市扩张的需要，在黄思湾隧道的基础上，又形成了李家坊隧道和谈山隧道。这 3 条隧道一起连接黄荆山两侧的城市空间，为城市向南扩张减少了发展的门槛和阻力。

8.7 空间理想——城市规划的影响

1979 年、1987 年和 2000 年，黄石共进行了 3 次城市总体规划和修编。这三次规划对这段时期黄石的城市发展起到了控制和引导作用。1979 年规划中仍然认为重工业占主要地位，并将黄石城市性质定为"采矿、冶炼、建筑材料为主的重工业城市"。但是已经认识到轻重工业比例不合理的问题。在城市规模控制上，提出"小城市"的方针，认为利用大冶县和各矿点发展为独立的城镇，以此来控制黄石市的发展规模，并提出在 2000 年人口控制在 40 万人，这种城市发展的预想在之后不到 10 年的时间内就被突破。在城市布局上，根据当时分块成团的现状，提出分散组团式的城市布局结构。同时，1979 年规划中也意识到城市用地紧张的问题，提出将有污染的工厂从主城搬迁至大冶等县镇，开发建设团成山为政治文化中心，这个设想在之后逐步得到实施。在 1979 年规划的指导下，城市确定了基本骨架和分散组团式的城市空间雏形，之后 30 年的发展一直是在这个空间结构基础上进行。

---

① 黄石市国土局 . 黄石国土资源规划，2006.

1987 年由于城市规模的迅速扩张，1979 年版城市规划不能继续指导城市发展，1987 年进行修编，确定城市性质为"鄂东地区重要的中心城市，长江中游主要港口之一，以冶金、建材等原材料工业为主，加工和延伸工业配套发展，产业结构比较协调的工业城市。"在这一次规划中，提出了与 1979 年完全不同的城市发展理念，认为应该拉大城市骨架，扩大城市建设空间，开辟新区，控制发展老城区，说明已经认识到城市发展的趋势，不再采取"小城市"的发展理念。规划提出城市结构形态为中心——组团式结构，这种结构是在黄石已有的空间结构基础上发展，并且继续了 1979 年规划中的提出的团城山为主要发展方向，成为全市的政治文化中心，还第一次提出了城市远期应向山南发展的思路。这次规划中已经意识到沿江码头发展空间不足的问题，但是由于外在宏观条件的限制，没有提出向长江下游发展的理念，而是采取腾出中小企业，在原有沿江岸线增加码头用地。在 1987 规划的指导下至 2000 年经过 13 年的发展，黄石市由单一的工矿资源型中等城市逐步向开放型、多功能的现代化工贸大城市转变；西塞山工业区大冶钢厂 170 工程建成，黄石二电厂已开工建设，团城山新区已经发展成为全市政治、文化、科技中心；同时黄思湾隧道已经开通，李家坊隧道进入施工准备阶段，为城市向山南发展开始进行准备。另外从这一次规划起，已经提出资源枯竭的问题并开始对产业结构进行调整。

进入 2000 年，黄石城市发展的外部宏观环境发生了较大的变化。一是我国加入 WTO 及经济全球化。二是我国实施了西部大开发战略，而西部开发的前期重点是基础设施建设，对钢材、水泥及机电、工程用车等产品有较大需求。这些产品均是黄石优势所在，都会对黄石市工业的发展产生巨大的推动作用。在这个背景下，黄石进行了本阶段第三次城市总体规划。此次规划提出城市性质为"长江中游重要的工业基地之一，鄂东地区的中心城市。"这次规划最重要的理念是提出了黄石大冶对接的设想。黄石本是大冶的一部分，是从大冶分离、发展而来的。二者经过五十余年相对独立的发展，而今正呈现出前所未有的一体化发展趋势，有重新合二为一、融为一体的态势。这次规划认识到黄石大冶经过一个甲子发展之后由合到分、由分到合的一个循环正在开始。用地紧张仍然是这次规划重点所考虑的问题，并提出了城市不同的发展方向。同时旧城改造的问题也在这一次规划中被重点关注，对主城区的旧城改造进行了大幅度的控制。特别提出了调整旧城沿江地区用地布局，除保留客运港、外贸码头外，逐步搬迁沿江零散的仓储、码头用地。沿江岸线以生活休闲功能为主，布置广场绿地、文化休闲用地，体现滨江城市风貌。这是第一次提出对沿江港口空间的功能进行置换。在这次规划的指导之下，黄石城市继续拉大城市骨架，向大城市的方向进行发展。

9 黄石城市空间发展的动力机制

人对于生活的理想空间具有自主能动的意愿与愿望，按照理想对现实自然环境进行营造和改造。而这种空间营造根据其规模程度，是有不同时间长度要求的。对于城市空间的营造是长期性的，而且是不断动态变化的过程。在这个过程中受到诸如社会、经济、事件等各种因素的合力作用。因此具体的空间形态会呈现动态的特征，但是其方向仍旧是根据人的意志进行发展。人根据不同的需求，对城市的理想有不同的类型，形成以政治、军事、贸易或交通运输等不同理想类型为主的城市。而自然环境所提供的城市发展条件是人对城市给予不同理想的基本决定因素，也是影响城市的发展是否符合人的特定理想的基础。

人对城市空间的营造具有很强的目的性，基于不同的目的，城市也具有不同的功能。根据人的营造理想，黄石城市形成的动力机制可以分为对矿产资源的需求和营造宜居生活环境两种类型。第一种类型的理想是黄石从城市雏形到建市再到 2009 年这一段时期城市空间营造的主要动力；第二种类型的理想是黄石自 2009 年被确定为资源枯竭型城市为起点，开始作为城市空间营造的主要动力。这两种类型的理想并不是完全分开，这样的时间划分表明的是一种趋势，实际上在每个时间段都包含了两种以及其他的营造理想的影响。

9.1 资源需求形成的动力

9.1.1 各时期资源需求的促进

在农业和手工业时期，黄石地域已经出现了对矿产资源的采掘和开发。自西周时期，黄石地域就出现了五里界城、鄂王城和草王嘴城等服务于矿产资源开发和管理的城池，但是由于当时开采水平的限制，只能对位于浅表层的矿产进行开发。因此每一处矿产资源开发的时间和力度都较弱，城池的位置会随着矿产资源的情况而进行迁移。至东汉时期，黄石地域的铜矿的开采和冶炼已经得到比较充分的发展。矿冶已经成为当时的经济主体并带动发展了诸如运输、手工业等其他相关产业。到明清时期，黄石地域的矿产资源得到进一步的开采，除了铜、铁矿继续开采和冶炼外，又出现了石灰业和煤炭业，矿冶经济成为黄石地区的主要经济支柱。道士洑、铁山和保安都出产石灰，而且黄石地域的石灰产出量大并且质量上乘。明建都南京时筑城所用的青砖和石灰很大一部分都是由黄石地域所开采。到明清之间，大冶保安黄土坡一带，烧石灰围窑 36 座，黄石地域出产的石灰可以作为建筑材料等多种用途，其多元化的功用也使得对黄石地域石灰的需求量增加。这些对各种矿产资源的开发成为刺激城市形成的重要因素。

由于这一阶段，生产力发展的限制，对于矿产品需求的规模十分有限。矿产的开采主要为分散式和粗放式的方式，难以形成人口的大规模集聚。[1] 因此对于城市的形成动力较弱，只能支持较小的市镇一级的形成。这些市镇的不断形成与消亡最终确定在黄石港和石灰窑两处，在动态过程中自主地确定形成了最适合未来城市发展的生长点。

近代中国进入半殖民地半封建时期，这个时期是中国资源型城市开始发展的重要时期。由于西方列强的侵略和两次鸦片战争的失败，使得中国当时的部分思想进步的统治阶级开始反思，认识到学习西方技术和工业的重要性，开始了对中国工业史意义重大的"洋务运动"[2]。在"洋务运动"期间，清政府在沿海一带开办了一批近代军事工业，包括湖北汉阳枪炮厂等 20 个军事工厂，之后"洋务运动"扩展到船舶、铁路、建筑、采矿、冶铁等工业后，对于煤、铁、钢材以及各种有色金属矿的需求量增大，原材料的供应成为发展的主要问题，因而直接促进了矿产开采的发展。这是来自中国内部发展的刺激资源需求的因素。

为了大规模地进行矿产开采，中国出现了大量的官办或官商合办的资源开发活动。[3] 煤炭和与军事工业、交通运输直接相关的铁、铜等金属矿产得到大量的开采，矿产的开采直接促进了矿产资源城市的发展，如唐山开平、河南焦作、东北本溪等城市。大冶（黄石）作为湖北省重要的资源地区，在张之洞的推动下，开办了大冶铁矿、大冶铁厂和湖北水泥厂三所中国近代工业上重要的矿产采掘和加工企业。这些企业的建立也奠定了黄石城市空间结构形成的雏形。随着企业的建立，相应的工人和服务业人口数量开始迅速增加，各种公共服务管理和商业也开始呈现规模，城市建成区的规模快速扩张，黄石港和石灰窑两镇开始相互集聚，为形成黄石城市进一步奠定了基础。

这段时期的第二个增加资源需求的因素是西方及日本列强对中国进行了大规模的资源掠夺。在甲午战争之后，西方列强与清政府签订了一系列的矿山开采权，一方面掠夺中国的矿产资源，另一方面也为矿山开采提供了先进的技术。从这个时期开始，中国的矿产逐渐采用新法开采。[4] 这段时期，黄石所产的煤铁矿及贵金属矿被德国和日本为主的国家进行了大规模的开采和掠夺。日本为发动大规模的战争需要，着重发展钢铁

① 刘云刚. 中国资源型城市的发展机制及其调控对策研究［D］. 东北师范大学，2002：46.
② 庄林德. 中国城市发展与建设史. 南京：东南大学出版社，2002：180.
③ 同①
④ 刘云刚. 中国资源型城市的发展机制及其调控对策研究［D］. 东北师范大学，2002：46.

工业，但是由于日本本国缺乏相应的矿产资源，必须掠夺国外的矿石以提升钢铁产量。1938~1945 年，大冶沦陷期间，日本制铁株式会社直接开采大冶铁矿，对大冶厂矿进行了相应的修复并继续开发资源。在 1900~1938 年这段时期，日本共从黄石开采运走了矿产大约为 1904 吨。[①]

1949 年新中国成立以后，发展重工业成为国家经济发展的主要政策。在"一五"计划中提出"工业建设以重工业为主，轻工业为辅。重工业首先建设钢铁、煤、电力、石油、机械制造、军事工业、有色金属及基本化学工业"[②]。中国进入了工业化迅速发展的时期。中国的工业化过程与西方发达国家的工业化过程不同。西方发达国家的工业化是从轻工业为主导开始，而我国受到前苏联的影响，采用国家计划经济体制下，集中投资，大力发展重工业开始。[③]虽然这个阶段中工业发展也出现曲折变化，导致资源的开发也经历了曲线式的发展，但是总的来说这段时期中国工业化急速发展，引发的对矿产等资源的大规模需求，进而也促使资源型城市的兴起。因此对资源的需求建立在根本上工业化发展的基础上。[④]一方面，重工业发展是主导政策；另一方面其发展的条件却受到限制。新中国成立初期的 30 年间，由于国际环境对中国的限制和向前苏联学习的意识，中国建立了完全国家投资的以钢铁工业为主的重工业体系，而重工业是属于资本密集型和技术密集型产业，由于受到西方国家对中国采取的技术和经济封锁，中国的重工业发展是在一种技术相对落后的条件下进行发展。同时建国初期，国家经济基础十分薄弱，全国工农业总产值仅为 466 亿元，而其中重工业产值仅占工农业总产值的不到 10%。[⑤]这种经济技术背景对发展重工业是十分不利的。因此在发展重工业的各项要素中，廉价的资源和劳动力成为最主要的投入，以弥补资金和技术的短缺。而为了最大化最便捷地开发资源，这段时期在主要矿产资源点，兴建了大批的资源型城市。这些城市的主要特点是以资源采掘为主要产业，城市以采掘基地为核心发展。总的来说，重工业的发展是大规模矿产资源需求的背景，而矿产资源的需求是工矿城市飞速发展的主要动力机制。黄石也是在这个背景下于 1950 年建市。自建市以来近 50 年，黄石的资源开发累计达铁矿石 2.6 亿吨，铜矿 220 万吨，原煤 1.2 亿吨，各种非金属矿 5.6 亿吨；累计产钢 2865 吨，水泥 1.25 亿吨，1990 年以前武钢 70% 的铁矿石和武汉 70% 的生产生活用煤均由黄石提供。

9.1.2　城市兴起与资源的关系

黄石地域从出现城池到晚清时期的迅速发展，再到新中国成立后设立城市建制，其最根本的发展诱导因素之一是其丰富的矿产资源。对矿产资源的开发利用形成了人口的集聚以及国家对城市发展的大规模的投入所形成的外力。资源是黄石城市形成发展的基础，因此资源的开采增长期、鼎盛期和衰退期的变化也直接影响城市的发展变化，两者

---

① 詹世忠.黄石港史.北京：中国文史出版社，1992：47.

② 吕勇.新中国建立初期资源型工矿城市发展研究（1949-1957）[D].四川大学，2005：16.

③ 刘云刚.中国资源型城市的发展机制及其调控对策研究[D].东北师范大学，2002：236.

④ 庄林德.中国城市发展与建设史.南京：东南大学出版社，2002：13.

⑤ 同①

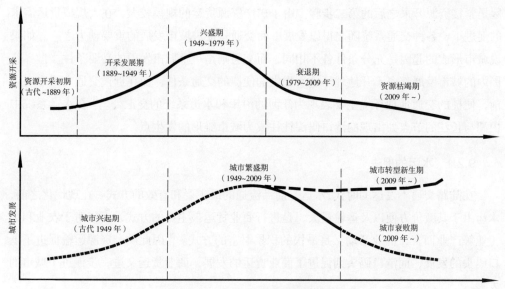

图 9-1 资源与城市发展关系[①]

的变化有一定延迟，但是基本是同步的。

从图 9-1 中可以看出，在城市兴起期，随着资源的开采量逐步上升，资源开发企业和加工企业逐步增加，而大规模的资源开发和工业生产需要大量的劳动力。因此产业人口开始迅速集聚，人口增长以机械增长为主，人口的集聚引发了住宅、商业等相关城市空间的形成，从而形成城镇。这一阶段由于主要投资用于厂矿企业的建设，城市服务设施和其他功能空间主要是厂矿企业的配套，因此相对比较简陋。伴随着产业规模的扩大，城市的规模也逐步加大，在资源开发的鼎盛期之后出现了城市发展的繁荣期。这个阶段由于资源开发和其他产业相对稳定，因此就业需求也相对稳定，人口的机械增长减缓，以自然增长为主。而在这一阶段开始形成比较完善的城市服务空间。随着资源的保有量出现衰退，城市的发展动力也出现不足，城市进入衰退期。在城市发展的衰退期，企业的生产规模逐渐下滑，产业人口失业大幅增加，很难有新的资源和加工企业进行补充。如果没有引入新的发展动力，城市经济未能及时转型，那么城市可能随着资源的衰退和枯竭也逐渐衰败。而如果能尽早地对城市发展动力进行调整，在未进入衰退期之前进行城市发展的转型，则城市有可能进入一个新的发展增长期。[②]

9.2 资源运输形成的动力

矿产资源的开采是满足人类需求的第一步。由于矿产资源的分布是具有地理属性的，并不会按照人的意志分布，因此在矿产开采之后将其运输至进一步加工和使用的地

---

① 根据相关资料绘制．吕勇．新中国建立初期资源型工矿城市发展研究（1949-1957）［D］．四川大学，2005：41.

② 刘云刚．中国资源型城市的发展机制及其调控对策研究［D］．东北师范大学，2002：44.

区是紧接资源开采之后的第二步骤。由于矿产资源货运的规模较大，在大规模货运需求的促进下，各种交通系统随之得以发展，而交通是促进城市发展的重要动力之一。如果说城市形成的起因是充分条件各不相同，而交通则是一个城市发展的必要条件。世界范围内的城市发展都离不开地理环境所提供的便捷的交通条件。而在近代交通方式出现以前，便捷的交通地理环境主要表现为江河的沿岸和水道系统的交汇处。[①]在水运系统中内湖与长江的节点处出现的港口码头往往成为城市雏形的发生点。

9.2.1　水运的促进

在陆路交通不发达的时代，水运是商品流通的最主要和有效的方式。在现代化之前，水运由于其廉价方便以及运输量大，是进行商业货运最主要的方式，而相对于农业和手工业等产业而言，商业活动又是最快的积累财富的方式。[②]因此矿产资源运输促进了港口码头的发展，而港口码头则促进了商业货运的发展，商业货运又进一步促进了城市的发展。

黄石地域的主要矿产点分布在大冶铜绿山等地，黄石地域内湖和长江连通，而同时陆路相对闭塞。因此内湖水路航道的开发，将矿产资源运送至沿江地带，从沿江地带通过长江运输至其他地方，这种运输的发展直接促成了沿江市镇的发展。至明代，已经形成了比较稳定成熟的水运系统，铜铁矿石等大宗货物一般都由大冶港等作为内湖运输，经黄石港、漳源港运往沿江各埠；铁山开采的贴矿石，经过木栏畈中转装船，经华家湖进入黄石港入江。货运已经发展成为当地一种比较固定的产业。

由于港口码头是水运的必需空间要素，为了适应大规模频繁水运的需要，在东汉末年就形成了采运铜矿的古港。唐末宋初，黄石港口已经成为舟船辐辏的繁忙港口，也因此带动了商贸的兴盛，同时朝廷通过黄石港口储备转运物资和金银钱币也进一步促进了黄石沿江市镇的兴起和发展。明末清初，在内湖外江的港口共出现了文昌阁、道士洑等15座码头，其中黄石港码头6座，而且这些码头基本趋于固定。码头的固定和港埠的繁荣直接促进了区域生产力的发展。近代之后，以张之洞为代表的洋务派继续利用黄石优越的水运条件和丰富的矿产资源，成立了黄石发展史上重要的企业"汉冶萍煤铁股份有限公司"，加大了对矿产资源的开采和运输。在民国及日军占领期间，黄石的港口建设一直没有中断，这些港口成为之后的五大厂矿企业的建设基础。这是港口在城市雏形期对城镇发展的影响。

9.2.2　铁路的促进

在晚清张之洞时期，为解决将矿石由腹地铁山向沿江运输的问题，采用了另一种交通方式，当时先进的铁路运输方式。铁路在当时是一种新型的陆地运输的重要方式，在各种运输方式中最具有综合优势，运输能力大，运输速度快，不受天气的影响，适合

---

①　隗瀛涛. 中国近代不同类型城市综合研究. 成都：四川大学出版社，1998：695.

②　隗瀛涛. 中国近代不同类型城市综合研究. 成都：四川大学出版社，1998：712.

中长距离的货运和旅客运输。[①]而相对于水运的最大长处是不需要借助天然的水道系统，可以将内陆腹地与沿江港口和市镇的联系，从而直接促进交通不发达的腹地的城市发展。黄石主要矿产地铁山位于距离沿江 30 公里且没有内湖水道，而每天运输的矿石达到数百吨之多，超出了传统陆路马车的运载能力，因此为了将铁山的矿产运输至长江沿岸，于 1892 年修建了铁山至石灰窑的铁路。[②]这条铁路的形成从功能上满足了矿石运输的需求，也提升了处于腹地的铁山对外联系的能力，而这条铁路本身也成为黄石城市发展的骨架。铁路的沿线成为今后城市轴向发展的主要依托，铁路的起点和端点成为城镇兴起和发展的增长极。铁山至石灰窑铁路的建成，推动黄石城市空间由石灰窑、黄石港及道士洑等沿江南北轴向发展转变为向下陆和铁山东西纵深的轴向发展，初步奠定了黄石城市 T 字形的格局雏形。由于铁路的出现更加进一步提高了资源运输能力以及对城市发展的影响。交通运输方式的变化也影响城市原有的单轴线向双轴线的形态发展，铁路形成之后又建造了与铁路同线的公路，公路和铁路共同形成了黄石城市的纵深轴线，之后沿该轴线形成了构成黄石重要空间元素的厂矿，促进了黄石城市的轴向扩张。

9.2.3　港口的促进

进入 20 世纪 90 年代之后，国家的经济发展重点由华南沿海地区逐步延伸到国家腹地的长江流域，形成了"T"字形的经济发展格局，以浦东为龙头，向长江辐射。在这个经济重心调整的背景下，长江的水运得到了进一步的重视。1990 年国务院做出进一步开发长江沿岸城市的决策。黄石在地理位置上处于长江中下游，位于"T"字形经济带的主轴线上，上游与我国重要腹地重庆相连，下游与出海口上海相连，具有优良的港口水运条件。黄石具有大规模的资源运输的需求，20 世纪 90 年代矿产资源的产量已经达到了较高的水平。根据统计，其年铁矿石产量约为 117 吨，钢材为 78 万吨，水泥 214 万吨，煤炭 173 万吨，另外还包括粮食、纺织、化工等货物运输。[③]这些物资都需要通过港口进行运输，直接推动了港口的发展。而港口本身是一个城市商业贸易和经济发展的重要条件，借助于港口发展的作用力，黄石城市在近 40 年的时期内得以迅速发展，在 20 世纪 90 年代后逐步趋向于形成三个城区即团成山开发区、磁湖高新技术开发区和花湖开发区和一个港口即黄石港特殊的城市格局。城区和港口两种空间要素在发展中互相联系，互相促进，港口成为城市发展的支撑点和促进黄石城市发展新的动力，也成为城市性质由工业城市向工贸城市的逐步转型。[④]

进入 2000 年后，随着全球经济一体化的大背景，港口已经成为经济发展的主要动力。国际间的贸易往来进入鼎盛时期，90% 的货物运输是通过海上运输实现的。与海运连

---

① 隗瀛涛.中国近代不同类型城市综合研究.成都：四川大学出版社，1998：712.
② 詹世忠.黄石港史.北京：中国文史出版社，1992：46.
③ 中共黄石市委政策研究室黄石市企业党委书记联谊会.黄石市"港口与城市"理论研讨会论文汇编，1985：16.
④ 中共黄石市委政策研究室黄石市企业党委书记联谊会.黄石市"港口与城市"理论研讨会论文汇编，1985：16.

通的港口成为带动区域和城市经济发展的重要因素，也是城市产业结构转型的重要推动力。功能强大的港口，对于城市的经济发展和综合竞争力有重要的提升作用。另一方面，黄石中心城区经过多年的发展，建设用地已经基本饱和，黄石主城区港口区域与城区之间长期的交错发展已经产生了一定的资源竞争性。主城区的港口发展用地开始出现严重不足，库场面积规模小，沿江岸线资源紧张且使用功能不合理；码头数量多但是港口的结构性矛盾突出；港口设施简陋缺乏多方式的联运；港口疏散条件差以及地区产生的污染较为严重。因此随着经济发展对港口的要求和规模的提高，黄石旧城区的港口已经不能适应发展的需要，无法继续扩展成为符合新要求的完备港口。旧港区不适应新的经济发展成为新港区建设的诱因。在发展新港区物流运输的背景下，必须有新的符合发展要求的港区逐步取代黄石旧港区的功能，而在黄石和阳新的交界处的棋盘洲是具有天然深水条件的区域，可以发展成为长江流域重要的深水港区，因此这个区域成为黄石未来城市跳跃式扩张形成的新城市生长点。根据黄石相关规划将开发棋盘洲港区作为黄石港的新港区，并作为黄石物流运输的水陆联运中心，而这个港区也成为牵引黄石城市沿江向东扩张的极点。

黄石港与黄石中心城区的发展关系可以从集聚与分散的角度分为四个阶段。第一阶段，港口与城市的关系属于传统的港口城市格局，港口与城市融为一体，城市的工业、商业和服务业围绕城市高度聚集。港口的运输和中转的基本功能诱发形成了港口管理和货运集散等部门，这些部门成为港口与城市联系的媒介，也是港口促进城市发展的基本原因。由于在港口发展的初级阶段受到技术条件和地理条件的限制，港口的区域优势是港口形成的关键因素。地理位置优越，经济基础较发达的地区容易成为贸易港口，如黄石港。港口一旦建立，则带动贸易和港口相关产业的发展从而推动城市的形成与发展。在这一阶段中，由于港口的空间范围狭小，港口与城市融为一体，城市中心区与港口在功能上相互交叉。城市对港口的依赖性很强，属于港口与城市的集聚发展的初期。

第二阶段，随着港口的发展，港口功能日益多元化，与港口中转运输相关的第三产业成为港口经济的不可或缺的部分。当港口到一定规模开始聚集国内外的生产要素和市场时，港口陆域便成为利用港口输入原材料，输出产品的临港大工业和出口加工业的优势区位。临港工业在港口陆域的集聚是城市发展的强劲动力，也是港口与城市关系最为重要的媒介。港口工业的发展除了自身经济总量的增长，广泛的产业关联产生强大的带动力，促进城市规模的扩大和经济功能的多元化。在港口的相关产业和基础产业发展为港口城市的主要经济部门的时候，港口与城市在空间形态上也相互融合。港口与城市开始一体化发展，港口承担运输和临港工业，城市为港口提供商贸服务。

第三阶段，随着工业与商业的迅速发展，铁路、轮船等技术的进步以及日益增长的国际贸易带来的港口规模的持续膨胀，船舶大型化的趋势日益增强以及港口城市的不断发展扩张，使港口周边的发展用地出现紧张状况。港口的发展超出了城市所能容纳的空间，港口设施的集聚膨胀影响了城市空间的利用方式，城市面临巨大的空间压力以发展独立的工业、商业和住宅区，港口与城市从之前的集聚发展阶段开始向分散发展阶段转变，港城的发展趋势要求港口从城市中心区分离，迫使港口向外迁移。

第四阶段，港城分离后各自进行新的功能定位。原来在城市中心区的港口的功能进行了转移，原有的码头及设施进行拆除，建设滨江风景绿化带，发展成为具有滨水环境优势的城市空间区域。外迁的港口形成新港区，由于有了更大的发展空间，港口的功能更加完善，除了在交通运输中的作用外，也外生出物流、配送、运输、储存、包装、加工等其他产业，形成多元化多方位的综合物流产业区，成为连接国内外生产与消费的节点，也成为区域内提供运输、保险、金融等服务的商务中心。新的港区与城市已经分散，不再属于城市中心区的空间范围，而成为城市新的扩张区域的成长点[1]。

9.3 工业化发展的动力

9.3.1 工业化发展时期的促进

矿石资源开采之后，部分矿产品或者副产品直接就近加工，成为商品后供本地使用或者再销往外地。这种就近加工的方式带动了当地手工业的发展。在工业化时期之前，这种工业化的雏形已经出现。雍正时期手工业已经形成了专门的工场作坊和个体手工业两种类型。工场作坊生产犁头、鼎罐和火盆等手工业品；个体手工业的产品种类较多涉及农业生产和日常生活五种类别，分别为金属制造业、农业工具以及木材加工业等。在第一次鸦片战争之后，洋务运动的背景下，黄石开始开办相关厂矿，这也标志着黄石开始进入工业化时期。随着大冶铁矿开采能力的逐年增加，至1920年已经超过80万吨[2]。根据这个情况在石灰窑修理厂的基础上，建立了大冶铁厂，并在1917~1932年间，拥有当时中国最大的炼铁炉。依托石灰窑的石灰资源，以及当时修建铁路造桥等对水泥的巨大市场需求，张之洞在石灰窑开设了当时国内第二家水泥厂。为解决各大厂矿的生产需要的能源动力问题，在各厂矿自办用电的基础上兴建了大冶电厂。至1949年新中国成立前，黄石已经形成了矿产开采加工以及能源等相关产业链条的五大工业厂矿。这些工业厂矿对城市功能空间的发展起到了主要的推动作用。厂矿的兴建首先通过大量的厂房营造了城市的工业空间，其次为满足工人的居住建造了大量的城市居住空间，产业人口的集聚又带来了商业的需求。因此商业空间得以发展，还包括相应的管理服务空间等。

在传统计划经济体制下，中国的资源开发主要是以国家投资的方式，资源型城市是国家资源开发利益下建设发展的产物。同时由于计划经济政策的要求，经济发展是首位，城市建设属于从属地位。因此服务于经济发展的资源和加工企业是城市发展的主导。在"先生产，后生活"思想的影响下，城市的基础设施和公共服务空间，包括医疗、教育主要是以企业为单位进行建设，其建设、归属和使用也是各企业负责。而由于企业是国家投资建设，相关的各企业也是国家或者地方政府的企业单位，资源开采的利润收益也由国家享有，能够用于当地城市建设的资金十分匮乏。从而从这两个方面限制了资源

① 黄石新港物流园区总体规划. 湖北省城市规划设计研究院，2009.

② 詹世忠. 黄石港史. 北京：中国文史出版社，1992：55.

型城市的发展，而有能力发展的是城市中的相关企业。从而各工矿企业成为城市发展的主体。

9.3.2 工业企业与城市发展的关系

资源型城市的发展基本都是从相关企业的发展开始[1]，黄石的发展也是符合这个规律从五大厂矿的建立开始。企业在空间和经济活动上都是城市的主要组成部分，企业的职工包括家属构成了城市人口的主要组成部分。企业的特点主要表现为：人员众多，包括产业工人及其家属；空间规模大，职能全面包括生产、生活、教育文化、医疗和商业等。从这些特点可以看出，企业不仅仅承担生产的功能，还承担城市的相关职能，因此企业具有了城市的特征，也被称为"单位制"。这样的单位制的企业在空间和经济上具有特殊的独立性，而要实现上述职能，在空间上以一个小型城市的形式出现，每个企业都有独立的基础设施、交通系统，以及居住、教育、文化医疗等功能分区，各个企业以城市的方式发展。黄石主要企业华新水泥厂建有 5 个工人新村，全场 80% 以上的职工居住在职工宿舍，企业自办的公用事业有剧院、幼儿园、招待所、教育培训学校以及一所职工医院。同时拥有专用铁路线 10 公里，与黄石火车站相连，自用码头 3 个。[2] 其他的主要企业大冶铁矿也建有大量职工住宅、中小学和医院等公用设施。

由于工业企业是城市发展的主要单元，因此重点企业的选址以及产业空间格局对城市的形成发展和空间形态也起着重要的影响作用。在 20 世纪 70-80 年代黄石市的主要企业华新水泥厂、大冶钢厂、黄石电厂，占全市的生产总值的近 70%，其职工人口占全市人口的 50% 以上[3]。多数企业集中分布在沿江和沿铁路线分布。其主要原因是：第一，企业可以利用已有的交通线路，节省市政基础设施的投资；第二，所有企业都具有大量原材料及产品运输的需求，靠近交通运输线可以极大地降低运输成本；第三，重工业企业的建立和发展会带动其他相关工业部门的发展，针对一个重点工业企业的发展，其相关的工业企业要在相邻的地段内布置，以便进行联合生产。根据矿业开采与加工的规律，不同工业部门的企业在一定地段内布置也可以为厂际合作，轻重工业搭配以及共同使用企业外的公用设施形成有利条件[4]。因此各企业特别是属于产业链相关产业，具有上下有关系的企业，沿某种交通轴线布置可以起到关联企业的流水线作用。根据这个工业企业的组织模式，黄石的工矿企业在空间配置上都是沿 T 字交通轴线布置，占产值 80% 以上的企业。矿山分布在武黄铁路沿线，企业的分布也依照交通周线呈现 T 字形结构。全市规模以上企业的生产车间与两条轴线之间的距离都在 1 公里以内。因此城市工业的产业空间格局也决定了城市的空间结构。

① 刘云刚.中国资源型城市的发展机制及其调控对策研究［D］.东北师范大学，2002：16.
② 华新志编辑委员会编.华新厂志：第一卷（1946-1986）.华新志编辑委员会编，1986：136.
③ 资料来源：黄石市统计局编.黄石建市五十年.2000.
④ 中国科学院地理研究所编.城镇与工业布局的区域研究.北京：科学出版社，1986：163.

9.4 商业发展的动力

在资源运输和产业人口集聚的背景下，商业也具有了发展的环境，而商业的发展又进一步促进了城市的发展。在城镇形成的初期阶段，随着商业与手工业的发展以及往来商人的住宿需要，首先在沿江的港口码头周围逐渐聚集了大量的商贩和手工业者，由于人口集聚规模的扩大，港口的用地规模也不断向外逐步扩大。商品集散，长距离贩运带来的人流对各种服务的需求，在港口周围逐渐形成了旅店、餐馆、茶馆等商业服务要素，为港口的运转提供必需的生活条件。第三产业的兴起，逐渐形成了具有商埠性质的区域，成为以后市镇发展的基础。例如石灰窑区，在日本占领黄石期间，作为掠夺矿产资源的中心，逐步发展了石灰窑的商业规模，开办了各种商业设施。同时通过成立商会控制和发展商业活动，使得原来只有几家土窑和十几家杂货店和摊点的小镇迅速发展成为繁华的商业市镇。[1]大量的旅馆、餐馆和戏院等商业设施出现，至 1938 年石灰窑已经发展成为一个殖民的商业重镇。

在城市发展初期，商业对城市空间的影响以商业街道的形式为主，街道空间构成了城市空间的雏形。黄石老城区的商业街道的形成诱因主要是工业和运输，也有战争和水灾等其他因素的影响。在发展初期，商业街道主要集中在石灰窑地区。

1890 年，铁山至石灰窑运矿铁路建成后，在石灰窑上窑设车站，之后大冶铁矿在上窑建立修理厂。1903 年上窑杂货码头设立码头工人组织"箩行"，由于这三个条件的促进，使得大批的工人及码头劳动力在上窑集聚，促进上窑商业的发展，从仅有两家小杂货店的商业规模迅速扩大至多家大的商铺和众多摊点的商业规模。1908 年富源煤矿和 1913 年大冶铁厂的建立，使得上窑成为工业发展的重要地点，也促使了大量的店铺、饭馆和客栈等商业建筑的产生，[2]并初步形成了长约 250 米、宽 8 米的主要商业街道和平街。在此期间，由于占领区的原因，原来位于上窑的商铺被迫迁往相邻的以居住为主的八泉街，又带动了八泉街的商业发展，使八泉街在新中国成立前已经发展成为长百米、宽 3 米的具有各种类型商铺以及一座戏院的商业街道。1875~1909 年，由于石灰窑的煤窿和石灰商号遍布，促使了对货运的需求，在石灰窑东侧沿江形成了曹家埠货运码头，并在码头周围形成了一定的商业空间为煤炭和石灰商人服务。明国初年，大冶铁厂和富源富华两所煤矿在曹家埠建立，码头区的商业因此随之得以发展，吸引了大量农民摆摊设点进行小商品交易，并开始建设房屋，从狮子头山至曹家埠形成了几处较有规模的商业集聚点。1938 年日军占领石灰窑后，这里成为为日本人提供商业娱乐服务的主要地区。在狮子头沿江一带形成了一条长 200 米，包括茶馆、酒楼、饭店、客栈等设施的商业街道，后成为沿江街。1954 年，由于石灰窑受到百年不遇的洪水影响，居民迁徙至地势较高的太平场，并摆摊设点经营小生意，从而逐渐形成了一条长 130 米、宽 7 米的商业

---

① 詹世忠．黄石港史．北京：中国文史出版社，1992：81.

② 政协黄石市委员会文史资料委员会编．黄石文史资料第 10 期．黄石：政协黄石市委员会文史资料委员会，1987：29.

街道黄陂街。形成于民国时期的黄厂街，因富华煤矿在黄思湾开设井口而形成，但是在新中国成立后大冶钢厂的几次扩建中得到逐步发展最后形成了长600米、宽7米的位于石灰窑地区的主要商业街道。这些商业街道的形成，构成了黄石老城区的基本雏形，也是黄石以后发展的基础，其中部分地区至今仍是黄石主要的商业中心。

在新中国成立后至1979年，由于发展重工业的思想主导，"先生产，后生活"的观念以及政治因素的影响商业服务不被重视，甚至被视为"资本主义的尾巴"而被打压的黄石商业发展进入了一个萧条期。城市人口持续增加，但是商业人口持续减少，商业空间成为城市功能要素中发展最缓慢的功能要素之一，主要作为大型企业的附属设施为各企业职工服务。至1979年末，才开始出现百货商场等分散的点状商业空间，但仍未形成影响城市空间的聚集型商业中心。这一段时期是商业对城市空间的影响力最弱的时期，也是城市工业化扩张为主的时期。

1979年之后，由于改革开放的政策促进，以及人均收入水平的提高，商业得到了有力的发展条件，形成了相对集聚有一定规模的商业空间。以胜阳港地区为最大的城市商业中心，石灰窑区的上窑、黄石港区的延安路、铁山区的铁山大道、下陆地区的下陆大道为第二等级组团商业中心，以及分散的就近为居民服务的社区商业中心。由于黄石城市的发展在黄石港、石灰窑、铁山、下陆等集镇的基础上形成，商业空间的组团式格局也是影响城市总体结构的重要因素。每个商业中心对应一个组团，虽然随着城市的不断发展与扩张，各组团自身的各要素作用力也逐渐增大，组团规模的扩大，人口增多，商业集聚力也随之增大。由于城市各组团之间交通联系的局限，促使商业空间在各自组团区位内的增长和扩大。另一方面由于各组团都具有自己的商业中心，因此减弱了城市各组团之间联系的需求，使得城市空间有能力在空间结构上保持一定的相对独立性。同时胜阳港地区的主要商业中心，拥有最优越的对外交通条件和多条主要城市干道，其相对可达性明显优于其他各区。密度大、路网密度较高、各类设施相对齐全，使之具有较大的商业集聚力。大型零售网点全部集中在胜阳港地区，使得这块区域超强度开发，建筑密度高，人口密度大，促进该地区发展成为整个城市的中心地区。

9.5 后资源时期的动力——后资源工矿城市的定位

9.5.1 宜居城市

在长期的资源开采和单一的工业化发展之后，矿产资源开发已经不再是促进城市发展的动力，而城市发展上也出现了相应的各种问题。第一，城市的生态环境遭受了严重的破坏。资源的开采、加工及转化过程中对环境造成严重污染。城市空气的PM10和SO_2超标；城市内湖泊出现不同程度富营养化特征；工业固体废弃物产生总量巨大[①]；在城市景观方面，城区共有开山塘口140多处，被破坏需要治理的矿山植被面积约7平

---

① 黄石市资源型城市转型规划研究. 中科院地理研究所，2009.

方公里，矿产开采对地形的破坏引起水土流失的面积高达 1312.72 平方公里。第二，由于城市人口的大量积聚，同时由于企业转制，倒闭或者经营效益的原因，导致大量的产业人口下岗失业。从而影响了城市的社会环境。污染和景观破坏以及社会问题，极大地降低了城市的生活条件，影响人对于生活空间的最基本的需求，也同时促使人们对宜居居住空间产生更加强烈的需求，成为城市空间转型发展的动力。

宜居的城市在国内是一个较新的概念，目前没有统一的定义[①]，但是普遍认为宜居城市应该包括城市物质环境和社会环境两个方面，营造环境安全舒适具有美感，城市居住者有充分就业机会生活便利的人居城市空间。根据黄石城市的自然环境条件和产业基础，符合黄石的宜居城市应该具有优美宜人的宜居生态基础，包括水体、山体以及大气环境的治理；和谐的居住环境，包括居住空间的建设、工业空间的搬迁和建筑密度的控制；完善的配套服务系统，包括公共服务设施生活型服务业等[②]。因此黄石城市空间营造从以工矿企业为主导转变为以宜居的人居环境为主导，在城市不同的功能空间将会出现强化、迁移和置换等不同的发展。其主要表现在工业空间的迁移和重新积聚，景观空间的出现，居住空间的强化与分化三个方面。

城市中原有污染较大的工业空间将逐步迁出主城区，而被置换为其他的符合宜居空间需求的相应功能，如华新水泥厂的搬迁。因此原有的以工业空间为主的城市空间格局将被逐步更替，在城市的新区形成新的工业空间的集聚，以工业园区的方式重新成为相对主城区独立的城市空间，主城区部分工业空间会以工业遗产的形式保留。

城市范围中的山体、湖泊等自然要素再次成为城市空间营造的重要因素。黄石城市发展历史上，山水等自然要素曾经是城市空间的主要要素。在明清时期，已形成了"三台八景"的自然山水与人居环境相融合且风景宜人的居住环境。[③] 在以工业发展为主导的时期，自然要素被忽视，因此在新的宜居城市的发展阶段，大众山、团城山、磁湖、青山湖等成为营造城市公共绿地和开敞空间的有利条件。其中位于城市空间中心的磁湖成为城市景观的重要组成，而原有的环磁湖的空间成为城市主要景观空间，原有的企业将逐步向外迁移。

城市空间格局中工业和居住空间混合的形态将发生改变，原有的在"先生产，后生活"以及方便生产的生活空间营造的理念下形成的城市空间已经不适合宜居城市空间的要求。因此对既定形成的工业和居住混合的城市空间将进行控制，限制对不合适的工业空间的引入，同时已存在的工业空间将逐步向外迁移至城市的工业新区，使工业空间相对集聚同时与居住空间相隔离。为了提升城市中心区的居住环境，原有旧城区居住空间和具有开发价值的棚户区将会在商业开发的驱动下消失；城市中心区的居住区由于环境优良而住房价格上升，因此贫困人口的居住空间将迫于价格的原因迁移至城市边缘区。

---

① 赵勇. 国内"宜居城市"概念研究综述 [J]. 城市问题，2007（10）.

② 同①

③ 罗继业. 黄石山水大势及其在本地区历史发展中的开发和利用 [J]. 黄石教育学院学报，1984（01）.

9.5.2　长江流域物流节点

产业转型是对后资源时期城市发展动力的要求，而动力的形成必须以黄石现有的自然地理环境条件以及外部市场的需求为依托。目前鄂东地区还没有形成大规模综合物流服务的主体和现代物流服务网络体系；另一方面黄石是长江中游重要的工业基地，制造业发展的原材料和产品销售都需要对外运输，因此随着黄石大规模产业基地的逐步开发，相应的物流服务需求也将十分巨大。同时黄石是鄂东南和鄂、赣、皖交接的重要商品集散地。黄石本身具有水陆和陆路优良的交通体系。水运方面，其在长江流域的综合运输网中是国家物流产业"承东启西，贯通南北"的关键，具有发展现代化交通的良好地理条件。黄石市地处长江中游南岸，东临长江黄金水道，是国家一类口岸，其外运码头对外籍船舶开放。铁路方面，铁路交通西连京广、东通华东；公路交通有国家纵横交织的沪蓉高速、杭瑞高速、京珠高速、大广高速公路穿过。在深圳至蒙古的阿深高速分别与黄石长江公路一桥和即将开工的二桥连通，港、澳、珠跨海大桥修通之后，由黄石发出的货物一日内即可到达香港。在公路运输上，黄石与武汉通过106国道、沪蓉高速公路黄石段（武黄高速）相连，黄石与武汉可在1个小时内到达，黄石与鄂州有公路相连；远期还有罗桥至武汉一级公路、阳新至武汉一级公路、铁山至武汉一级公路，黄石至咸宁高速公路，枫林至武穴高速公路，大冶至鄂州一级公路，阳新—大冶—武汉高速公路。武九铁路将黄石与武汉相连，通过长江水道，黄石港与武汉港紧密连接。

黄石港是全国28个内河主要港口之一，是湖北省鄂东南地区最大的货物集散地和贸易中转港口，是面向沿江、辐射沿海的水陆交通枢纽，1993年被批准为一类对外开放口岸。黄石港的直接经济腹地为黄石市；间接腹地为黄冈市、鄂州市以及咸宁地区，具有良好的区位优势和港口条件，外部条件和内部区位优势都将是推动黄石成为鄂东地区的交通枢纽和和长江流域物流结点的动力。

10 黄石未来城市空间的发展

10.1 资源枯竭——资源依赖型城市发展所承受之重

2009 年，国务院确定黄石为第二批资源枯竭型城市之一，这标志着依赖资源的采掘及配套的重工业加工的城市功能定位已经结束。自 1950 年建市以来，黄石的资源开发累计达铁矿石 2.6 亿吨，铜矿 220 万吨，原煤 1.2 亿吨，各种非金属矿 5.6 亿吨；累计产钢 2865 吨，水泥 1.25 亿吨，1990 年以前武钢 70% 的铁矿石和武汉 70% 的生产生活用煤均由黄石提供。黄石在我国工业化进程中起到了重要的作用，在近代拥有华新水泥厂、大冶钢厂、源华煤矿、大冶钢厂和黄石电厂五家百年厂矿企业，是中国近代民族工业的摇篮和发祥地之一；建国之后黄石成为了全国重要的冶金，建材和能源等原材料工业基地。

10.1.1 黄石矿产资源枯竭的状况

经过长期的开采，黄石的矿山资源保有储量大幅下降，主体矿山已进入衰退期。主体矿山产量大幅下减，铁矿石产量由 1971 年的最高值 642.44 万吨降至现在的 400 万吨左右；原煤产量有 1989 年最高值 263.5 万吨，降至现在的 120 吨左右。矿务局由 20 世纪 70 年代的 10 座矿山减至现在的 4 座，年产量 50 万吨，现在矿山服务年限只有 30 年。有色金属公司的 10 座矿山只剩下 4 座，自产铜矿石只能满足生产能力的五分之一。由于资源储量的下降，大批矿山企业相继闭坑。自 20 世纪 70 年代以来，随着资源逐步枯竭，先后有道士洑煤矿、有色下属新冶煤矿等 16 家煤矿相继闭坑；大冶铁矿，胡家湾煤矿等 14 座大中型矿山已成为危机矿山，目前保有储量的占累计探明储量的不到 30%。同时为保护生态环境，2006 以前陆续关停了 40 多家水泥生产企业，2007 年又关停 14 家水泥生产企业，之后将陆续关停对环境有污染的矿山。因此黄石采掘业已经开始逐渐萎缩，对加工业发展的支撑作用减弱。1950 年，采掘业占城区工业总产值比重超过 20%；

经过"一五"到"四五"时期的发展,采掘业比重上升到接近30%;从1980年以后,采掘业比重逐年下降;到2006年,采掘业占市城区工业比重仅为15.16%。[①]

10.1.2　经济发展对资源过度依赖

重工业在黄石城市经济结构中占主导地位。黄石是一个传统重工业基地,经济结构一直偏重工业,产业结构不均衡,呈现以第二产业为主的发展模式。而且在第二产业内部,重工业的比重仍然高达90%,其中以冶金、建材、采矿为主的传统产业经济总量又占70%以上。

黄石的工业经济由八大产业构成,分别为黑色金属、有色金属、建材、饮料食品、纺织服装、高新技术、机械制造和能源。其中资源型产业的比重很大,全市八家支柱产业以依托资源为基础的黑色金属、有色金属、建材和能源四大产业为主,年销售收入占到总收入的82.28%,企业数占到50%以上。而骨干企业对资源有着较强的依赖性,2008年销售收入前20名的企业当中,资源型企业有16家,占80%,重点调度的40家企业中,资源型企业占到25家,占62.5%。其中黑色金属产业龙头企业新冶钢,年消耗铁矿石245万吨,消耗标准煤153万吨,有色金属产业企业大冶有色金属公司,年消耗精矿100万吨;建材企业华新水泥厂,年消耗石灰石2000万吨,消耗标准煤300万吨。[②]

10.1.3　资源枯竭对资源型产业的影响

黄石市的主导产业和重要企业属于典型的资源依赖型,矿产资源的萎缩对黄石的工业经济带来极大的冲击,也制约着工业经济的进一步发展。受资源枯竭影响,矿业生产后劲严重不足,全市几座大型矿山因矿源萎缩而产量锐减。资源产业的衰退导致经济发展速度减缓,同时使得创业、再就业和产业结构调整的压力异常巨大。

10.1.4　城市发展的问题

经过长期的单一产业发展,以及"重生产,轻生活"的指导思想,黄石的城市发展出现了多方面的问题,这些问题制约城市可持续的发展,也影响城市合理的空间结构的形成。

10.1.4.1　城市功能结构相对独立缺乏联系

黄石因矿建厂,因厂设市,在"先生产,后生活"的观念指导下,城市建设分散,欠账较多,从而产生了城市功能不完善,土地利用混杂等问题。首先,城市的功能不完善,各城区定位不明晰,城区的基础设施和服务设施等级较低。城区之间的功能雷同,未形成分工合作的互动机制,城市整体上呈现出高度的功能扁平化趋势。城区之间以及城区与周边城市的功能联系不足,没有形成现代化的网络状交通联系。作为区域性中心城市,黄石市缺少一个功能强大的交通枢纽。在土地利用方面,城市土地利用混杂,城区居住

---

① 黄石矿务局情况汇报.2009.
② 黄石市经济委员会统计材料.2009.

环境质量较差，城区人均建设用地 75 平方米，与全国和长江中游的各大地级城市相比，人口密度偏高。城市建城区与矿山企业的土地利用混杂较严重，不同种类的用地之间缺乏绿化隔离。随着资源枯竭，大批矿工失业，只能居住在原矿区内临时搭建的棚户区内，人均居住面积不足 10 平方米，环境恶劣。在空间结构上，城市空间发展方向和空间结构不明晰，没有形成区域中心城市的框架，由于城市发展和空间布局受地形、河流和行政区划等因素影响，在城市主体发展方向上摇摆不定，在一定程度上制约了城市总体框架的形成。长期以来，主城区发展没有跳出老城区黄石港区有限的发展空间，西塞山区、下陆区和铁山区基本是以某一种资源为主体发展起来的，城市基本功能尚不完善。而黄石港区位于黄石市最北部，距离其他区县的距离都较长，对于其他城区发挥的服务功能和辐射带动作用较弱。尤其是四个城区，再加上大冶、阳新之间缺乏快速交通体系的高效连接，彼此之间相对独立发展，没有形成一个区域中心城市的强大内核。

10.1.4.2 城市空间形态受地形制约严重

黄石位于外江内湖，三面环山的地域空间，城市主要沿长江呈狭长形发展，城市空间拓展受到极大的局限。

首先，由于沿江的狭长地带所提供的城市用地在东西方向上是极为受限的，城市的轴向发展有一定限度，超过这一限度再继续沿轴向延伸便会产生单向交通过长而影响城市的经济发展，轴向北端建设用地已与鄂州市相连，无法再继续轴向发展。同时城区内各组团用地开发容量已近饱和。现状人均城市建设用地仅 74.61 平方米。市区人口密度达 2700 人 / 平方公里，胜阳港、黄石港等片区人口密度超过 2.5 万人 / 平方公里，用地处于高强度开发状态。由于建设用地的不足，导致各种不同的功能用地相互竞争，而绿地和公共用地首先被作为侵占的对象，而大幅度减少，石灰窑地区的绿地几乎为零，而各城区的公共用地比例都远小于国家相应标准。而沿江城区用地中以重工业用地为主，城市中工业用地的比例过大影响城市的运转效率。[①] 在市区现有的 237 平方公里范围内难以容纳城市发展用地，按照城市的发展速度，城市用地空间无法满足城市发展的需要。城市用地空间不足是影响黄石城市发展的关键因素。

第二，山水相间的自然地理环境限制了城市空间形态的完整性。黄石市主城在"一面临江，三面环山，中心环湖"的自然环境制约下，建设用地结构松散，紧凑度仅为 0.07，远低于湖北省内同等规模的城市。由于城市呈轴线发展，主要道路沿长江或铁路线，难以形成环状路网，因此交通给城市的轴向主干道形成巨大压力，造成城市内部交通联系困难。同时由于山体水体的限制，城市长期在山北地区发展，空间中心限于老城区无法跳出。1990 年代以后，由于城市用地紧张，城市开始环磁湖发展，但是磁湖地区用地容量有限，无法承担大规模的新城建设，经过近 20 年的建设已近饱和，因此老城区的空间容量已经无法满足城市规模扩大的需要，城市空间的这种局限也制约着城市经济的发展。另一方面，由于城市过于狭长，市政基础设施线路过长，投资大且运行效益不高。

---

① 周静，段汉明. 西北地区城市发展中空间不连续问题剖析——以兰州城市为例［J］. 西北农林科技大学学报（社会科学版），2008（05）.

城市用地拓展受江湖山地阻隔，城市重心偏移，骨架无法展开，影响城市空间合理布局。

第三，现有分散的组团式结构，形成主城和外围组团发展的不均衡状况。主城的黄石港、胜阳港等片区是黄石的主要增长极，具有最强的吸引力，综合功能完整，人口和公共设施高度集聚，但是用地呈超负荷开发势态。而外围组团多以工矿生产为主要职能，生态环境质量较差，公共服务设施配套标准较低，交通联系不便，缺乏吸引力和活力。主城与外围组团建设标准的差异明显，城市功能向外扩散和城市空间向外拓展缺乏动力。

第四，工矿城市空间特点与山水自然条件产生矛盾，城市发源于矿产资源的采掘冶炼，长期作为工矿城市规划和建设，生活用地大多依附工矿企业布局，生产性交通系统在城市交通中占据重要地位，城市生活、生产、交通用地互相穿插，干扰严重。工业"三废"排放量大，建材工业开山采石现象突出，生态环境受到较大破坏。城市自然山水资源，如磁湖及周边山脉未得到有效保护和利用，自然景观元素在城市风貌中体现不充分。

10.1.4.3 生态环境破坏严重

长期的矿山开采和重工业发展对黄石城市的生态资源破坏巨大。黄石市城区共有开山塘口140多处，被破坏需要治理的矿山植被面积约7平方公里，矿产开采对地形的破坏引起水土流失的面积高达1312.72平方公里。其造成的山体破坏不但影响城市景观，而且修复成本极大，难度极高。由开矿造成的塌陷区面积共有8.4平方公里。

由于黄石市先有工业后有城市，形成生活居住区包围工业，工业位于城区中心的格局。位于城区的原材料加工工业均为大耗能、大排气、大耗水的污染型工业，如华新水泥厂、红旗水泥厂、大冶特钢、东方钢铁厂、有色冶炼厂、黄石电厂等。这种不合理的工业布局，工业的重污染性使得黄石城区一直承受着较为严重的环境污染压力。城区主要排污行业为有色金属冶炼、电力生产和钢铁冶炼、水泥制造业，污染负荷最大的区域为下陆组团，其次为主城胜阳港片区、陈家湾片区。主要污水排放行业为钢铁冶炼业，主要污染源为大冶钢厂。此外，位于主城南侧的黄荆山既是主要的石灰石矿山和采掘区，又是维系城区生态环境良性循环的重要生态单元，面临开发其经济价值和维护其生态价值的矛盾。

在城市形成过程中，工业化始终处于优势地位，城市化进程滞后且没有得到应有的重视，加上用地局限，造成主城人口高度聚居，建筑物密集，城市过度硬化，人口密度高达1.76万人/平方公里，（核心区高达2.5万人/平方公里），人均道路面积8.37平方公里，人均公共绿地4.65平方米，城市废弃物处置能力严重不足，城市污水集中处理率仅6%，城市基础设施服务水平居于湖北省内城市平均值以下。[①]

10.2 城市转型发展的宏观政策背景

60年发展周期对于依赖资源的发展模式是一个终结，但同时由于外界环境的改变，

---

① 黄石市资源型城市转型规划研究.中科院地理研究所，2009.

黄石也面临着其他的机遇促使其城市转型发展。这些机遇包括国家和省市外部环境的刺激，也包括长期发展以来黄石自身所积累的发展基础。

10.2.1　国家层面的政策扶持

国家于 2008 年和 2009 年将大冶、黄石定为国家资源枯竭试点城市，从获批之日起可连续 4 年每年获得国家财政专项转移支付资金 1.6 亿元，重点用于完善社会保障、教育卫生、环境保护、公共基础设施建设和专项贷款贴息等方面。同时，在重大项目布局、接续替代产业发展等方面有望得到国家、省市更多的政策和资金支持。同时根据国家出台的《全国主体功能区规划》，其中有关国家主体功能区划的要求，明确划分武汉城市圈的重点开发区域，限制开发区域和禁止开发区域，以科学分类和合理开发来促进产业科学发展。其中国家级重点开发区域有 23 个，而黄石市的黄石港区、下陆区、铁山区、西塞山区和大冶市属于国家重点开发区域，即资源环境承载能力较强，经济和人口集聚条件较好的区域，因此黄石能够得到良好的政策支持。[①] 黄石也是我国中部崛起战略中"三基地"的重要组成部分。2007 年度黄石市获批享受国家促进中部崛起"两比照"政策，成为比照振兴东北等老工业基地政策城市，享受增值税转型等七大方面的政策扶持；阳新县享受比照西部大开发政策，享受加大财政转移支付力度等八个方面的优惠政策，使黄石市政府有更多的国家财力支持城市转型。

10.2.2　城市圈层面的发展带动

与"中部崛起"战略相呼应，湖北省作出了加快武汉城市圈建设的战略决策，将黄石作为武汉城市圈的副中心城市，在产业发展、物流一体化对接、商贸流通等方面被赋予重要地位，为黄石市的转型发展提供了坚实的政策支撑。作为武汉城市圈的副中心城市，是处于以武汉为中心，以黄石、宜昌、襄樊为顶点，以江汉平原为中部腹地的"金三角"地区的一个重要支点；同时又处于以武汉为主体，以黄石、鄂州和孝感、襄樊为两翼的"一点两线"高新技术产业示范带上，是武汉对外经济技术扩散影响最大的城市之一。随着区域经济一体化的加快推进，黄石与武汉两城之间的轻轨建成以后，时间距离将缩短至半小时，接受武汉辐射带动将更大，依托武汉城市圈的平台，通过城市的区域功能实现城市的转型发展。

根据武汉城市圈规划，将重点建设七大产业带，涉及黄石的产业带有三个：以武汉东湖高新技术开发区为龙头和主要辐射极，建设黄石市区以及葛店、鄂州、黄州的高新技术产业带；以武钢为龙头，建设黄石及鄂州、大冶、阳新的冶金—建材产业带；以武汉为龙头，建设黄石及仙桃、潜江、鄂州、孝感、黄冈、咸宁、天门的环城市圈纺织服装产业带。同时 2007 年底国务院批准武汉城市圈为国家级资源节约型、环境友好型社会综合配套改革试验区，黄石市作为资源型城市被列为武汉城市圈"两型社会"建设

---

① 《国务院关于编制全国主体功能区规划的意见》（国发［2007］21 号）.

试点城市，享有先行先试的"特权"，将在金融、土地以及财税政策等方面拥有更大的自主决策空间，可望得到更多的政策倾斜。

10.3　城市转型的工业空间布局

黄石是传统的工矿城市，在后资源时期，工业仍是黄石的主要产业支柱之一。黄石的工业布局仍然会对城市的空间形态起到重要的影响。但是在这个时期，工业由资源开采和加工向其他方向的转型是工业发展的基础。根据黄石城市转型的发展规划，黄石工业发展总体定位为全国特钢和铜产品加工基地，长江中游地区先进的制造业中心，鄂东和赣北的大宗物流中心，产业转移的重要承接地，全国资源型城市转型示范市。[①] 工业转型发展的方向为四个方面，第一延伸金属加工业两大产业链：发挥龙头企业优势，多方向进行产业链延伸，完善矿山资源供应体系。第二整合小企业，建设循环经济示范园：提高特钢模具、水泥产业集中度，打造模具钢、建材循环经济示范园区；承接外地转移产业，开拓产业承接区。第三融入武汉都市圈，承接武汉汽配、农产品加工等产业和长三角地区纺织、机械制造等产业转移。第四培植机械制造等七大接续替代产业发展基地：结合自身优势，对机械制造、新材料、医药化工、纺织服装、电子信息、食品加工、农产品加工等产业加大培育力度，发展接替产业基地。

但是工业与老城区特别是居住城区之间的关系面临新的格局。根据黄石对各个产业发展的规划以及工业园区的布局，黄石市未来的工业将主要沿江、沿路"两线"和主要工业园区交通便捷、工业基础好、脱离老城的园区用地发展空间较大的优势。主要工业企业将搬迁出城区，进入专门的工业园进行发展。黄石市专门设立了黄金山工业园、大冶城西北工业园、阳新城区工业园为核心的三个工业园区作为腹地的工业发展基础，并以黄石港工业园、西塞山工业园、黄石新港物流（工业）园作为的沿江经济带，同时依托武九铁路、106 国道沿线发展经济区成为沿路经济带。在这样的工业布局理念下，黄石的工业格局将会发生重要的变化，工业空间与城市主要功能空间将会形成分化，相互独立。

10.3.1　整体工业发展布局

黄石未来整体工业布局将呈现以黄金山工业园为主的"三园区"，以及沿江经济带和沿路经济带的"三园两带"格局。

黄金山工业园区成为承担特钢、铜、水泥、纺织服装、机械制造等产业链条延伸项目布局的重点地区。大冶城城西工业园及罗桥园区布局特种铜材、铜工艺品加工以及家电、纺织服装等项目；大冶城城北工业园布局冶炼、机械加工、农产品加工等项目，并起到引导县城周边的企业向工业园区集中的作用。

---

① 黄石市资源型城市转型规划研究 . 中科院地理研究所，2009.

沿江地区的西塞山河西工业园、黄石新港物流（工业）园和富池工业园将成为黄石新的沿江经济带，是黄石未来经济发展的重点，也是工业发展的重要区域。西塞山河西工业园布局特钢延伸加工项目和特钢模具类循环经济产业示范园建设，现有工业项目将逐步向黄金山工业区、河西工业园转移。在阳新区段，准备在富池工业区布局农产品加工业和建材类循环经济产业示范园；黄石新港物流（工业）园，将成为黄石大宗商品的物流中心。这些园区共同组成黄石新的沿江工业空间，在产业功能上成为原来的黄石港沿江工业区的替代。

陆区段布局铜产业链和特钢产业链延伸加工企业，成为沿路经济带。主要在下铜产业链以铜冶炼及特种铜材、高精度铜板带、铜箔为重点，特钢产业链以无缝钢管、轴承及轴承坯件、汽车零部件和农用运输设备、纺织机械、矿山机械为重点。在铁山区段依托东贝工业园，重点布局家电产业链配套项目；在靠近黄金山新区和罗桥、城西工业园区附近可布局商品混凝土和水泥预制构件项目；在阳新区段布局苎麻纺织加工、农产品加工等项目；在灵城工业园发展纺织服装、轻工食品工业，适当发展冶炼、建材和矿山采掘业。

10.3.2 黄石新港和罗桥物流园区发展

在后资源时代，根据黄石的地理交通优势，物流将成为黄石新区的支柱产业之一。物流是经济活动的基础，黄石早期城市雏形出现的动力之一就是以水运为主的物流，因此可以说物流是黄石城市发展的基础之一，同时物流也是现代经济发展的基础。随着经济快速发展，现代物流业已经作为新的经济增长点而成为许多城市和地区新的经济增长点，甚至将物流业作为城市的支柱产业。与不可再生性的资源开采产业相比，物流业具有可持续发展的优势，并且对地区的基础设施建设，城市经济的发展产生强大的推动力。

物流业的发展需要有一定的条件，物流的过程与资源分布，经济地理，工业布局以及交通运输网络直接相关，因此物流中心的选址必须位于交通网络的枢纽，具有水陆空各种运输方式的节点地区。具有沿江地理优势的黄石新港物流（工业）园则是具发展物流园产业的区位条件。水路方面，长江黄金水道、港口资源丰富的良好交通条件和枢纽性的条件，成为发展接续产业，利用黄石国家一类口岸和海关、商检、检疫、边防、航线齐全的水运支撑系统，成为大宗物流中心。并可以通过大棋路、山南铁路与罗桥物流园区对接，为提供钢铁、铜、水泥等生产资料和粮食等生活资料的大宗物流服务，形成鄂东、赣北地区最大的水陆联运物流枢纽和长江中游重要的物流园区，成为中南地区水陆交通枢纽的重要组成部分。具有陆路优势的罗桥物流区位于106国道和武九铁路交会点，大广高速公路将穿境而过，是实现黄石市区与大冶城区两城对接的枢纽，也是全市铁路、公路转运中心和人流、物流大进大出的重要枢纽。要充分发挥罗桥地区的区位优势，以武九铁路、黄石新火车站和规划建设的大广高速公路为依托，将罗桥物流园区建设成为以客货运输、工业原料、燃料为主的综合性大型物流园区。

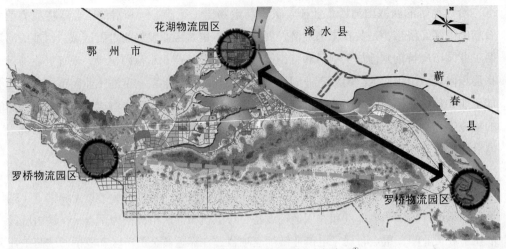

图 10-1 黄石市物流业发展规划及空间布局①

10.4 未来城市空间的发展

10.4.1 不同扩张方向的比较

城市的扩张方向对城市的空间形态起着重要的作用，中国近年的城市发展实践都证实选择了明确而合理的扩张方向的城市，其发展效果都较好。在城市快速发展时期，城市扩张方向的不同对城市未来的发展起是决定性的。影响城市扩张方向的因素很多，国家发展政策，区域交通格局，城市地理环境，城市产业结构，城市规划决策以及公民意识都在不同程度地起着作用，最后城市的扩张是在这些作用的合力下予以确定。为了更全面的论证黄石城市未来的发展方向，根据黄石所处的地理条件，本文对城市向外扩张存在的上游、下游、江北、山南四个可能的方向进行比较。通过分析各个方向扩张的优势和劣势进行对比，推论黄石城市未来 30 年内最可能的城市扩张方向，并再对可能的扩张方向进行详细分析。

10.4.1.1 城市向黄荆山以南发展

黄荆山以南的发展用地包括大冶市罗桥、四棵、汪仁等乡镇，通常被称为山南地区。山南地区用地平坦开阔，工程地质条件良好，是适合建设的用地。四棵和汪仁地区被垅岗分割成条状，地势略有起伏。这个区域可建设用地超过 40 平方公里，适宜大规模城市建设。武九铁路和 106 和 316 国道纵向穿越该区，罗桥火车站及山南铁路即将动工建设，因此这个区域成为城区，将具有良好的对外交通条件。

经过近 60 年的各自发展，黄石和大冶两市相向集聚的趋势已经十分明显，罗桥地区已成为黄石和大冶两市城市空间扩张的热点地区。此外，如果黄石城市向罗桥方向发展也有利改善黄石市狭长带状的空间形态。但山南地区受黄荆山阻隔与中心城区交通联系不便，隧道交通容量有限，扩张的门槛较高。山南地区地处黄荆山与大冶湖之间，属

---

① 根据相关资料绘制.

生态敏感区，不适宜布置三类工业区，对新区开发建设的环境要求较高。山南地区中部已经形成一条专用铁路线，分割了城市发展的用地，对城市今后发展的用地布局以及内部交通联系产生了很大的不利影响。

10.4.1.2 江北方向

江北发展用地是指黄石市长江对岸，隶属黄石市的江北农场和隶属浠水县的散花地区——马坳地区。该地域属长江冲积平原，地势平坦开阔，生态环境良好，水资源丰富。沿江适宜建设用地约38平方公里，适合于大规模城市建设。位于江北地区的城区可以充分发挥长江黄金水道优势，形成优良的港口工业段，并通过物流业带动鄂东江北腹地的发展，目前江北地区的市县经济发展较弱，因此江北的发展具有较强的区域带动性。但江北地区地势低洼，防洪排涝的要求高，对于城市建设的投资成本要大于其他方向。最主要的制约是城市需要跨越长江发展，发展门槛很高。新区建成后，城市内部的交通联系会非常困难，必须设置多个过江联系通道，大桥或隧道，但是都投资巨大，因此跨越门槛的难度较大。另外江北地区市政设施需独立设置，前期启动投资巨大。同时江北用地现属黄冈市管辖，行政区划调整难度较大，如果没有特别强大的推动力，江北的发展方向在未来一定时期内难以实施。

10.4.1.3 江南上游方向

沿长江上游与黄石城市相接的地区为隶属鄂州市的花湖、杨叶两个乡。这个地区紧临黄石长江大桥桥头，与黄石市区用地相互交叉，实际上两个城市已经相互衔接。由于这个地区交通区位条件优越，鄂州市已成立花湖开发区进行开发建设。

这部分地区的沿江建设用地仍旧为狭长地段，城市空间如果该地区扩展，城市沿江带状形态将进一步拉长，使得紧凑度更加降低，不利城市空间形态的合理调整。另一方面，沪蓉高速公路分割城市空间，使南北城区交通联系不便。同时跨市域发展，受行政制约较大，两个平级的行政城市对同一地区进行建设会面临诸多问题。该区属长江南岸冲积平原地带，地势低洼，湖塘较多，天然地基条件较差，城市建设的前期投资也较高。

10.4.1.4 江南下游方向

用地为新划归入黄石市的河口镇地区。沿江下游阳新县漳源口镇的棋盘洲岸线建港条件良好，是建设深水水铁联运码头的理想之地。目前黄石二电厂已定址于西塞山下游地区。由于新建港区和电厂的带动使得这一地区的发展具有先期的动力。但是河口地区距中心城区超过15公里，腹地地形不规则等，不宜与主城连片发展，宜发展成为承担城区二、三类工业和水陆联运职能的独立组团。该区处于城市下游，属长江冲积平原地带，由于浅层有细粉砂层分布，洪涝季节江水向堤内渗透，使堤基和地基失稳，因此该段江岸需采取稳定措施后才能作为建设用地。

根据以上几个发展方向的对比，可以看出罗桥（大冶方向）的综合条件最高，其次是河口（长江下游）方向，其他几个方向都有较大不足。说明城市向罗桥方向发展的阻力最小，扩张的可能性最大，长江下游方向也具有较强的可能性。

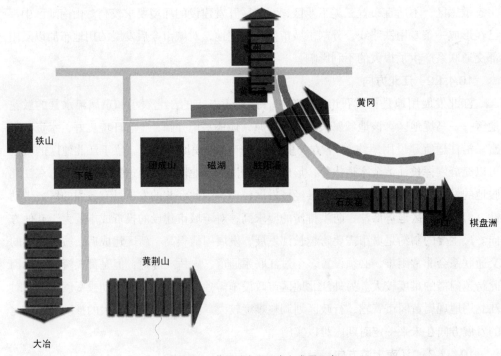

图 10-2　黄石城市不同方向发展示意

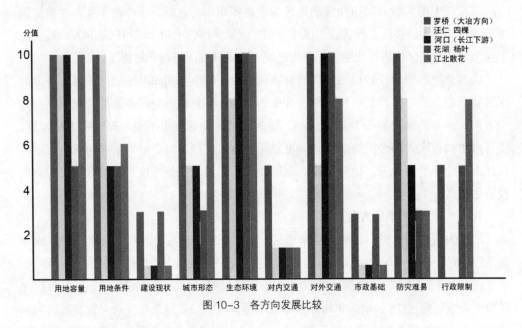

图 10-3　各方向发展比较

10.4.2　自然地理的限制与促进

自然地理环境是城市形成与发展的基础，其中地形条件也是影响城市空间形态及城市发展模式的首要因素之一。能够允许城市出现的自然地理必定包含了适合城市生长发展的基本要素，例如水源、河流等。不同的自然地理所提供的条件数量和质量各不一样，能够允许城市空间发展的程度也有所不同，但是都会有一定的空间容纳限制，因此自然地理条件在基础层面限制了城市的发展形态。

在理想状态下，如果一个城市所处的地理环境为均质，城市空间会向四周均匀扩张，形成"摊大饼"的城市形态，这被称为"外溢"效应，如多数平原城市。如果地理环境不为均质，有江河湖泊山体等因素在某些方向阻碍城市的均质四周扩张，那么城市会以最经济的方式向沿阻力最小的方向扩张。城市边缘地区的任何扩张都会通过城市中心地区"影子价格"的升值方式反作用到城市中心地区，称为"回波"效应。根据国内外城市发展的经验，在城市规模增长速度上有一个重要的临界值，超过这一临界值，如果城市仍然采用"外溢"的方式进行扩张，那么"外溢—回波"式发展的边际成本就会急剧增加，这个时候城市就会采取新的发展模式。[①]

黄石的城市发展初期，其自然地理条件能够满足空间发展的需要，城市空间的拓展，主要受黄荆山、长江以及磁湖的限制，只能在磁湖周边蔓延，呈外溢式发展模式。

但是随着城市空间的扩张，自然地理条件对城市发展的制约也越加明显。城市东部沿江部分主要分布在东西走向的狭长地带，东北部濒临长江水道，三面被黄荆山等山麓环抱，适合城市发展的平缓地带比重较少，而且其中大部分被湖泊水面占据，除去水面和山地，适合城市发展的平地较少，适合建设用地的规模十分有限。城市的主要发展部分集中在沿江长15公里，宽700~800米的"T"字形地带。能够容纳的城市建设空间十分有限，这样的自然条件直接影响了城市的扩张方式，也在发展中为增加建设用地而造成城内湖泊不断被蚕食的情况。

至2009年底近60年的建设，这部分"T"字形空间已经接近饱和。城市建设用地已与鄂州市、大冶市地界相连，各组团用地开发容量也接近饱和，城区用地处于高强度开发状态，城市受到"一面临江、三面环山、中心环湖"的自然地理环境制约，使得城市用地布局相对零散，城市用地拓展因江湖山地等自然要素的阻碍，城市骨架的生长受到限制。填湖无法成为增加城市空间的解决途径，因此主城区无法继续采取"外溢"式的扩张方式。而必须向跨江，穿山的跳跃式的扩张方式。

与主城相对应的是铁山和下陆城区。铁山由于用地受到自然要素的限制较少，没有江河等界限，所以铁山以"外溢"的同心圆方式扩展，而下陆区依托交通线路呈现带状发展。如前述，如果超过临界值，城市会采取新的发展方式。有学者提出，当城市扩张的速度超过这一个临界值，城市有可能采取在现有的城市建成区外，另建一座新城进行扩张，称之为"城市空间的跳跃式发展"。跳跃式是指城市新的扩张区域在空间上与旧城区分离，而新的城区并不是仅仅对人口进行疏散，或者功能单一的卫星城，而是具有新的城市增长极的新区[②]。这种跳跃的动因是由于城市某种资源禀赋的限制，而其中最重要的往往是受到自然地理要素影响而产生的土地资源的限制，而这种跳跃是采取自

---

① 周静，段汉明．西北地区城市发展中空间不连续问题剖析——以兰州城市为例［J］．西北农林科技大学学报（社会科学版），2008（05）．

② 周静，段汉明．西北地区城市发展中空间不连续问题剖析——以兰州城市为例［J］．西北农林科技大学学报（社会科学版），2008（05）．

上而下的方式，即政府通过规划和行政手段进行的新区建设。

　　由于长江和黄金山对城市发展的门槛作用，城市的跳跃式扩张最明显的方向为跨江发展和穿山发展。黄石对面属于黄石农场和浠水县。这部分自然地理条件较为平整，除了防洪的问题外，属于较好的城市建设条件，其跨江发展的主要门槛在于两岸之间的交通联系和行政区划的阻碍，同时面临着巨大的交通投入和政策区划调整的阻力。由于跨江发展的阻力较大，因此这种城市会向阻力较小的方向满溢，所以跨江发展是黄石暂时不会采取的一种扩张方式。对于黄金山的自然阻隔，已经形成了两条隧道跨越此门槛，但是城市向山南地区的扩张并没有得到充分的发展，说明自然山体的阻隔影响仍然较大，山南地区虽然适合作为城市的建设地区但是其交通联系的密切程度仍然制约着城市扩张的方向。因此，向这两种最明显的方向的跳跃式扩张没有得到实现，说明一方面其发展的阻力较大，另一方面说明城市仍有相对较为经济的方向进行"外溢"。根据江、山等自然要素的限制和黄石城市的经济发展水平，"外溢"的方向趋势体现为"南拓东扩"，即沿黄金山两侧，西侧与大冶相连接，东侧由西塞山沿长江跳跃式形成组团。

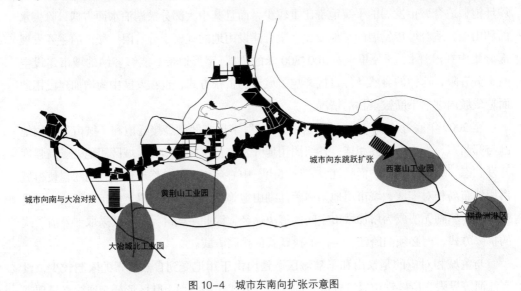

图10-4　城市东南向扩张示意图

10.4.3　向黄荆山以南环山扩张

　　在1987年黄石城市总体规划制定时，就已经认识到黄石城市发展用地不足并开始规划新的城市发展方向。并提出过向江北发展，向花湖杨叶发展，向山南发展和向大冶发展的构想。江北、花湖和杨叶都因行政区划和发展门槛的原因无法实现，而大冶城关因为行政区划和污染的原因没有被考虑，特别是当时仍然没有形成黄石和大冶两城统一发展的理念，为了保证大冶的城市发展用地而放弃黄石向大冶的空间扩张[1]。但是提出了跨越黄荆山向南的发展思路，并认为山南地区是城市发展的最佳选择，主要优势是：

---

　　① 政协黄石市委员会文史资料委员会编. 黄石文史资料第10期. 黄石：政协黄石市委员会文史资料委员会，1987：58.

第一，区位上东临长江，南临大冶湖，交通便利，有公路与市区和大冶城关连接，南临大冶湖，西靠武大、大沙铁路，具有水路、公路及铁路联运的优势；第二，山南与市中心距离一公里，随着黄思湾、李家坊隧道开通，可以与黄石老市区和团城山市区连成一体。第三，山南用地量大，地势平坦，土地集中连片，环境质量好适合城市发展用地。基于上述考虑，在1988年的城市规划中就将山南地区列为城市的发展用地，但主要用地性质是工业用地。这说明在城市的发展历史上就对山南的发展方向进行过考虑。

黄石城市向山南为主导方向扩张，面临着与大冶对接发展融为一体和在山南四棵、汪仁发展的两种可能性。如果城市由罗桥向四棵、汪仁发展，则可以依托山南铁路和黄富公路作为发展轴线，城市环绕黄荆山扩张，可以起到有效疏散老城区的功能，缓解中心城区环境压力，组团之间的交通可以通过山南铁路和城区现有工业专用线形成城市轻轨系统，同时城市沿山南铁路发展，可以与河口工业区形成水陆联运中，并且这个发展方向没有行政区划的问题。这种可能性的门槛在于隧道交通容量有限，新旧城区交通联系不畅。如果城市由罗桥向南延伸与大冶形成对接，则可以集中两个城市的合力进行发展，使得原来产业趋同相互竞争的城市形成一个整体，城市沿武九铁路和106国道为轴线延伸。

经过多年的发展，两城的城市空间已经呈现集聚对接的趋势。黄石市区面积237平方公里，目前城市建设用地已与鄂州市，大冶市地界相连，各组团用地开发容量正接近饱和，城区用地处于高强度开发状态，可建设用地容量约60平方公里，无法满足未来城市建设发展的需要，严重制约了社会经济的发展。同时，黄石城区受"一面临江，三面环山，中心环湖"的自然地理环境制约，城市用地布局零散，内部联系困难，市政基础设施线路过长，投资大且运行效率不高，城市用地拓展受江湖山地阻碍，城市骨架不易展开。为此，城市的发展迫切需要拓展新的空间。

1988年修编的黄石市城市总体规划确定黄石市空间拓展的主要方向是山南的罗桥、四棵、汪仁地区。1994年修编的大冶市城市总体规划确定大冶市城市空间拓展的主导方向是北部地区和西北部地区。在两城市总体规划确定的用地布局方案中，呈现出黄石城区和大冶城区相向对接发展的空间态势，在功能组织空间布局、道路交通、市政基础设施上已成为一体化格局。

在地理上黄石市区南与大冶市相邻，两城市老城区相距不足20公里，其中黄石下陆组团距大冶新区距离仅10公里。而大冶城区北部及黄荆山南部地区地势平坦开阔，适宜大规模城市建设。106（316）国道和武九铁路南北向贯穿黄石，大冶城区，在城市空间上两城市已形成一体化对接发展趋势。黄石、大冶之间的罗桥地区已成为黄石和大冶城市建设的热点地区，黄石、大冶的城市建设用地相向发展，在城市空间上相向发展趋势明显。

另一方面黄石与大冶两城发展具有历史的渊源。黄石至1949年建市前一直是大冶的一部分，在1950年建市以后是从大冶分离，独立发展。二者经过一个甲子60年相对独立的发展，正呈现出两城相互集聚的发展趋势，有重新合二为一，融为一体的态势。

随着国家和湖北省的经济发展，这种对接趋势的背后有着不同层次的经济推动力。

第一层次是国家政策的支持。根据国家关于全国城镇发展布局规划"根据城镇化进程和区域经济发展的需要，对发展空间过小的中心城市和重点小城镇，可适度调整行政区划，扩大郊区范围，拓展城镇发展空间。在城镇密集地区，要结合中心城市空间结构调整和功能疏解，探索都市区管理模式"。从我国城市化进程来看，广州、杭州、苏州、无锡等城市均突破行政界限的制约，及时调整行政区划，为城市发展寻求更大的发展空间。黄石如果采取同样的措施，在行政区划上将大冶市纳入黄石市范围内，形成"黄石—大冶"城市地区，则可以有效地拓展城市的发展空间，并且同样可以增强大冶的城市竞争力。

第二层次是湖北省经济发展的需要。湖北省提出构建全省以武汉为中心，以黄石、襄樊、宜昌为顶点的社会经济发展战略，因此必须进一步发展黄石、襄樊、宜昌的城市规模，其中最有效的工作就是分别将大冶市、襄阳县、宜昌县并入三大城市（目前，后二者的合并已得到国务院的批复），实施强强联合，拓展三大城市的发展空间，提升三大城市的城市功能，增强三大城市的吸引力和辐射力。如果黄石和大冶合并发展，则在国土面积，人口规模及GDP上会有明显的增加。

第三层次是两城的产业结构相似性。黄石与大冶同属鄂东南多金属成矿区，矿藏丰富，特别是金属矿藏，有铜、铁、金、银等，非金属矿藏有石灰石、煤等。黄石和大冶通过多年来的发展，均形成了以冶金、建材等为主的工业体系。两城在产业结构上相似，地理位置上相邻，分头发展容易产生争夺资源，产业雷同，重复建设和恶性竞争的弊端，而两城统一发展则可以在资源分配，产业分工上重新定位增强市场竞争力。这种扩张可能性的最大门槛在于黄石、大冶两市行政区划的问题。

综上，山南的两种发展方向都存在可能，也都有较大的门槛。但是分析历史发展情况，自1988年规划设定城市向南扩张以及黄思湾和李家坊两条隧道的大通，都没有能明显的牵引城市向四棵和汪仁地区扩张，说明这个方向发展的阻力很大同时有更加合适阻力较小的区域在吸引城市发展。分析可知，交通是城市自组织选择发展方向的重要因素。四棵、汪仁地区具有良好的用地条件，但是只能通过两条隧道进行城市内部交通，对外交通联系只能通过水运和联系，而下陆与大冶可以直接与公路相连，武九铁路和106国道联通大冶和黄石，已经将两城进行串联，其行政区划的门槛主要是人的观念因素，没有对城市的自组织发展起到影响。按照城市的这种发展延伸趋势，黄石、大冶相对接融合是城市未来空间扩张最有可能的方向之一。

10.4.4　沿长江下游跳跃式扩张

黄石城市发展的基础是矿产资源以及为矿产资源运输而发展的交通优势特别是发达的水运。矿产是一种不能再生的资源，然而优良的长江水运条件是一种可持续发展的资源。长江的黄金水道和深水港的条件是黄石城市发展的持续动力。但是由于运输技术和规模的不断加大，现代化的水上运输对船舶吨位的要求不断扩大，因此也对港口、航道水深以及港口腹地的规模要求更高。黄石现有的港区在规模、用地、航道以及配套设施等方面已经不能满足现代货运的要求，因此港口的位置会沿江向下游方向转移，在沿江新的地带进行新的港区建设。相应的，城市用地也会随着港口的转移而向下游扩张。由于这是一种以港口优先的城市发展模式，因此当适合建设深水泊位的港口选址距离原来城市或港口有一点距离时，新港区所形成的城区将会与原有城市分离，在空间上不连续的跳跃式发展。黄石适合建立新港区的棋盘洲距离黄石城区约25公里，棋盘洲港口腹地为建设用地有23平方公里，因此棋盘洲港区所带动的城市发展将成为相对黄石现有城区独立的

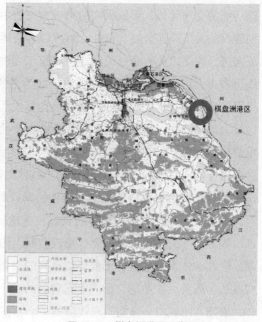

图 10-5　棋盘洲港区区位图

一个组团。这种跳跃式扩张的动力同样来自于对资源的考虑，与早期铁山区的形成有着类似之处，但是依托资源的性质由不可再生的矿产型资源转为可持续的水运资源条件。这也是在资源枯竭，城市转型已经大环境下经济发展的必然结果。

10.5　城市空间结构的重构

黄石的起源是"滨江而生"，由最早的黄石港和石灰窑两镇发展，逐步沿江集聚，形成沿江"带状结构"，由于地形条件的限制，沿江用地狭长，纵深发展有限，逐渐不能满足城市规模扩大的需要，同时市政基础设施的技术也发生了改变，因此在之后的发展中至2009年，城市空间结构主要是以磁湖为中心，形成了黄石港、胜阳港、团成山和陈家湾几个组团，城市空间呈现"环磁湖结构"。经过60年的发展，磁湖周围的空间已经饱和，无法容纳大规模的城市扩张，同时城市现有的空间结构也不适应城市功能转型的要求，约束了城市的发展。新的城市空间结构是必须满足新的城市功能的要求。

黄石在后资源发展时期，城市的主要功能由矿产的采掘与加工转型为以下四种功能：（1）商业及商务功能。黄石将发展成为鄂东、赣北的商贸流通中心，形成功能和辐射力强大的现代商务中心，具有强大的自身商品集散和物资流通能力。通过商业发展促进城市内部结构的调整，通过商务发展增加城市集聚力，吸引周边的企业入驻；在城市内部"磁湖—团成山"将成为城市结构的商业中心，在迎宾大道、湖滨大道、沿湖路、大泉路和磁湖路的范围内，承担商业、休闲及购物等功能。在团城山新区，则形成商业、行政、商务等为主的综合性商务服务业集聚区。（2）物流功能。利用长江黄金水道和铁

路功能的交通优势，形成大宗的第三方物流中心。罗桥以武九铁路、黄石新火车站和规划建设的大广高速公路为依托，形成以客货运输、工业原料、燃料为主的综合性大型物流园区；花湖以沪蓉高速公路、黄石长江大桥和在建的鄂东长江大桥为依托，成为服务周边省市，以生产、生活资料、农产品为主的物流中心；黄石新港依托长江黄金水道，提供钢铁、铜、水泥等生产资料和粮食等生活资料的大宗物流服务，形成鄂东、赣北地区最大的水陆联运物流枢纽和长江中游重要的物流园区，成为中南地区水陆交通枢纽的重要组成部分。（3）居住功能。"先生产后生活"的居住空间营造思想造成了黄石老城区高密度低质量的居住生活空间，中心城区的团城山、陈家湾、黄石港、胜阳港四个组团，承担了整个城市大部分的社会和经济活动，其人口密度非常大，为湖北省第一[①]。而黄石天然具有外江、内湖和山体的良好自然地理条件，充分利用黄石市丰富的"山、湖、江、堤、岛"的景观资源要素，形成空间上山水与居住空间相互交融的格局。在城市环湖、沿江、依山的地段，形成环境良好的商贸地产，结合旧城改造、棚户区改造、城中村改造，改善人居环境，形成生态宜居的居住空间。（4）旅游观光功能。磁湖景区为主体，依托"团城山—磁湖"现代商贸中心，整合"山、水、堤、岛、城"五大景观元素，建设风景优美、畅通便捷的环磁湖景观廊道联系区域内各功能组团，构建山水观光、游玩、休闲、购物各功能组团有机结合的黄石市休闲旅游中心区和集散地。根据黄石矿产资源的开发历史，黄石国家矿山公园和大冶钢厂钢铁工业企业可开发成为参观体验的科教旅游项目。华新水泥厂旧厂址可以作为工业遗产旅游的依托。大冶铁矿为旅游区主体，铁山城区作为依托，成为黄石的工业遗产旅游点。在沿江地段，由于主城区长江沿岸的港口功能逐步转移，沿江一带营造滨水景观，丰富城市景观空间，同时利用长江在黄石的一个接近直角的转弯而形成了一个天然的迎水面，通过建筑高度的控制形成丰富的天际线，营造城市整体景观。在内湖地段，贯穿磁湖中央的杭州路是体现城市市政、人文、自然的交通要道。通过杭州路至长江一段的城市空间开发利用以及景观塑造，形成步行商业和休闲文化区，将长江景色引入城区，形成城市中心沿湖间景观带。

城市功能的转型促进城市空间结构的变化，城市将沿江向南跳跃和环山与大冶对接两个方向发展。城市的重心逐步从沿江的黄石港和胜阳港向腹地迁移，形成团城山和大冶两个重要的组团。其中团城山组团作为黄石市北部的核心功能区，疏解老城区的发展压力，带动下陆和铁山组团发展。大冶城区组团成为城市南部的核心区，带动阳新县和山南新区的发展，依托沿江棋盘洲港区的城市新区相对独立发展成为一个专门的产业组团。由于地理条件的原因，这个组团与黄石老城区的联系能力较弱，因此这个组团将向东发展，与罗桥、汪仁和四棵组团一起在环绕黄荆山南部，城市结构呈现出环绕黄荆山的"环山结构"。

---

① 朱竑，柳意云，保继刚. 老工业城市的旅游规划探索——以湖北省黄石市为例［J］. 经济地理，2002（S1）.

结　语

　　每一个城市都是人在营造其生活空间过程中在大地上留下的痕迹，这一过程具有空间上的三维性和时间上的长期性。一个城市从产生到发展受到外界和内部的共同作用都会呈现出独特的发展轨迹。本文以时间坐标轴划分，通过不同的历史阶段，对黄石城市空间营造以及相应的城市发展的动力机制进行了系统的分析。从中可以看出，黄石城市的出现和发展是受到其自身的资源条件和所处不同历史背景作用而呈现其独特的发展轨迹和空间形态。本文主要回答以下四个问题：一、黄石地域出现的人类聚居点的类型功能和原因；二、黄石城市雏形最终确定在沿江地段的原因；三、黄石城市（市镇）空间的营造及其动力机制；四、资源枯竭后黄石未来城市空间营造及其发展的趋势。

　　一、通过对先秦时期黄石地域出现的三座城池的功能及周边遗址的分析，可以发现三座城池选址都是位于具有矿产资源而且河道水系发达的位置，其主要功能都是满足矿产的开采与管理。因此可以说黄石地域早期出现城池的主要起因就是矿产资源以及便利的水运条件。早期的城池没有在长江沿岸产生，未与现有的黄石城市地理重叠，其重要原因是由于当时陆路交通条件的限制。城池主要选址必须临近矿产地的位置，而同时黄石地域内湖的水系十分发达并直接和长江连通，因此矿产可以通过内湖水运，运至长江并再通过长江运往其他地区。另一方面由于开采技术的限制，在一处矿产浅表开采完毕之后，城池的位置会发生迁移至另一处矿产点。因此城池的位置离江近湖并且是不稳定的。

　　二、黄石沿江开始出现城的雏形始于东汉时期，由于战争和商业的初步发展促使在适合以上需求的沿江地段开始出现人口集聚和城的建造，因此在西塞山和黄石港之间形成了黄石城。沿江的西塞山既有天然的军事防御优势，而黄石港具有水运的贸易优势，因此在这个地点形成了一个有一定人口规模，具有商业集镇和港口的军事防御性质的城。以黄石城为基础，农业和贸易的发展使黄石港成为黄石地区最早的外江港口。

黄石城的发展由于战争因素的减弱，经过多次起伏而衰落，市镇的产生也在沿江一带不同地点摇摆不定。至明清时期先后出现了道士洑镇、漳源口、磁湖镇、黄石港镇和石灰窑镇。这些市镇的产生多数都是由于对地区矿产的开采加工以及水运的便利而兴起，也因为矿产资源的枯竭和河道的改变而衰落，例如磁湖镇。在这些市镇的更替中，黄石港镇的形成是以黄石港口为依托。由于港口的逐步固定，水上贸易的逐渐发达，而产生大量的人口集聚。在水上贸易中除了丰富的农产品外，黄石地区矿产的外运是贸易运输的主要组成部分，由于港口带来的人的集聚效应，黄石港逐渐发展成为一个重要的市镇，良好的地理水运条件，以及较好的腹地经济使黄石港口经济能够持续发展。石灰窑镇的产生，对石灰石的加工而形成的人口逐步集聚，同时也有将加工产品向外运输的沿江码头，石灰的大规模开采和加工也使石灰窑镇得以持续发展。最终在清代位于黄石港和石灰窑的市镇逐渐稳定，成为以后城市发展的基础。

这两个市镇在形成之初相对独立，需要通过水上运输相互联系。这一时期市镇的形成和发展仍旧是自发组织形成的，缺乏外力的推动，因此市镇的规模受到限制，但是已经成为黄石今后城市形成的基础。

三、以 1889 年为划分，由于西方列强对中国的入侵发展到一个新的阶段，即帝国主义阶段。因此除了占领领土之外，西方列强开始在我国境内筑路、开矿、办厂，因此开始对我国进行资源掠夺。同时由于战争的失败，促使清政府进行反思从而开始了向西方学习的"洋务运动"。黄石作为具有丰富矿产资源和良好水运条件以及较为稳定繁华的市镇基础，在主动与被动的双重推动作用下开始了第一次高速的发展。在张之洞时期，五大厂矿的建立构成了黄石城市空间的基本要素，铁山至石灰窑铁路和公路的建设，以及黄石港石灰窑之间沿江道路的修建也奠定了黄石城市的基本格局，这一时期是黄石由自发性发展转变为外力推动下发展的转型期。而外力的主要因素是各方面对矿产资源的需求以及早期工业化的促进。

在新中国成立以后，黄石正式成为城市，之后的发展轨迹基本是以 30 年为一个区段，60 年为一个循环进行发展。其中 1949 年、1979 年、1989 年和 2009 年都是黄石城市发展的关键节点。在建国后黄石正式建市的重要动因是当时国家建设处于对钢铁大量需求的时期，黄石具有丰富的资源和一定工业基础，能够成为为当时国家建设服务的重要基地。也正是这样的动因，使得 1949~1979 年这一阶段黄石的城市发展未能保持产业的平衡。"在先生产后生活"以及马克思的关于劳动与生活两者关系的理论指导下，城市发展过度向生产型基地倾斜，经济结构为单一重工业，城市空间以各种企业为单位进行工业化营造，而服务于居民生活的居住文化以及商业的城市空间被最大限度的弱化。因此至 1979 年前这段时期是黄石城市飞速发展以及扩张的时期，但是发展的动力以外力作用为主导，而城市自其他产业以及生活空间的需求受到抑制。1979 年后，由于国家的发展战略由备战的内地发展转变为外向的沿海发展，黄石作为内陆城市，其自上而下的发展动力开始减弱。同时由于经济结构的开始调整，第三产业逐步发展，第三产业对空间的需求与城市中以工业为主的已有空间产生矛盾，这种产业影响下的空间冲突导致城市内部空间开始出现变化，主要通过旧城改造和工业企业的搬迁两种方式对城市内部空间进行调整和置换。在这一阶段资源开采和重工业对于城市发展的外在作用力减弱而第三产业经济发展的作用力开始增强。

四、以 2009 黄石被宣布成为资源枯竭型城市为标志，黄石进入后资源发展时期，而这个时间点也是黄石成为城市 60 年一个甲子的周期，面临新的发展周期的开始。这意味着黄石将不再以矿产资源和重工业开采为城市发展的主要动力，而黄石已经从市镇，经中小城市规模发展至鄂东的中心城市，城市规模已经进入大城市行列，城市发展用地紧张也是这一个发展周期的主要问题。同时原有的城市空间因为长期的工业化发展也产生了不适合居住的诸多问题。在城市发展的经济动力上，第三产业的商业和物流业成为黄石城市发展寄托的动力。实际上商业和物流业都是黄石早期城市产生过程中的主要动力，在矿产资源和重工业发展时期这两种动力被忽视。但是由于城市规模的扩大，后资源时期的商业和物流业的发展已经不能局限于早期的发展规模。黄石港作为黄石产生和发展过程中主要的物流渠道已经不能满足今后物流业发展的需要，因此具有优良深水港条件的棋盘洲成为物流业发展的基础，因此也带动了城市向长江下游跳跃式的扩张，形成了黄石新港物流园区的新城区。为了扩大城市发展用地，城市开始离开原有的磁湖发展核心，除向沿江下游棋盘洲方向以不连续蔓延的跳跃方式发展外，还同时向黄荆山南部大冶方向扩张，与大冶逐渐相接，趋向黄石、大冶一体发展的形态。这样发展的结果是城市由环磁湖结构逐渐转为环黄荆山结构，并向环大冶湖结构继续发展。

在经济结构转型的带动和城市空间环境改善的需求下原有城市空间面临着由工业空间向宜居空间的转变，山水等自然要素成为城市空间营造的重要基础，长期被工业空间占据的内湖和沿江地段将转换成为景观和居住空间，作为黄石早期的传统商业区胜阳港和黄石港组团将进行空间的重组以满足区域性商业发展的需要，团成山组团成为商务发展的主要空间。这一阶段城市空间在自发力和外在动力的共同作用下完成跳跃式扩张和城市内部空间的转换。工业空间在中心城区之外相对独立发展，而中心城区成为具

■	1949年
■	1949-1959年
■	1959-1969年
■	1969-1979年
■	1979-1989年
■	1989-1999年
■	1999-2009年

黄石城市历史演变图 1949~2009 年

有良好生态的城市空间，这一阶段是黄石城市从资源型工矿城市向后资源时期宜居城市的转型。

城市发展一个不变的规律是在不同合力下作用下的演进，但是合力的数量和比重在不同的历史阶段会有相应的变化。在未来的黄石城市空间发展与营造中，其主要动力机制发生了转变，除了工业产业之外，物流、旅游、历史文化将逐渐成为城市发展的主要推动力。在这些因素的作用下，城市空间将从过去单一的工业形态逐渐转变为多元化的形态，城市空间内涵和外相也将更具有层次与丰厚度。外相方面，城市自然地理环境如山体、湖泊将成为城市空间营造的主要基础，沿江和环山以及与大冶再次融合是城市空间扩张的主要方向；内涵方面，资源开采的历史及空间已经可以成为黄石城市发展的文脉。在影响城市发展的空间理想上，原有的来源于西方工业化主导的城市规划思想已经不能适应现在的城市。随着公民意识的增强，城市居民的空间理想也将在城市空间营造中起到越来越重要的作用。城市的扩张与营造除了经济发展之外，仍需要考虑更多的文化因素。在这样的思想指导下，我们有可能营造出更具有活力，更和谐的城市空间。

第一阶段 城市形成及沿江集聚期（1889～1949 年）

第二阶段 城市轴向发展期（1949～1989 年）

第三阶段 城市内向扩张发展期（1989～2009 年）

第四阶段 城市外向扩张发展期（2009 年之后）

(1) 生长点的产生：港窑两镇的形成　　(2) 生长轴的形成：港窑两镇独立发展并开始集聚　　(3) 新生长点的产生：铁山的形成　　(4) 新生长点的产生及轴向发展：下陆的形成

(5) 生长点的扩张：铁山下陆的扩张　　(6) 轴向生长：铁山下陆港窑集聚发展　　(7) 新生长点的产生：团成山的形成　　(8) 集聚发展：城市形成环湖结构

(9) 新生长点的产生：罗桥和黄石新港的形成　　(10) 两城集聚发展的趋势形成：黄石与大冶相向发展　　(11) 轴向发展：黄石与大冶融合　　(12) 集聚发展：城市形成环山结构
黄石新港与大冶产生集聚

黄石城市发展结构演进过程

参考文献

专著

[1] 中国科学院地理研究所编.城镇与工业布局的区域研究.北京:科学出版社,1986.

[2] 吕俊华.1840-2000中国近代住宅.北京:清华大学出版社,2000.

[3] 武进.中国城市形态、结构、特征及其演变.1990.南京:江苏科学技术出版社.

[4] 胡俊.中国城市:模式与演进.北京:中国建筑工业出版社,1995.

[5] 李益彬.启发与发展:新中国成立初期城市规划事业研究.成都:西南交通大学出版社,2007.

[6] 彭汉云.彭汉云文集.香港:天马出版有限公司,2001.

[7] 詹世忠.黄石港史.北京:中国文史出版社,1992.

[8] 段进.城市空间发展论.第2版.南京:江苏科学技术出版社,2006.

[9] 张之洞.张之洞全集.石家庄:河北人民出版社,1998.

[10] 庄林德.中国城市发展与建设史.南京:东南大学出版社,2002.

[11] 隗瀛涛.中国近代不同类型城市综合研究.成都:四川大学出版社,1998.

[12] 吕俊华.中国现代城市住宅:1840-2000.北京:清华大学出版社,2003.

[13] 朱俊英主编;湖北省文物考古研究所编著.大冶五里界:春秋城址与周围遗址考古报告.北京:科学出版社,2006.

[14] 徐翰主编.长江中游航道史.武汉:长江航运史编写委员会,1989.

[15] 周一星.城市地理学.北京:商务印书馆,1995.

[16] 顾朝林.集聚与扩散——城市空间结构新论.南京:东南大学出版社,2000.

[17] 鲍寿柏;胡兆量;焦华富等.专业性工矿城市发展研究.北京:科学出版社,2000.

[18] Sananene.城市:它的发展、衰败、未来.顾启源译.北京:中国建筑工业出版社,1986.

[19] 凯文·林奇.林庆怡等中译.城市形态.北京:华夏出版社,2001.

[20] 何建清;胡德瑞等.城市生长的分析研究.天津:天津大学出版社,1990.

［21］顾朝林.中国城镇体系——历史·现状·未来.北京：商务印书馆，2000.

［22］周霞.广州城市形态演进.北京：中国建筑工业出版社，2005.

［23］章学诚.湖北通志检存稿：湖北通志未定稿.湖北：湖北教育出版社，2002.

［24］中国地理学会经济地理专业委员会主编.工业布局与城市规划：中国地理学会一九七八年经济地理专业学术会议文集.北京：科学出版社，1981.

［25］朱喜钢.城市空间集中与分散论.北京：中国建筑工业出版社，2002.

［26］黄亚平编著.城市空间理论与空间分析.南京：东南大学出版社 2002.

［27］中国地理学会经济地理专业委员会主编.工业布局与城市规划：中国地理学会一九七八年经济地理专业学术会议文集.北京：科学出版社，1981.

［28］Larry S（Editor）.Bourne.Internal structure of the city: readings on urban form, growth, and policy.New York，1983.

［29］World Bank.Urbanization and growth.Washington DC: Commission on Growth and Development，2009.

［30］John Logan （Editor）.Urban China in Transition.Wiley-Blackwell Publishing，2008.

［31］Gordon G.The Shaping of Urban Morphology.Urban History Yearbook，1984：1—10.

［32］DuanFang Lu.Remaking Chinese Urban Form.Rutledge Publishing，2005.

［33］DuanFang Lu （Editor）.China's Emerging Cities The making of new urbanism.Rutledge Publishing，2007.

［34］John F.Kain， David Harrison .Essays on urban spatial structure.Ballinger Pub.Co，1975.

［35］A.Anas etc.Urban spatial structure.University of California Transportation Center，1998.

［36］Rodney Vaughan.Urban spatial traffic patterns.Pion，1987.

［37］Jacobs， Jane.The death and life of great American cities.New York：Modern Library，1993.

［38］J.F.Brotchie.The Future of urban form: the impact of new technology.Taylor & Francis，1985.

［39］Rodney Vaughan.Urban spatial traffic patterns.Pion，1987.

［40］John R.Short.An introduction to urban geography.1984.Routledge.

［41］Solinger， D.J.Contesting Citizenship in Urban China: Peasant Migrants， the State， and the Logic of theMarket.University of California Press，Berkeley，1999.

［42］Solinger， D.J.， Chan， K.W.The China difference: city studies under socialism.In: Eade， J.，Mele， C.（Eds.），Understanding the City: Contemporary and Future Perspectives，Blackwell，Oxford，2002.

［43］Fung， K.I.Urban sprawl in China: some causative factors.In: Ma， L.J.C.， Hanton，1981.

［44］E.W.（Eds.）， Urban Development in Modern China，Westview Press，2007.

［45］Laurence J.C.Ma and Fulong Wu（Editor）.Restructuring the Chinese City Changing society，economy and space.Routledge Publishing，2005.

期刊

［1］赵冰.中华全球化中的现代之路［J］.世界建筑导报，2008（03）.

［2］赵冰.此起彼伏——走向建构性后现代城市规划［J］.规划师，2002（06）.

［3］赵冰.《营造法式》解说［J］.城市建筑，2005（01）.

［4］赵冰.神性的觉醒——家园重建的精神向度［J］.新建筑，2008（04）.

［5］赵冰.建筑之书写——从失语到失忆［J］.新建筑，2001（01）.

［6］刘林.活的建筑：中华根基的建筑观与方法论——赵冰营造思想评述［J］.重庆建筑大学
学报，2006（06）.

［7］李国华.论建国后我国城市私有出租房屋的社会主义改造［J］.党史文苑，2004（12）.

［8］董志凯.新中国城市建设方针的演变［J］.城乡建设，2002（06）.

［9］高中伟，刘吕红.我国"一五"期间资源型城市演进路径分析［J］.四川师范大学学报（社
会科学版），2007（06）.

［10］王中亚.资源型城市"资源诅咒"传导机制实证研究［J］.城市发展研究，2011（11）.

［11］石舜瑾.论我国1956年的社会主义改造［J］.杭州师范学院学报（社会科学版），1991（05）.

［12］苗建军.三代领导人城市布局思想与政策绩效分析［J］.北京理工大学学报（社会科学版），
2002（01）.

［13］董志凯.从建设工业城市到提高城市竞争力——新中国城建理念的演进（1949—2001）［J］.
中国经济史研究，2003（01）.

［14］李百浩，彭秀涛，黄立.中国现代新兴工业城市规划的历史研究——以苏联援助的156项
重点工程为中心［J］.城市规划学刊，2006（04）.

［15］陈夕.156项工程与中国工业的现代化［J］.党的文献，1999（05）.

［16］李阎魁，袁雁.马克思的时空观对现代城市规划理论发展的启迪［J］.现代城市研究，
2008（05）.

［17］周丽.城市发展轴与城市地理形态［J］.经济地理，1986（03）.

［18］童明.产业结构变迁与城市发展趋向［J］.城市规划汇刊，1998（04）.

［19］王建华.城市空间轴向发展演变的动力机制分析［J］.上海城市规划，2008（05）.

［20］谷凯.城市形态的理论与方法——探索全面与理性的研究框架［J］.城市规划，2001（12）.

［21］齐康.城市的形态（研究提纲初稿）［J］.城市规划，1982（06）.

［22］郑莘，林琳.1990年以来国内城市形态研究述评［J］.城市规划，2002（07）.

［23］孙良辉，鄢泽兵.解读城市形态的三个分支理论——读《Good City Form》有感［J］.山西建筑，
2004（18）.

［24］唐明，朱文一."城市文本"一种研究城市形态的方法［J］.国外城市规划，1998（04）.

［25］张宇星.城市形态生长的要素与过程［J］.新建筑，1995（01）.

［26］张勇强.城市形态网络拓扑研究——以武汉市为例［J］.华中建筑，2001（06）.

［27］阎亚宁.中国地方城市形态研究的新思维［J］.重庆建筑大学学报（社会科学版），

2001（02）.

［28］张庭伟.1990 年代中国城市空间结构的变化及其动力机制［J］.城市规划，2001（07）.

［29］宁越敏.新城市化进程——90 年代中国城市化动力机制和特点探讨［J］.地理学报，
1998（05）.

［30］段杰，李江.中国城市化进程的特点、动力机制及发展前景［J］.经济地理，1999（06）.

［31］周静，段汉明.西北地区城市发展中空间不连续问题剖析——以兰州城市为例［J］.西北
农林科技大学学报（社会科学版），2008（05）.

［32］姚士谋.长江流域城市发展的个性与共性问题［J］.长江流域资源与环境，2001（02）.

［33］李世超.长江中下游沿江城市带状发展初探［J］.地理与地理信息科学，1990（02）.

［34］李全.长江流域港口城市发展的问题与对策［J］.城市研究，1998（05）.

［35］李加林.河口港城市形态演变的理论及其实证研究——以宁波市为例［J］.城市研究，
1997（06）.

［36］朱俊英，黎泽高.大冶五里界春秋城址及周围遗址考古的主要收获［J］.江汉考古，
2005（01）.

［37］朱继平."鄂王城"考［J］.中国历史文物，2006（05）.

［38］周士本，李天智，朱俊英，黎泽高.大冶五里界春秋城址勘探发掘简报［J］.江汉考古，
2006（02）.

［39］孟兰霞，康永铭.矿业城市发展的数学模型——以嘉峪关市为例［J］.兰州大学学报（自
然科学版），2006（02）.

［40］刘随臣，袁国华，胡小平.矿业城市发展问题研究［J］.中国地质矿产经济，1996（05）.

［41］王朝明.矿产资源枯竭城市的贫困问题及其治理［J］.财经科学，2003（04）.

［42］邓念祖.工矿城市规划结构的探讨.城市规划汇刊，1990（5）.

［43］任放.明清市镇的功能分析——以长江中游为例［J］.浙江社会科学，2002（01）.

［44］任放.明清长江中游地区的市镇类型［J］.中国社会经济史研究，2002（04）.

［45］张笃勤.试论近代交通变迁对华中城镇发展的影响［J］.求索，2000（06）.

［46］戴鞍钢，阎建宁.中国近代工业地理分布、变化及其影响［J］.中国历史地理论丛，
2000（01）.

［47］李伯华，刘盛佳，王文靖.湖北省城市化水平分析［J］.高等函授学报（自然科学版），
2005（01）.

［48］陈钧.论湖北近代经济的崛起［J］.湖北大学学报（哲学社会科学版），1992（04）.

［49］罗继业.黄石山水大势及其在本地区历史发展中的开发和利用［J］.黄石教育学院学报，
1984（01）.

［50］卢锐，朱喜钢，王万军.基于功能转型的城市空间结构重构——以湖北省黄石市为例［J］.
规划师，2008（02）.

［51］刘忠明，刘晓妮，刘翔，李伟东，李思.湖北省黄石市矿业发展史研究［J］.华南地质与
矿产，2008（01）.

［52］施秧秧，龚健，梁本哲.黄石市土地利用时空演变及其驱动力分析［J］.安徽农业科学，2006（11）.

［53］陈峰，夏恩德，石璋铭.略论矿冶城市文化发展基础与动力——以黄石市为例［J］.湖北师范学院学报（哲学社会科学版），2009（01）.

［54］马同训.黄石市团城山五号居住小区详细规划［J］.城市规划，1982（02）.

［55］袁为鹏.盛宣怀与汉阳铁厂（汉冶萍公司）之再布局试析［J］.中国经济史研究，2004（04）.

［56］陈文宝，刘忠明，彭小桂，韩培光，刘晓妮.黄石市古代典型矿业遗迹基本特征及开发建议［J］.兰州大学学报（自然科学版），2008（01）.

［57］朱竑，柳意云，保继刚.老工业城市的旅游规划探索——以湖北省黄石市为例［J］.经济地理，2002（S1）.

［58］邹光.黄石市资源枯竭型城市产业转型路径探讨［J］.当代经济，2009（22）.

［59］李建刚，谭道勇.湖北早期现代化的一面旗帜——对黄石早期现代化的个案分析［J］.湖北师范学院学报（哲学社会科学版），2006（02）.

［60］安建华.黄石城市建设现状问题的分析与思考.黄石改革与发展，1999（7）.

［61］陈家宏.强势推动我市老城区改造工作［J］.黄石人大，2009（02）.

［62］金瓯卜.建筑设计必须体现大办城市人民公社的新形势［J］.建筑学报，1960（05）.

［63］杨小彦.城中村：重要的不是好看而是合理［J］.美术观察，2005（05）.

［64］赵勇.国内"宜居城市"概念研究综述［J］.城市问题，2007（10）.

［65］George C.S.Lin.The growth and structural change of Chinese cities：a contextual and geographic analysis［J］.Cities，Vol.19，No.5，2002：299–316.

［66］J.W.R.Whitehand，N.J.Morton.Urban morphology and planning：the case of fringe belts［J］.Cities，Vol.21，Issue 4，2004：275–289.

［67］Cozen，M.R.Apropos a sounder philosophical basis for urban morphology［J］.Urban Morphology，1998，2：113–114.

［68］Demko，G.J，Regulska.J.Socialism and its impact on urban process and the city［J］.Urban Geography，1987，8（4）：292–298.

［69］Ball.M.The built environment and the urban question［J］.Environment and Planning，1986，D（4）：447–464.

［70］Gaubatz.Understanding Chinese urban form：context for interpreting continuity and change［J］.Built environment，1998，Vol.24，No.24：251–269.

［71］Dittmer，L，Lu，X.B.Personal politic in the Chinese danwei under reform［J］.Asia Survey，1996，Vo.131，No.3：246–267.

［72］Goldstein，S.Urbanization in China，1982–87，effects of migration and reclassification［J］.Population and Development review，1990，Vol.16，No.4：673.

［73］Damien Mugavin.A philosophical base for urban morphology［J］.Urban Morphology，1999，Vol.3，No.2：95–99.

［74］Hsu，M.The expansion of Chinese urban system［J］.Urban Geography，1994，Vol.15，No.2：95-99

［75］Zhou，Y.X.，Ma，L.J.C.Economic restructuring and suburbanization in China.Urban Geography，2000，21：205-236.

［76］Qian，Z.Institutional and local growth coalitions in China's urban land reform：the case of Hangzhou High-Technology Zone.Asia Pacific Viewpoint，2007，48（2）：219-233.

［77］Lin，G.C.S.，Ho，S.P.S.China's land resources and land-usechange：insights from the 1996 land survey.Land Use Policy，2003，20：87-107.

［78］Ma，L.J.C.Economic reforms，urban spatial restructuring，andplanning in China.Progress in Planning，2004，61：237-260.

［79］Zhu，J.From land use right to land development right：institutionalchange in China's urban development.Urban Studies，2004，41（7）：1249-1267.

［80］Ding，C.R.Urban spatial development in the land policy reform era：evidence from Beijing.Urban Stud，2004，41（10）：1889-1907.

［81］Healey P.Urban regene ration and the development industry.Regional Studies，1991，25：97-110.

学位论文

［1］陈勇.生态城市及其规划建设研究.［D］.重庆建筑大学.2000.

［2］吕勇.新中国建立初期资源型工矿城市发展研究（1949-1957）［D］.四川大学，2005.

［3］胡恒.清代巡检司地理研究［D］.中国人民大学，2008.

［4］熊国平.90年代以来中国城市形态演变研究［D］.南京大学，2005.

［5］李荣.从煤矿城市到山水城市［D］.东南大学，2004.

［6］杨永春.中国西部河谷型城市的发展和空间结构研究［D］.南京大学，2003.

［7］刘炜.湖北古镇的历史——形态与保护研究［D］.武汉理工大学，2006.

［8］刘云刚.中国资源型城市的发展机制及其调控对策研究［D］.东北师范大学.2002.

［9］周明长.新中国建立初期重工业优先发展战略与工业城市发展研究 1949-1957［D］.四川大学，2006.

［10］彭秀涛.中国现代新兴工业城市规划的历史研究［D］.武汉理工大学，2006.

［11］邱岚.基于GIS的宁波城市肌理研究［D］.同济大学，2006.

［12］张新长.基于GIS技术的城市土地利用时空结构演变分析模型研究［D］.武汉大学，2003.

［13］郭广东.市场力作用下城市空间形态演变的特征和机制研究［D］.同济大学，2007.

［14］刘吕红.清代资源型城市研究［D］.四川大学，2006.

［15］赵景海.我国资源型城市空间发展研究［D］.东北师范大学，2007.

［16］于志光.武汉城市空间营造研究［D］.武汉大学，2008.

［17］李扬.城市形态学的起源与在中国的发展研究［D］.东南大学，2006.

［18］胡嘉渝.重庆城市空间营造研究［D］.武汉大学，2009.

［19］Gukai.Urban morphology of the Chinese city Cases from Hainan.PhD Thesis.University of Waterloo，2002.

［20］Starchenko，Oksana M.Form and structure of the rural-urban fringe as a diagnostic tool of postmodern urban development in Canada.PhD Thesis.The University of Saskatchewan，2005.

［21］Herold，Martin.Remote sensing and spatial metrics for mapping and modeling of urban structures and growth dynamics.PhD Thesis.University of California，Santa Barbara，2004.

［22］Hwang，Jea-Hoon.The reciprocity between architectural typology and urban morphology.PhD Thesis.University of Pennsylvania，1994.

［23］Yan，Haihua.The impact of rural industrialization on urbanization in China during the 1980s.PhD Thesis.University of Washington，1999.

［24］Hu，Tianxin.Urban expansion under the decentralization reform in China.PhD Thesis.The Chinese University of Hong Kong，2003.

［25］Schneider，Annemarie.Urban growth as a component of global change.PhD Thesis.Boston University，2006.

［26］Ge，Ying.Three essays on regional development and urban growth in China.PhD Thesis.University of Toronto，2004.

地方文献及文史资料

［1］黄石市建设志编撰委员会编纂.黄石建设志.北京：中国建筑工业出版社，1994.

［2］黄石地方志编撰委员会编纂.黄石市志.北京：中华书局，1990.

［3］黄石电厂史志编辑室编纂.黄石电厂志：1945-1990.黄石：黄石电厂史志编辑室，1992.

［4］林耀鹏主编.黄石巿地名志.黄石：黄石巿地名委员会，1989.

［5］黄石市商业局商业志编纂办公室编纂.黄石市商业志.黄石：黄石市商业局商业志编纂办公室，1992.

［6］政协黄石市委员会文史资料委员会编.黄石文史资料第1期.黄石：政协黄石市委员会文史资料委员会，1982.

［7］政协黄石市委员会文史资料委员会编.黄石文史资料第3期.黄石：政协黄石市委员会文史资料委员会，1982.

［8］政协黄石市委员会文史资料委员会编.黄石文史资料第9期.黄石：政协黄石市委员会文史资料委员会，1986.

［9］政协黄石市委员会文史资料委员会编.黄石文史资料第10期.黄石：政协黄石市委员会文史资料委员会，1987.

［10］政协黄石市委员会文史资料委员会编.黄石文史资料第14期.黄石：政协黄石市委员会文史资料委员会，1991.

［11］政协黄石市委员会文史资料委员会编.黄石文史资料第24期.黄石：政协黄石市委员会文史资料委员会，2000.

［12］政协黄石市委员会下陆区委员会文史资料委员会编.下陆文史资料.黄石：政协黄石市委员会下陆区委员会文史资料委员会，1990.

［13］政协黄石市委员会石灰窑区委员会文史资料委员会编.石灰窑文史资料第三辑.黄石：政协黄石市委员会石灰窑区委员会文史资料委员会，1996.

［14］湖北省冶金志编撰委员会编.汉冶萍公司志.武汉：华中理工大学出版社，1990.

［15］武汉大学经济系编.旧中国汉冶萍公司与日本关系史料选辑.上海：上海人民出版社，1985.

［16］黄石矿务局矿史办公室编纂.黄石煤炭史.黄石：黄石矿务局矿史办公室，1983.

［17］黄石市铁山区地方志编纂委员会编纂.铁山区志.武汉：湖北人民出版社，1998.

［18］黄石市粮食志编修组编纂.黄石市粮食志1949–1985.武汉：湖北人民出版社，1989.

［19］黄石市人大城乡建设委员会等编.城建方圆：黄石人大与城市建设.黄石市人大城乡建设委员会，1986.

［20］黄石市交通志编纂委员会.黄石市交通志.北京：人民交通出版社，1995.

［21］林耀鹏主编.黄石市地名志.黄石：黄石市地名委员会，1989.

［22］武钢矿业公司大冶铁矿矿志办公室编.大冶铁矿志.武汉：武钢矿业公司大冶铁矿矿志办公室，1996.

［23］黄石市铁山区政协委员会文史资料委员会编.铁山文史资第二期辑.石市铁山区政协委员会文史资料委员会，1993.

［24］华新志编辑委员会编.华新厂志：第一卷（1946–1986）.华新志编辑委员会编，1986.

［25］湖北省大冶市地方志编纂委员会编纂.大冶县志.武汉：湖北科学技术出版社，1990.

［26］潘新藻著.湖北省建制沿革.武汉：湖北人民出版社，1987.

［27］武昌县志编纂委员会主编.武昌县志物产卷.武汉：武汉大学出版社，1989.

［28］中国人民政治协商会议湖北省委员会文史资料研究委员会.湖北文史资料第39辑.湖北：湖北人民出版社，1992.

［29］大冶县政协文史资料委员会主编.大冶县志第4辑.大冶县政协文史资料委员会，1989.

［30］湖北省地方志编纂委员会.湖北省志 工业.武汉：湖北人民出版社，1995.

［31］中国政协湖北省文史资料委员会编.湖北省文史集萃.武汉：湖北人民出版社，1999.

［32］曾元生等主编.黄石市土地利用总体规划资料汇编，2006.

［33］黄石市统计局编.黄石建市五十年，2000.

［34］中共黄石市委政策研究室黄石市企业党委书记联谊会.黄石市"港口与城市"理论研讨会论文汇编，1985.

［35］黄石市计划委员会.黄石地域国土资源综合评价报告，1988.

［36］黄石市国土局.黄石国土资源规划，2006.

［37］黄石公路史编委会.黄石公路史.上海：上海社会科学院出版社，1993.

［38］大冶县交通志编撰委员会.大冶交通志.大事记.广西：广西人民出版社，1989.

［39］千年磁湖古镇能否复活.黄石日报.2006-11-24.

［40］黄石港区大手笔推进旧城改造.中国建设报.2008-12-03.

［41］黄石港区旧城改造五年完成.黄石日报.2007-08-11.

［42］寻找城中村的"出路"之一.黄石日报.2008-07-17.

［43］"商业帝国"的守望与回归.东楚晚报.2007-08-30.

［44］胡定权,徐华.关于黄石市部分城中村的调查与思考.www.pl.hbnu.edu.cn.

［45］黄石市资源型城市转型规划研究.中科院地理研究所黄石市房产局统计材料.2009.

［46］黄石矿务局情况汇报.2009.

［47］黄石市住房建设规划.2006-2010,2006.

［48］黄石市经济委员会统计材料,2009.

［49］黄石商业圈规划.www.hssswj.gov.cn/Article_print.asp?ArticleID=2247.

［50］黄石市城市商业网点规划 2006-2020.黄石市商务局,2006.

［51］黄石新港物流园区总体规划.湖北省城市规划设计研究院,2009.

［52］黄石市商业局商业志编纂办公室.黄石市商业志.黄石：黄石市商业局商业志编纂办公室,
1992.